Webデザイナー養成講座

ジンドゥークリエイター

仕事の現場で使える！カスタマイズとデザイン教科書

服部雄樹、浅木輝美、神森勉［著］
KDDIウェブコミュニケーションズ［監修］

技術評論社

はじめに

2007年7月にドイツでサービスが開始されたジンドゥーは、2009年3月よりKDDIウェブコミュニケーションズにて日本語版のサービス提供がはじまりました。2019年12月現在で日本国内では170万のサイトがジンドゥーで作られています。

企業や事業主がウェブサイトを開設するためには、HTMLやCSS、JavaScriptといった専門的な技術知識を持っているプロに相談をし、制作の依頼をする必要がありました。直感的な操作と、専門知識がなくても簡単にウェブサイトを制作することができるジンドゥーは、ウェブサイト制作に多くの予算を割けない、個人事業主や小売店のオーナーの方々にとって、“我が社（お店）のホームページ”を開くための最適なサービスとして多くの方に利用されています。

ウェブ制作会社に勤務していた私は、「多くの事業主にウェブサイトを開設してもらい、ビジネスで成功してほしい」という想いで制作の仕事をしていました。ですが、納品したサイトの多くは、WordPressやMovable TypeのようなCMSを使って制作した中規模から大規模サイトでした。予算の折り合いがつかず、小規模サイトの依頼をお断りすることに悔しい思いがありました。

その後KDDIウェブコミュニケーションズに入社し、ECサービスの運営を任されることになりました。サービスがはじまったばかりで制作予算も割けない中、短期間でキャンペーン専用サイトを立ち上げる必要がありました。そこで、制作に時間をかけることなくサイトを開設できるジンドゥークリエイターを選択することになります。

前職でマークアップエンジニアとしてHTMLやCSS、JavaScriptを使ってサイト制作をしてきた経験から、運営していたECサイトのインターフェイスに限りなく近いキャンペーンサイトを、知見のあるCSSだけでカスタマイズし、たった数日で立ち上げることができました。

他のCMSと異なり、カスタマイズを行うのにサーバーサイド技術を必要とせず、ウェブサイトの基本技術であるHTMLとCSSのみでカスタマイズ可能なジンドゥークリエイターは、これまで予算の都合で制作を請け負うことができなかった小規模サイト制作にとても向いているサービスです。

本書は、実際にジンドゥークリエイターをカスタマイズして多くのサイト制作を手がけてきたデザイナーが、そのテクニックを余すところなく書いています。本書で学んでいただくカスタマイズ手法をこれからのサイト制作に役立てていただければ幸甚です。

神森 勉

本書の構成

本書は、ウェブサイト制作をしている制作者、プロとしてこれからウェブサイト制作をしていくことを目指している方が、クライアント向けのウェブサイトをジンドゥークリエイターで制作するためのノウハウと手順を解説しています。本書は、次のような流れになります。

● CHAPTER1～CHAPTER2

ジンドゥークリエイターの基本的な機能と、カスタマイズを行っていく際に必要なジンドゥークリエイターの登録からカスタマイズまでの流れを解説しています。また、カスタマイズを行ううえで覚えておくべきジンドゥークリエイターの「標準レイアウト」と「独自レイアウト」の概要について解説しています。

● CHAPTER3～CHAPTER5

ジンドゥークリエイターのカスタマイズ方法のひとつ、CSSやJavaScriptのみで行う「標準レイアウトのカスタマイズ」について、制作手順を追った解説をしています。

CHAPTER3ではCSSを使って「標準レイアウト」の見た目を変える方法、CHAPTER4ではよりエモーショナルな表現などを行うためjQueryを使って動きをつける方法を解説します。

ジンドゥークリエイターの標準レイアウトはレスポンシブ対応していますが、CHAPTER5ではこれまでの流れを汲んで、さらにスマートフォンでよりよく見せるための方法を解説します。

● CHAPTER6～CHAPTER8

ジンドゥークリエイターでオリジナルのデザインを用いたサイトにしたいニーズを満たすための「独自レイアウト」について解説をしています。

CHAPTER6は、独自レイアウトを行うための基礎知識を習得していただくためのパートです。

CHAPTER7は、独自レイアウトになれていただくため、コンパクトなHTMLとCSSを用いて、独自レイアウトの制作方法を学ぶことができるパートです。

CHAPTER8は、本格的に独自レイアウトを用いてサイト制作をすることができるようになるためのノウハウが詰まっているパートです。

なおCHAPTER8は、用意した素材（ダウンロードファイル）を使いながらカスタマイズ方法を学べるように構成されています。

CONTENTS 目次

Part 2
標準レイアウトのカスタマイズ編

Part 3

独自レイアウトの作成編

APPENDIX

ダウンロードファイルについて

本書のサンプルおよび学習ファイルは、以下のサポートページよりダウンロードできます。

●サポートサイト
https://gihyo.jp/book/2020/978-4-297-11001-7/support
ID:jc_customize パスワード:jc_candd

ダウンロードしたファイル(learning_materials_JC.zip)はZIP形式で圧縮されていますので、展開してから使用してください。展開すると「CH7学習素材」「CH8学習素材」フォルダが現れます。

「CH7学習素材」フォルダには、CHAPTER7で解説したサンプルサイトの最終コードを格納しています(P.232参照)。CSSやHTMLなど4つのテキストファイルを提供しています。

「CH8学習素材」フォルダには、CHAPTER8で制作するサンプルサイトに必要なテキストファイルや画像ファイル、完成サイトを確認するための完成コード等を格納しています。詳細についてはP.236をご覧いただき、適宜ご利用ください。

【画像ファイルについて】

学習ファイルに含まれる写真などの画像ファイルは、本書の購読者が本書の学習を目的としてのみ、使用を許可するものです。二次使用や再配布については固く禁じます。

注意

ご購入・ご利用前に必ずお読みください。

本書の内容について

- 本書記載の情報は、2019年12月14日現在のものになりますので、ご利用時には変更されている場合もあります。また、本書内で紹介しているジンドゥークリエイターの「標準レイアウト」は、不具合の修正などによりバージョンアップされる場合があり、本書での説明とはコードが異なってしまうことがあり得ます。テンプレートのアップデートについては、ジンドゥーサポートチームまでお問い合わせください。
- 本書の学習で使用するソフトウェアについては、執筆時の最新バージョンに基づいて解説しています。

  Brackets 1.13
  Google Chrome 78

  また、以下の環境で動作確認しています。

  Windows 10 Pro ／ Windows 10 Home
  macOS Mojave バージョン10.14.6
- 本書に記載された内容は、情報の提供のみを目的としています。本書の運用については、必ずお客様自身の責任と判断によって行ってください。これらの情報の運用の結果について、技術評論社および著者はいかなる責任も負いかねます。また、本書の内容を超えた個別のトレーニングにあたるものについても、対応できかねます。あらかじめご承知おきください。

ダウンロードファイルについて

- 本書では学習に必要なファイルやサンプルファイルをダウンロードサービスにて提供しています。これらはテキストエディタ（Bracketsなど）、Webブラウザ（Google Chrome）での利用を前提につくられたものです。ソフトウェアは読者ご自身でご用意ください。
- サンプルファイルの利用は、必ずお客様自身の責任と判断によって行ってください。これらのファイルを使用した結果生じたいかなる直接的・間接的損害も、技術評論社、著者、プログラムの開発者、ファイルの制作に関わったすべての個人と企業は、一切その責任を負いかねます。

以上の注意事項をご承諾いただいたうえで、本書をご利用願います。これらの注意事項をお読みいただかずに、お問い合わせいただいても、技術評論社および著者は対処しかねます。あらかじめ、ご承知おきください。

CHAPTER 01

ジンドゥークリエイターを活用する準備

ウェブサイトの更新・管理に欠かせないCMSは、世界中に数百種類以上あると言われています。そのCMSには、ウェブサイトの運営や管理だけでなく、CMSに登録した情報を多様な形で再利用できるような高価格で高機能なものから、ウェブページでの情報提供のみに特化し誰もが扱いやすい形で管理できるものまでさまざまです。この章では、ジンドゥークリエイターの紹介と利用をする際の準備、管理に必要な機能について解説します。

SECTION

01 ジンドゥークリエイターの特長

CMSの中でもウェブサイトビルダーというカテゴリに分類されるものがあります。ウェブサイトビルダーの多くは、WYSIWYGエディタでウェブブラウザと同じ見た目のまま編集が可能で、ジンドゥークリエイターも同じカテゴリに属します。ここでは、ジンドゥークリエイターがどういったものなのか、なぜジンドゥークリエイターをお薦めするのか、について解説します。

ウェブ制作者にとってもメリットが多いシンプル操作のCMS

コードを書かなくてもウェブサイトの制作が可能

ウェブの専門家でなくても簡単にウェブサイトが作れる、直感的な操作がジンドゥークリエイターの大きな特徴です。実際、コードを1行も書かなくてもウェブサイトを制作することが可能です。これは、誰でも簡単にウェブサイトが作れる、というだけでなく、ウェブ制作者にとってはこれまでの煩雑なコーディング作業から開放され、ウェブの本質であるコンテンツ作成やデザイン作業に集中できるという大きなメリットがあります。ウェブ制作に習熟した人であればあるほど、この簡単さに驚くはずです。

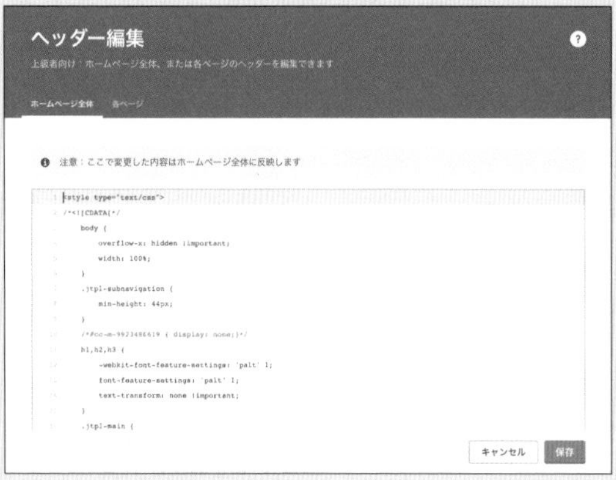

CSSやJavaScriptを直接書き加えてのカスタマイズや、オリジナルのデザインでの自由度の高いサイト制作も可能

一方で、CSSやJavaScriptといったコードを使った本格的なカスタマイズにも対応しており、かなり自由度の高いウェブサイトの制作も可能です。カスタマイズ手法について詳しく解説するのがPart2(CHAPTER3～5)、自由度の高いサイト制作について解説するのがPart3(CHAPTER6～8)が本書のコンセプトとなります。

基本的には「置きたい場所に置きたいものを置く」だけ

多くのCMSは、独特の操作感やUIなど、そのCMSのルールに慣れるまでに時間を要しますが、ジンドゥークリエイターの最大の特徴として、ウェブサイトを「見たまま編集できる」という点があります。編集画面は実際に公開されるウェブサイトとほとんど同じ見た目をしており、画像やテキストを置きたい場所に置くだけというシンプルな操作で作業が進められるので、編集画面と公開サイトを何度も行き来したり、双方の見た目が違う！ という問題に悩まされることはありません。

コンテンツを置きたいところでマウスをクリックするとコンテンツの追加ができる

技術に精通していなくてもすぐに使えるWYSIWYGエディタ

他のCMSと大きく異なるのが、ジンドゥークリエイターが完全なWYSIWYGエディタを備えているところです。制作時の見た目とウェブブラウザでの表示が一致し、利用者（クライアント）は安心して運用・更新することができます。クライアントはサイト制作に関するスキルを持ち合わせていないことのほうが多く、ワイヤーフレームを見せられても、最終的にどのような見た目になるのかを想像することが難しいこともあります。

編集画面（左）とブラウザでの表示画面（右）。完全に一致しているため、ブラウザでどのように見えるのかを想像しながら制作を進められる

投稿型でフォームベースのCMS管理画面では、パブリッシュされたページの見た目が想像できずに不安を抱えているクライアントもいます。ジンドゥークリエイターのWYSIWYGエディタは、クライアントのそういった不安も解消できるでしょう。

予算が厳しい案件に最適

一般的なウェブサイト制作では、ディレクションやUIデザイン、コーディングなどさまざまな工程が制作費の費目となります。そのため、ページ数の少ない小規模なサイト構築では費用が合わず、発注や受注を断念するような比較的、低予算の案件というのもあるでしょう。

ジンドゥークリエイターでは、基本的にページ制作時のコーディングを行う必要がありません。また、ウェブページを直接編集するスタイルのため、HTMLやCSSファイルをアップロードするというようなファイル転送の作業が不要なことも特徴です。

外部データベースとの連携ができないという点は、裏を返すと規模が小さく情報発信のみを目的としたウェブサイトには最適といえます。ページ制作においても、WYSIWYG編集画面という特徴を活かし、クライアントにページ制作の一部をお任せするということもできるかもしれません。

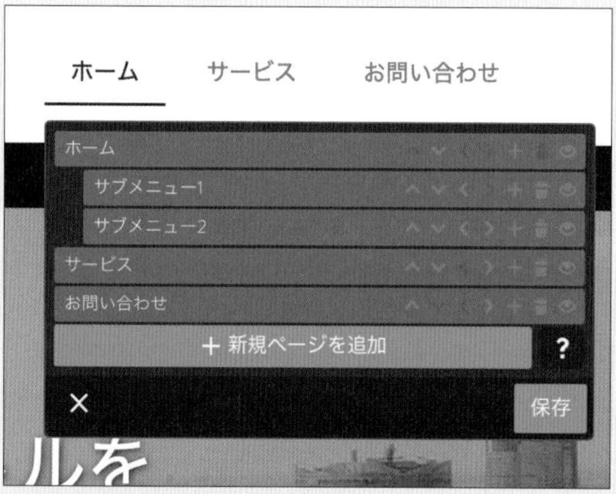

ページの追加は編集画面で行う。ページの階層化もここで行うため、ディレクトリ管理を意識することなく制作できる

こうしたことから予算的に厳しいと思われていたような案件でも、制作から納品までを短期間で行うことにより、制作費用を抑えることで対応できるでしょう。

COLUMN 特別な設定をせずに利用できるSSL

ジンドゥークリエイターで制作されるサイトは、有料版・無料版を問わずSSLサイトとして公開されます。証明書のインストールが必要なSSLが、ジンドゥークリエイターでは、特別な設定をすることなく利用することが可能です。昨今の常時SSL化の流れからも、制作者とクライアントの双方にとってメリットがあります。

SECTION

02 ジンドゥーアカウントの取得とサイト登録

ジンドゥークリエイターのカスタマイズやオリジナルデザインのサイトを制作するには、ベースとなるサイトを作る必要があります。ここでは、ジンドゥーを利用するための登録方法から初期設定、カスタマイズ&サイト制作をはじめるまでについて解説します。

サイト登録までの流れ

はじめてジンドゥークリエイターを利用する人は、ジンドゥーのアカウントを取得する必要があります。アカウント取得後、新規でサイトを登録しカスタマイズやサイト制作を行います。制作の開始までの流れは、以下のとおりです。

1. ジンドゥーの公式サイトでアカウントを登録する
2. ウィザードに従ってサイトを登録する
3. カスタマイズしたいデザインレイアウトを選ぶ（標準レイアウトの詳細は後述）
4. カスタマイズやオリジナルデザインのサイト制作を開始する（CHAPTER３以降で解説）

アカウントの登録

まずは、ジンドゥーの公式サイトにアクセスします。ジンドゥーではサイト制作をする際には、必ずテンプレートベースで完成されたサイトから制作を進めていくため、もっとも簡単なのが公式サイトのトップページから制作の手続きをする方法です。

ジンドゥーではウェブサイト制作の際に、ジンドゥーアカウントを登録する必要があります。アカウントを登録すれば次回以降、新しくサイトを作る際にもアカウント登録の手続きをスキップすることができます。

1 https://www.jimdo.com/jp/へアクセスし、画面の左側にある「無料ホームページを作成」をクリックします。

2 はじめての利用の際には、アカウントを作る必要があるので、「アカウントを作成」を行います。FacebookやGoogleのアカウントを持っている場合は、「Facebookで登録」「Googleで登録」をクリック❶してアカウントを作成できます。独自ドメインやプロバイダーのメールアドレスを持っている場合には、メールアドレスとパスワードを入力❷して登録できます。ここでは、メールアドレスとパスワードを入力し［アカウントを作成］をクリックして解説を進めます。

Point

すでにアカウントを持っている場合は、画面左の［ログイン］からジンドゥーへログインします。

3 右の画面が表示されると、登録したメールアドレス宛に「メールアドレスの確認メール」が送信されます。

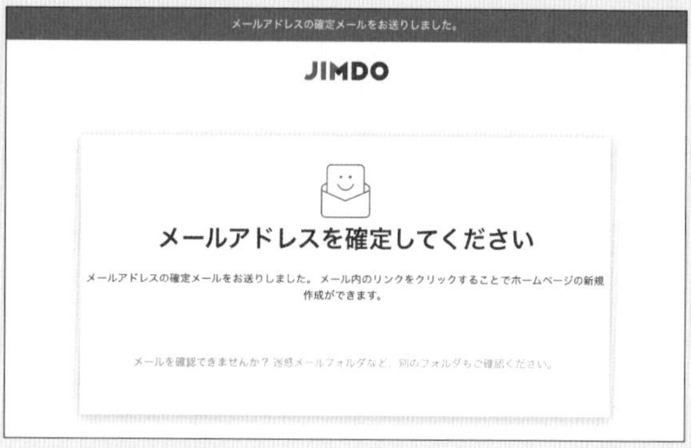

4 メールアドレスの確認メールがジンドゥーより届くので、メール内の［確定する］をクリックします。

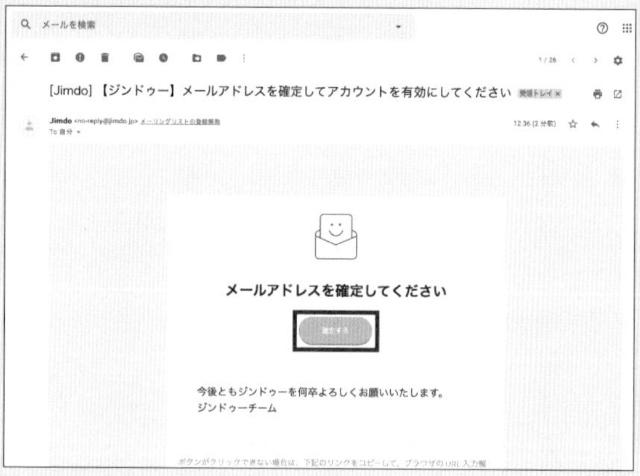

サイトの目的とジンドゥーサービスの選択

5 これから制作するサイトについて尋ねられるので、特定の目的がなければ［ホームページをはじめる］をクリックして進みます。

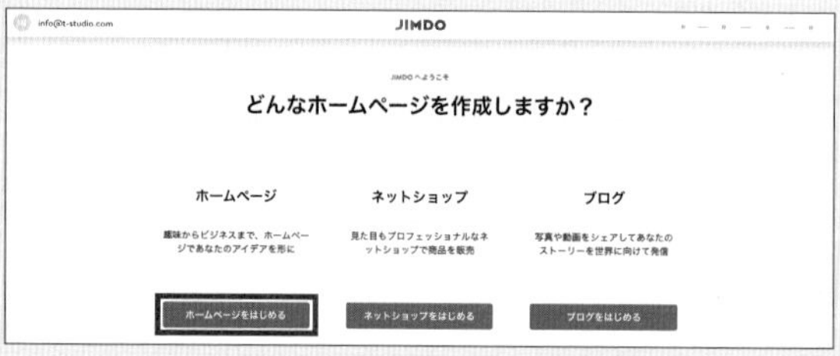

6 ジンドゥーのプロダクト選択画面になります。左側がジンドゥーAIビルダー、右側がジンドゥークリエイターとなっており、本書では右側の「ジンドゥークリエイター」を使用します。右側のジンドゥークリエイターの［作成をはじめる］をクリックします。

7 これから制作するサイトの業種を選びます。この部分はスキップすることもできます。ジンドゥークリエイターでは、業種に左右されることなく、以降のステップで提案されるレイアウトはあとからでも自由に変更が可能なので、あまり難しく考える必要はありません。ここでは、［まだ決めていない］にチェックを入れて［次へ］をクリックします。

レイアウトとプランの選択

8 レイアウトの選択を行います。ここには、ジンドゥークリエイターでよく使われているレイアウトが用意されています。レイアウトはサイト制作画面で自由に変更が可能なので、ここでの選択はあまり難しく考える必要はありません。ここでは、左上にある「TOKYO」とロゴの入ったレイアウトを選択します。［このレイアウトにする］をクリックします。

Point

P.36のコラムで後述しますが、標準レイアウトのカスタマイズを前提とした場合は、カスタマイズに適したレイアウトがあるため、手順8でこのレイアウトを選択することで、あとからレイアウトを変更する作業が不要になります。

COLUMN 「レイアウト」とは

レイアウトとは、ジンドゥーで制作することができるサイトのデザインパターンの名称としてジンドゥークリエイターの中で使われる言葉です。コンテンツ領域が横幅いっぱいに伸びているもの、ページ内を左右に分割してコンテンツエリアとサイドバーエリアが隣り合う2カラムのもの、と大きく2つに分けられています。

レイアウトの詳細については、次章以降で解説します。

9 プラン選択の画面になります。ジンドゥークリエイターには、無料版のFREEプランと有料版のPROプラン、BUSINESSプランの3つのプランがあります。ここでは、FREEプランの「このプランにする」をクリックします。

Point

独自ドメインを希望するクライアントのサイトを制作する場合は、有料プランであるPROもしくはBUSINESSを利用します。ただし、有料プラン契約の際には支払方法などの情報を入力する必要があるため、すぐに有料契約をするのが難しい場合には、まずは無料プランで制作をはじめて、途中で「アップグレード」することでPROもしくはBUSINESSプランに変更することができます。

ドメインの設定

10 無料プランではサブドメインを入力します。希望のサブドメインを入力し使用が可能かを確認します。一番上の［無料のサブドメインを利用する］の欄に半角英数文字で利用したいサブドメインを入力し、［使用可能か確認する］をクリックします。

なお、解説では無料プランからスタートしているので、独自ドメインの欄には触れません。有料プランへアップグレードする際に、あらためて独自ドメインを登録・設定することができます。

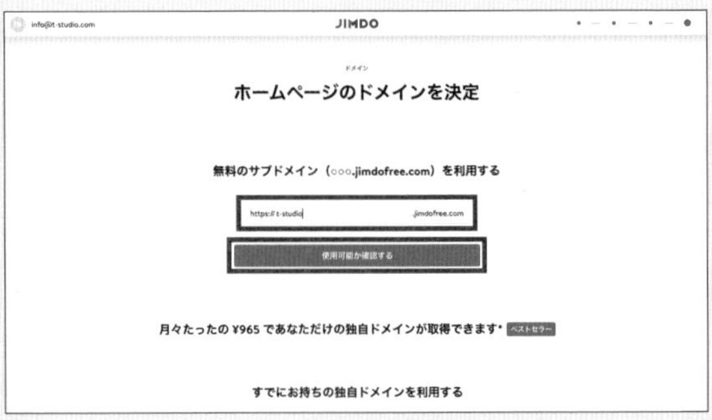

Point

最初から有料プランで契約をする場合、ジンドゥーでは初年度のみ無料（次年度以降は有料）でドメインを登録することができるので、ドメイン名を入力します。また、すでに所有しているドメインを使用してジンドゥークリエイターでサイトを制作したい場合は、［すでにお持ちの独自ドメインを利用する］にドメインを入力します。

COLUMN 希望するサブドメインがすでに使用されている場合は?

すでに他者に使用されている場合、右図のように使用されている旨が表示されるので、別のサブドメインを入力して、もう一度［使用可能か確認する］をクリックします。

取得されている旨が画面に表示される

11 サブドメインが使用可能な場合、［無料ホームページを作成する］ボタンがアクティブになるのでクリックします。

これで制作の準備が整いました。

Point

登録時にPROもしくはBUSINESSの有料プランで契約した場合でも、ジンドゥーのサブドメインのアドレスが作成されます。これは、有料版から無料版へダウングレード（途中解約での返金はできません）した際に、ウェブサイトがなくなってしまうことを避けるためでもあります。

アカウント登録済みの場合の新規サイト登録

ジンドゥーでは1つのアカウントで複数のサイトを管理することができます。すでにアカウントを取得している場合、新しくサイトを登録する際にはアカウント登録の手順がなくなります。以下は、ダッシュボードから新規にサイトを登録する場合の手順です。

サイトを追加登録する手順

1 ジンドゥーの公式サイトにアクセスし、画面右上の［ログイン］をクリックします。

2 ログイン画面が表示されるので、アカウントを登録した際の方法でログインをします。Facebookアカウント経由で登録した場合は［Facebookでログイン］を、Googleアカウント経由で登録した場合は［Googleでログイン］をクリックしてログインをします。メールアドレスとパスワードで登録した場合は、メールアドレスとパスワードを入力し［ログイン］をクリックします。

3 ログインをすると、最後に編集したサイトの「ダッシュボード」画面が表示されます。サイトの更新作業をする場合は［編集］をクリックしますが、ここでは画面の右上にある［全てのホームページ］をクリックします。

4 アカウントで管理しているサイトの一覧画面になります。既存サイトの更新や管理をする際には、サムネイルをクリックしてサイトの管理・編集作業を行います。ここでは［新規ホームページ］をクリックします。

Point

ここで例として挙げているダッシュボードの図にある、左のサムネイルはジンドゥーAIビルダーで制作されたサイトです。1つのアカウントでジンドゥークリエイター、ジンドゥーAIビルダーどちらのサイトも管理が可能です。

5 サイトの種類を選ぶ画面が表示されるので、P.14手順 5 からのフローで新規のサイトを登録します。なお、もっとも早く新規サイトを登録する方法は、アカウントにログインした状態で、公式サイトの［無料ホームページを作成］をクリックすると、サイトの種類を選ぶ画面になるので、そこからサイトの登録手続きを進めることができます。

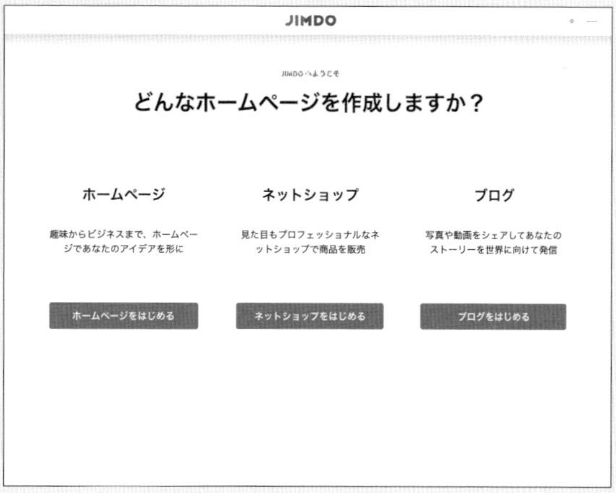

COLUMN 右上にアカウント名が表示されている場合は

　ジンドゥーアカウントを持っていて、ジンドゥーサービスにログインしている状態の場合（※一度ブラウザを終了するとログアウトします）、公式サイトのトップページでは右上の部分にアカウント名が表示されます。

ジンドゥーの公式サイトを表示した際に、画面の右上にアカウント名が表示される

　アカウント名の部分をクリックすると、ドロップダウンメニューが表示され、ダッシュボード画面に移動できます。

ドロップダウンメニューにはダッシュボードへのリンクとログアウトがある

SECTION

03 ジンドゥークリエイターの管理画面と基本機能

ジンドゥークリエイターの基本設定や契約情報、ドメイン設定などを確認・設定するには、管理メニューから管理画面にアクセスします。ページのタイトルやSEOなどの共通設定もこの管理画面から行います。ここでは管理画面について詳しく解説します。

ジンドゥークリエイターの管理画面と基本機能

ジンドゥークリエイターは、スキルのない人でもサイト制作ができるように設計されているため、ページのタイトルや概要、SEO設定などを管理画面でわかりやすく設定できるようになっています。ジンドゥークリエイターでサイト制作を行う際には、こうした部分の設定方法が一般的なサイト制作とは異なることを覚えておいてください。

管理メニューと管理画面

管理画面では、ジンドゥークリエイターで作られたサイト全体に関わる機能をまとめて管理することができます。管理メニューが表示されているタブの最下部には、契約に関わる情報へアクセスすることもできます。

編集画面の左上にある［管理メニュー］をクリックすると各項目のメニューが表示される

管理メニュー	機能の概要
デザイン	デザインにはメインメニューとして「レイアウト」「スタイル」「背景」の３つを設定できるものと、カスタムとして「独自レイアウト」があります。
ショップ※	ジンドゥークリエイターは、オンラインショップを開設することもできます。難しい設定を行わなくても、ショッピングカート機能を利用して商品などの販売をすることができるようになります。［ショップ］は、オンラインショップ運営で必要な情報や商品の登録、簡単な販売管理をする際に利用します。
ブログ※	ジンドゥークリエイターに付属しているブログ機能を利用する場合は、ここから記事の登録や管理を行うことができます。
パフォーマンス	主にSEOに絡む細かな指定をする部分になりますが、サイトのタイトルやページタイトル、ページの概要などはここで記述する必要があるため、必ず覚えておいてください。
ドメイン・メール	ドメインやメールアドレスの管理を行うときに使用します。ジンドゥークリエイターで制作したサイトには、自動的に「サブドメイン名.jimdofree.com」というアドレスが設定されています。登録の際にドメイン登録も同時に行った場合は設定する必要がありませんが、無料版からアップグレードした場合などは、サブドメインのアドレスを独自ドメインに切り替える必要があるため、ここで設定を行います。
基本設定	フッター周りやファビコンの設定など、サイトの基本的な設定はここで一括して設定します。

※本書では触れていないため、ここでは詳細は省きます。

［パフォーマンス］メニューの詳細

［パフォーマンス］での重要な設定機能である「アクセス解析」と「SEO」の詳細について解説します。

アクセス解析

PRO／BUSINESSの有料プランでは、アクセス解析が行えます。訪問者数や参照元などの確認をするだけであれば、特別な設定をしなくても利用することができます。アクセス解析をしたくない場合は、設定にある［無効にする］をクリックします。

訪問者数などを確認することができる

Point

　別途Googleアナリティクスで解析をする場合は、[Googleアナリティクスと接続する]をクリックし、続く画面でトラッキングIDを登録することで、Googleアナリティクスとの接続が可能になります。

SEO

　SEOは、ページタイトル（title要素）やページの概要（meta要素のdescription属性値）を記述するものです。無料プラン（FREE）ではページごとに固有のタイトルを設定することはできません。有料プラン（PRO／BUSINESS）にアップグレードすることで、ページごとにタイトルやページの概要を記述することができます。

左側のタブでは現在開いているページのタイトルを、右側の[ホームページ]タブではサイト共通のタイトルを入力

　有料版では、設定画面でページごとに設定ができるようになり、左側のタブ[各ページ]の[ページを選択]からプルダウンメニューでサイト内のページを選び、ページごとにタイトルや概要を定義することができます。

その他の［パフォーマンス］メニューの設定項目

　SEOをタスク管理しながら高めていくための機能やFacebook広告と連動させて、効率的に広告を配信す

る機能、特定のページへリダイレクトさせる機能など、一部有料版のみに提供される機能などの一覧です。

設定項目	設定内容の概要
rankingCoach	rankingCoachはSEOのコーチングツールで、サイトのSEOをサポートしてくれる機能です。PRO／BUSINESSプランでのみ利用可能な有料（年間¥19,800）の追加オプションです。
Googleアナリティクス	ジンドゥーのアクセス解析ではなく、Googleアナリティクスによる詳細なアクセス解析を行いたい場合は、ここにトラッキングIDを記述して登録することで、Googleアナリティクスによるアクセス解析が可能になるため、解析用コードを別途登録する必要がありません。この機能はアクセス解析画面にある［Googleアナリティクスと接続する］をクリックした際に表示される画面でもあります。
Facebookアナリティクス	Facebookアナリティクスと接続させることで、利用者の詳細なインサイトを取得するという目的において有用な機能です。Facebook ピクセルIDをここに登録することで利用できます。
リダイレクトURL	ジンドゥークリエイターBUSINESSプランでのみ利用可能な機能で、既存のURLやプロモーションのためのURLを任意のページにリダイレクトさせることができる機能です。

［基本設定］メニューの詳細

［基本設定］での重要な設定機能である「共通項目」と「プライバシー・セキュリティ」の詳細について解説します。

共通項目

［共通項目］は、サイト全体にわたり共通で使用される部分をまとめて設定できるところです。ジンドゥークリエイターでサイトを制作した際には、ここは必ず設定しておくようにします。以下は具体的な項目です。

▼共通項目の表示／非表示項目

設定	概要
言語	サイトで使用する言語および、サイトを設置している国の選択画面です。日本国内でジンドゥークリエイターを登録した際には、ここは「日本語」および「日本」になっているので、特に変更する必要はありませんが、外国語サイトを作る場合は、［ホームページの言語］で該当する言語を選択します。
フッター編集	サイトのフッター周りは、あらかじめジンドゥークリエイターが用意したページへのリンクが設定されています。そのページへのリンクを表示させるか否かの設定を行う際にここを利用します。ただし、この項目は無料版と有料版では設定できる項目が異なるので、注意してください。
ファビコン	ブラウザのタブやアドレスバーに表示されるファビコンはここからファイルをアップロードします。有料版・無料版問わず使える機能です。
概要にジンドゥーを表示	ここは、フッター項目にある「概要」ページにジンドゥーで制作されたことを表示したい場合に使用します。無料版では変更することができません。
「トップへ戻る」ボタン	ページが長くなると、ページの下にページの最上部に戻るリンクを用意することがありますが、ジンドゥークリエイターではこれを機能として提供しています。利用にチェックを入れると、ページがスクロールした際に左もしくは右下にページのトップへ戻るボタンが表示されるようになります。左右どちらに表示させるのかを設定することができます（ただしサイト全体で共通）。有料版・無料版問わず使える機能です。

COLUMN **有料版と無料版のフッター編集の違い**

有料版では、「コピーライト」の登録と「フッターエリアの項目」すべての設定が可能です。［配送／支払い条件］はショッピングカート機能を利用する以外はチェックを外すことで非表示となります。［概要］は、ジンドゥーで用意したいわゆる「サイトの概要ページ」ですが、自身で用意する場合は不要なのでチェックを外して非表示にすることができます。［サイトマップ］は、ジンドゥークリエイターで制作したページを自動的に生成してくれるので、特にこだわりがなければそのまま利用することができます。［プライバシーポリシー］のページへのリンクはここで表示・非表示が可能です。フォーム機能を使う場合にはプライバシーポリシーの掲載は必須なので、残しておいたほうがよいでしょう。中身については、次のプライバシー・セキュリティで解説します。最後の［ログインリンク］は、フッターに管理画面への「ログイン」リンクを表示させるか否かを設定します。

無料版の共通項目は、コピーライトの登録以外は、［配送／支払い条件］のページの表示・非表示の設定以外は設定することができず、表示が必須となります。

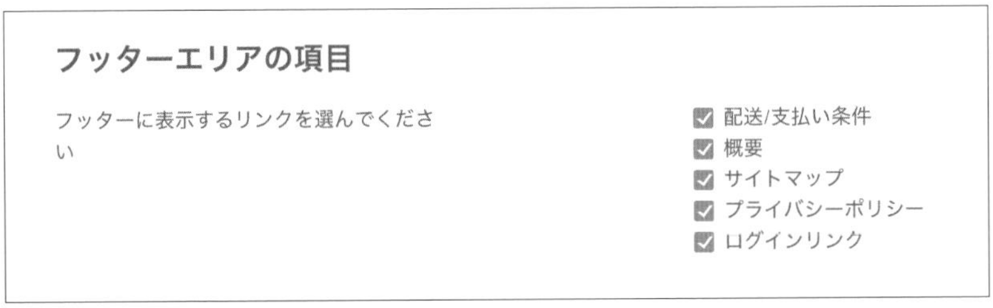

フッター編集の画面

プライバシー・セキュリティ

Cookieの取り扱いやフォーム利用におけるプライバシーポリシーの提示が、ウェブサイトでは必要になります。ジンドゥークリエイターでは、プライバシーポリシーや作成されたホームページで使われているCookieの種類や使用方法について記載した Cookie ポリシーページを自動生成します。必要に応じて活用してください。

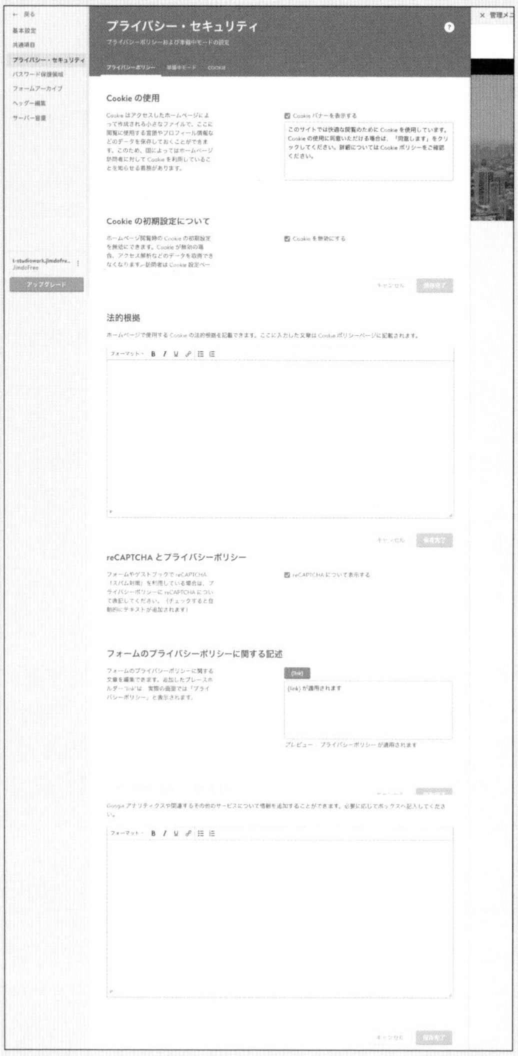

▼プライバシー・セキュリティの設定項目

設定	概要
プライバシーポリシー	プライバシーポリシーやCookie取得に関わる情報を登録する場合は、こちらを利用することができます。有料版・無料版問わず使える機能です。
準備中モード	ジンドゥークリエイターは、新規登録（ドメイン作成）をした時点でホームページが公開されます。また、編集や更新した内容もすぐにインターネット上に反映するため、すべての作業が完了するまではホームページを非公開にしたい場合は、「準備中モード」を利用することができます。訪問者には準備中を知らせるメッセージが表示され、非公開の状態でホームページを編集でき、お問い合わせフォームを設置することもできます。有料版のみの機能です。
COOKIE	取得するCookieの種類ごとにポリシーを追加する際に利用できる機能です。有料版・無料版問わず使える機能です。

その他の［基本設定］メニューの設定項目

［基本設定］には、サイト内のページにパスワードを設定する、ページのhead要素に任意のコードを追加する、お問い合わせフォームの管理などを行うことができる機能もあります。

設定項目	設定内容の概要
パスワード保護領域	特定のページをパスワードで保護したい場合に使用することができます。有料版・無料版問わず使える機能です。
フォームアーカイブ	設置した入力フォームで送信された内容は、登録メールアドレス宛にメールで送られてきますが、有料版ではメール受信だけでなく、ここでメッセージの履歴を確認することができるようになります。
ヘッダー編集	ジンドゥークリエイターのすべてのプランで利用できる機能で、head要素内へ記述したいコードを登録することができます。無料版では全ページ共通、有料版では全ページ共通に合わせて、ページごとにコードを追加することができます。本書のジンドゥークリエイターのカスタマイズにおいては、もっとも重要な機能でもあります。利用方法については、CHAPTER3以降で解説します。
サーバー容量	サイトで利用しているデータ使用量を確認できます。有料版・無料版問わず使える機能です。

CHAPTER 02

カスタマイズとオリジナルデザインの制作で知っておくこと

本書で解説する「標準レイアウトのカスタマイズ」と「独自レイアウト」について、その概要と事前に知っておく必要のある知識を紹介します。ジンドゥークリエイターが生成する独特のHTML構造やカスタマイズやデザインワークのための制作環境についても解説します。

SECTION

01 2つのサイト制作方法

ジンドゥークリエイターによるサイト制作には、2つの方法があります。あらかじめ用意されたテンプレートのデザインをカスタマイズするものと、テンプレートそのものを作成するものです。前者は標準レイアウトをベースに、後者は独自レイアウトで行います。

「標準」と「独自」2つのレイアウト

ジンドゥーでアカウントを作成しサイトの登録をすると、すでにデザインが施されたサイトが作成されます。このデザインをジンドゥークリエイターでは「レイアウト」と呼んでいます。通常、ジンドゥークリエイターではこのレイアウトをベースに、ページやコンテンツを追加しながら、サイトを完成させていきます。

ジンドゥークリエイターには、あらかじめ用意されたテンプレートからデザインを選ぶ「標準レイアウト」と、オリジナルのテンプレートを作成できる「独自レイアウト」という2つのレイアウトがあります。レイアウトのカスタマイズやオリジナルデザインの作成には、ジンドゥーのレイアウトおよびデザインカスタマイズについての理解が必要不可欠です。

本節では、標準レイアウトと独自レイアウトの簡単な解説とともに、ジンドゥークリエイターのカスタマイズやサイト制作において、標準レイアウトと独自レイアウトをどのように使い分けるべきかを解説していきます。

標準レイアウトをベースにしたカスタマイズとそのメリット

標準レイアウトをベースにしたカスタマイズは、基本的にはHTMLを一切書くことなく、CSSを使って既存のレイアウトの「見た目」や、JavaScriptを使ってコンテンツの「動き」を改変するというものです。

コストと制作工程を短縮できる

ウェブサイト制作では通常、HTMLの設計やコーディングが必要になってきますが、標準レイアウトをベースにしたサイト制作では、これらの工程を省くことで制作時間の短縮を期待できます。

また、CSSによるカスタマイズにおいても、ブロック単位での見た目のカスタマイズを主に行い、フォント周りやページカラー、背景画像などの設定をジンドゥークリエイターのデザイン機能に任せることで、CSSの設計やコーディングも非常にコンパクトになるため、全体として制作時間の短縮も期待できます。

制作時間の短縮が期待できるという点では、それにより制作コストも圧縮できるため、制作予算をあまりかけられないような案件では、標準レイアウトのカスタマイズは非常に向いています。

標準レイアウトのカスタマイズ画面

標準レイアウトのカスタマイズには、「ヘッダー編集」画面を利用します。カスタマイズ用コードの追加については、SECTION03（P.38）で解説します。

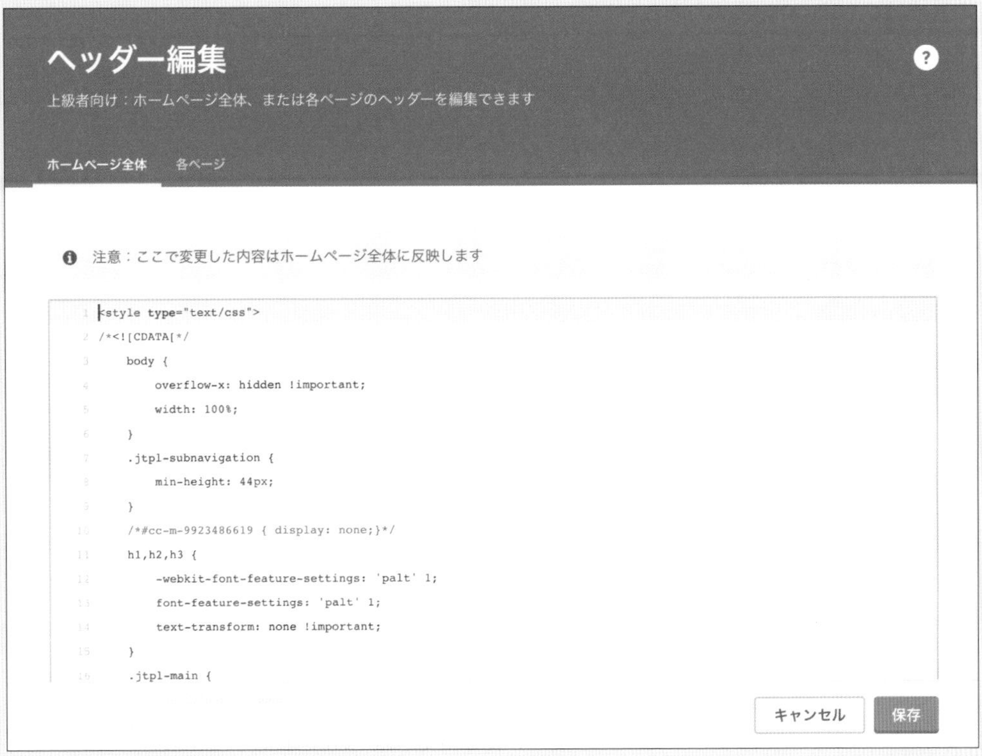

「ヘッダー編集」画面での編集

独自レイアウトを使ったオリジナルのデザインを選ぶメリット

独自レイアウトは、オリジナルのデザインでジンドゥークリエイターを使ってサイトを制作する方法です。コンテンツの追加などは、ジンドゥークリエイターの機能を使いますが、基本構造から見た目の部分までの多くを設計していくため、完全にオリジナルデザインのサイトを作ることができるのが特徴です。

予算を抑えてオリジナルデザインを提案できる

標準レイアウトのカスタマイズとは異なり、デザインカンプを用意し、インターフェイスデザインを行い、そのデザインをコーディングに落とし込んでいくため、通常のウェブサイト制作の過程と大きく変わることはありません。

コンテンツ部分の追加をジンドゥークリエイターの機能でまかなうため、一部のコーディングは不要となり、じっくりとオリジナルのデザインでサイトを作りたいけれど、少しばかり予算を抑えて制作してほしいという案件に向いています。

独自レイアウトのカスタマイズ画面

独自レイアウトで行うウェブサイト制作についてはCHAPTER6（P.137）以降で詳しく解説しますが、以下の画面を使って制作を行います。

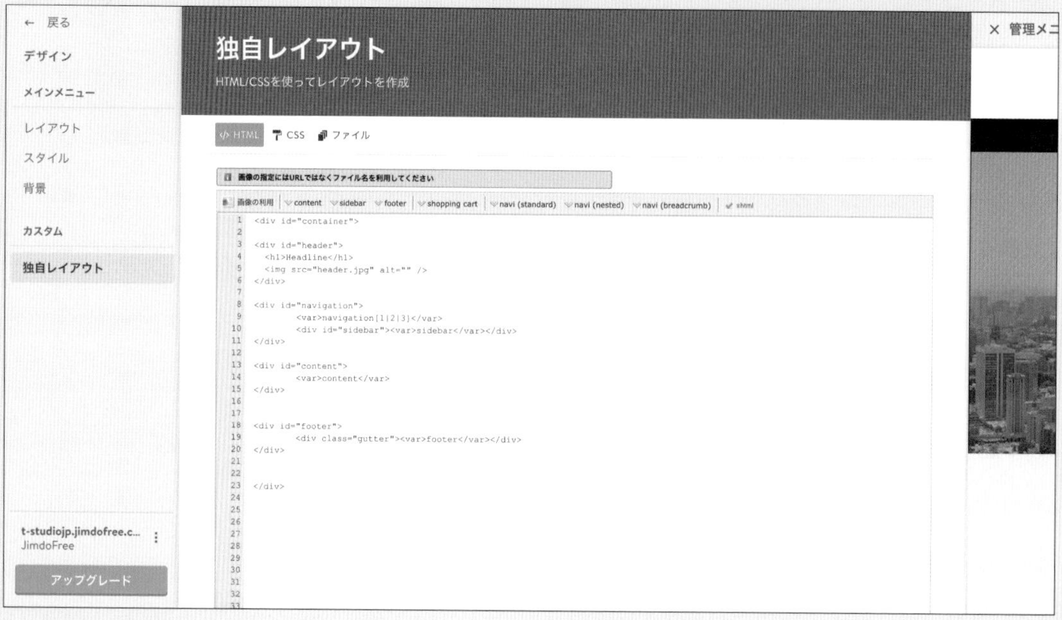

「独自レイアウト」画面での編集

SECTION

02 カスタマイズに必須のHTML仕様を理解する

カスタマイズを行うには、ジンドゥークリエイターで書き出されるHTMLの構造や仕様を理解する必要があります。ここでは、ジンドゥークリエイターの標準レイアウトで生成されるHTMLについて、TOKYOレイアウトをベースに、レイアウトを構成するHTMLについて解説します。

標準レイアウトのHTML構造を知ろう

ジンドゥークリエイターで生成されるHTMLには、編集時に各要素を特定するために必要なコードが一緒に書き込まれます。そのため、ジンドゥークリエイターで生成されるHTMLの特徴を理解しておくこともカスタマイズをしていくうえでは必要な知識となります。

標準レイアウトのHTML基本構造

TOKYOレイアウトをもとに、ジンドゥークリエイターの標準レイアウトの基本構造について解説します。

▼TOKYOレイアウト

▼標準レイアウトの基本構造（TOKYOレイアウトの場合）

```
<div class="jtpl-main">
  <header class="jtpl-header">
    <div ="jtpl-topbar-section">
      <div class="jtpl-logo">ロゴ画像</div>
      <div class="jtpl-navigaiton">
        <nav>グローバルナビゲーション項目</nav>
      </div>
    </div>
  </header>
  <nav class="jtpl-subnavigation">第二階層以下のナビゲーション項
  目</nav>
  <div class="jtpl-title">タイトル項目、背景画像表示エリア</div>
  <div class="jtpl-section">
    <div class="jtpl-content">
      <div class="jtpl-content__inner">
        <div class="jtpl-breadcrumb">パンくずエリア</div>
        <div id="content_area">メインエリアコンテンツ</div>
      </div>
    </div>
    <div class="jtpl-sidebar">
      <div class="jtpl-sidebar__inner">サイドバーコンテンツ
      </div>
    </div>
    <div class="jtpl-footer">
      <div class="jtpl-footer__inner">フッターコンテンツ</div>
    </div>
  </div>
<div>
```

Point

ジンドゥークリエイターのレイアウトは、ドイツ本国でデザインされていますが、「TOKYO」レイアウトは、日本人が好むデザインレイアウトをベースに日本でデザインされ、ドイツでレイアウトとして実装されました。

あらかじめ定義されているレイアウト構造

ジンドゥークリエイターのカスタマイズ作業をしていくうえでは、ジンドゥークリエイターの標準レイアウトの要素の順番や重なり、コンテンツが挿入される部分の要素の親子関係を理解しておくことが大切です。

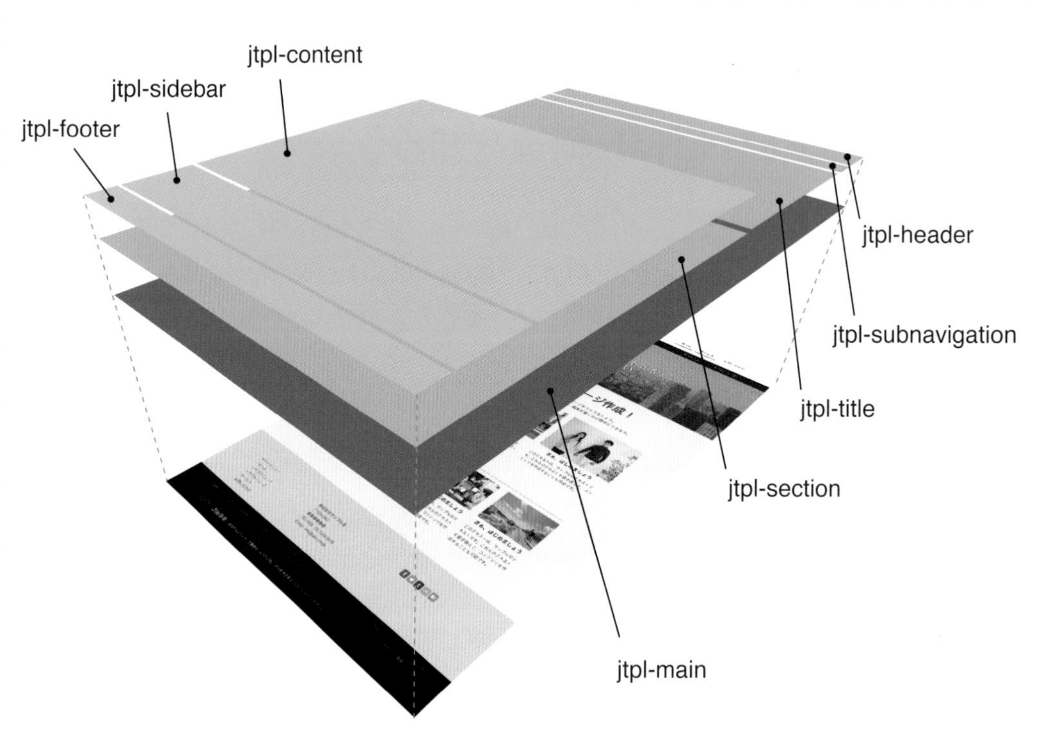

・コンテンツを内包する「jtpl-main」

ジンドゥークリエイターのレイアウトを構成するブロックの一番外側にあるのがclass属性値「jtpl-main」のdiv要素です。ここは、ヘッダーやコンテンツ、フッターを内包します。

・「jtpl-main」内の要素

この「jtpl-main」の直接の子要素に「jtpl-header」「jtpl-subnavigation」「jtpl-title」「jtpl-section」があります。「jtpl-header」はheader要素、「jtpl-subnavigaiton」はnav要素のclass属性として、それ以外はdiv要素のclass属性として定義されます。

・「jtpl-header」内の要素

「jtpl-header」の子要素に「jtpl-topbar-section」があり、その子要素にロゴエリアにあたる「jtpl-logo」とサイトのメインメニューにあたる部分「jtpl-navigaiton」があり、ナビゲーションはその子要素としてnav要素で定義されています。

・「jtpl-section」内の要素

「jtpl-section」内には、サイトのメインコンテンツにあたる部分の「jtpl-content」、共通項目を表示させる部分の「jtpl-sidebar」、フッター項目の「jtpl-footer」が子要素として定義されています。「jtpl-sidebar」は、TOKYOレイアウトのようなシングルカラムレイアウトでは「jtpl-content」の下に、Chicagoレイアウトのような2カラムレイアウトでは「jtpl-content」の左右どちらか（Chicagoレイアウトでは右）に表示されます。

コンテンツが追加される要素について知る

後述の基本機能「コンテンツを追加」で追加される要素は、jtpl-headerやjtpl-content、jtpl-footerの子要素、子孫要素内に挿入されます。

コードに記載しているメインエリアコンテンツはサイトのメインコンテンツにあたる部分で、「コンテンツを追加」によって追加されるコンテンツは「jtpl-content」の子要素「jtpl-content__inner」内にあるid属性「content_area」が定義されているdiv要素の中に追加されていきます。

サイドバーエリアコンテンツは、「jtpl-sidebar」の子要素「jtpl-sidebar__inner」が定義されているdiv要素の中に追加されていきます。フッターコンテンツは、「jtpl-footer」の子要素「jtpl-footer__inner」が定義されているdiv要素の中に追加されていきます。

挿入したコンテンツのHTML構造を知ろう

ここまでジンドゥークリエイターで書き出されるHTMLの仕様を解説してきましたが、見た目の変更を担っているCSSのclassセレクタおよびidセレクタを定義する際には、HTMLのclass属性およびid属性が付与されるルールを理解しておくことが、CSSをカスタマイズするうえでは必要な知識となります。

追加する文章や画像に付与されるclass属性やid属性のルールを知るために、まずはジンドゥークリエイターの基本機能「コンテンツを追加」について解説します。

「コンテンツを追加」とは

ジンドゥークリエイターでは、見出しや段落、イメージ画像などの要素を、HTMLを記述することなく簡単に挿入できます。

コンテンツを追加したいエリアにマウスポインターを乗せて［コンテンツを追加］をクリックすると、挿入できるコンテンツの一部が表示されます。

挿入したい場所にマウスポインターを当てると［コンテンツを追加］が表示される

ウェブサイトでよく使用されるコンテンツを一覧表示

［その他のコンテンツ＆アドオン］をクリックすると、挿入できるコンテンツの種類がさらに増えます。

Googleマップやフォームなどのコンテンツが追加で表示される

たとえば、あらかじめダミーで配置されているテキストをクリックすると、以下のように編集可能な状態となります。下の画面は「見出し（大）」が選択されて、編集可能な状態のものです。

編集可能な状態の見出し要素

コンテンツ挿入時に付与されるclass属性とid属性

「コンテンツを追加」で挿入されたコンテンツは、たとえばジンドゥークリエイターの「見出し（大）」はh1要素となります。このとき、HTMLでは次のように記述されています。

```
<div id="cc-m-12163030757" class="j-module n j-header ">
  <h1 class="" id="cc-m-header-12163030757">Jimdoで簡単ホームページ作成！</h1>
</div>
```

div要素に付与されているclass属性値「j-header」が見出し要素であるということを表しています。この要素が定義されている場合、ジンドゥークリエイターの編集画面は、見出し要素の編集画面になります。それと同時に、div要素とh1要素それぞれにid属性も付与されています。

div要素には「cc-m-」からはじまるランダムな数字が付与されます。見出し要素の場合は「cc-m-header-」からはじまるランダムな数字の属性値となります。カスタマイズを行う際、固有の見出しのみ見た目の変更をしたい場合は、このid属性値をセレクタとして利用することで、スタイルの競合を避けることができます。

「コンテンツを追加」で挿入された要素に付与される主なclass属性を、次の表にまとめました。

▼主なコンテンツ（要素）と対応するclass属性

j-header	見出し	j-hgrid	カラム
j-text	文章	j-video	YouTube等
j-imageSubtitle	画像	j-callToAction	ボタン
j-textWithImage	画像付き文章	j-product	商品
j-gallery	フォトギャラリー	j-sharebuttons	シェアボタン
j-hr	水平線	j-table	表
j-spacing	余白	j-htmlCode	ウィジェット / HTML

ジンドゥークリエイターのカスタマイズでは、これらコンテンツ用のclass属性に対してスタイルを適用すると、編集時に影響を及ぼすことがあるため、主にはコンテンツに定義されているid属性と、レイアウトで使用されているclass属性を中心にスタイルを再定義していきます。

COLUMN　標準レイアウトの特徴

ジンドゥークリエイターには、40種類のレイアウトパターンがあり、ベースカラーやデザインの違うプリセットも含めると187種類になります（2019年12月14日現在）。ジンドゥークリエイターでは、これらのレイアウトを「標準レイアウト」と呼び、ユーザーは自由にレイアウトパターンを選んでウェブサイトを制作します。

初期設定以外に40種類ある標準レイアウト

Miamiレイアウト

Chicagoレイアウト

Malagaレイアウト

標準レイアウトは大きく2つのパターンに分類されます。コンテンツエリアが横幅いっぱい（約960px ほど）に広がっている「シングルカラム」と呼ばれているものと、コンテンツエリアとサイドバーエリアが隣り合っている「2カラム」と呼ばれているものとがあります。

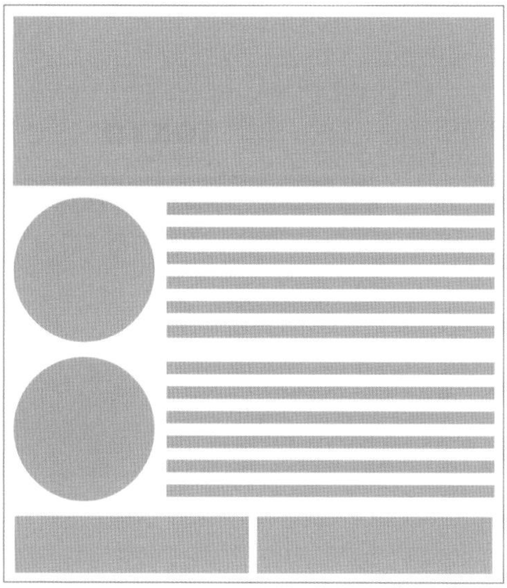

シングルカラムパターン

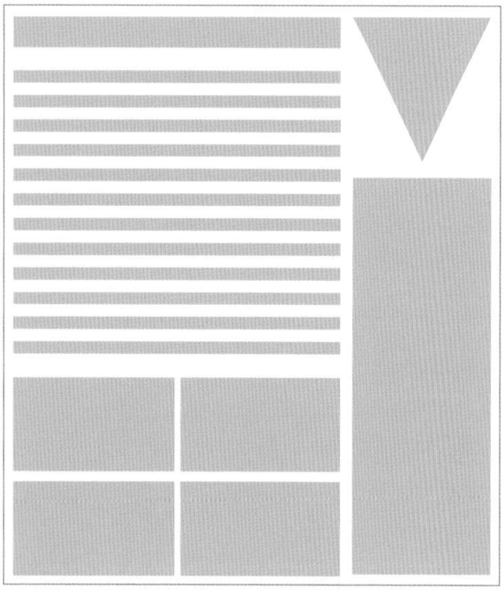

2カラムパターン

ジンドゥークリエイターの標準レイアウトをカスタマイズする際によく利用されるレイアウトパターンは、「シングルカラム」レイアウトです。昨今のサイトデザインの多くが、サイドバーを設けないものが多いことが理由のひとつです。ただし、サイトのデザインの方向性などから「2カラム」レイアウトが選ばれることもあります。

SECTION

03 カスタマイズ用コードを追加する

ジンドゥークリエイターのカスタマイズでは、CSSの追加が必須になりますが、直接CSSのソースコードを編集できないジンドゥークリエイターには大変便利な機能があります。「ヘッダー編集」機能を使うことで、カスタマイズで必要なCSSを簡単に追加することができます。

カスタマイズに欠かせない「ヘッダー編集」

ジンドゥークリエイターの特徴として、コードを使って自由にカスタマイズできる点があると説明しました。CSSやJavaScriptのコードを追加してカスタマイズする際に使用するのが[ヘッダー編集]メニューです。ここではその使用方法を簡単に説明します。

エディタ機能を備えた編集ページを開く

1 [管理メニュー]→[基本設定]の順に進み、[ヘッダー編集]を選択します。

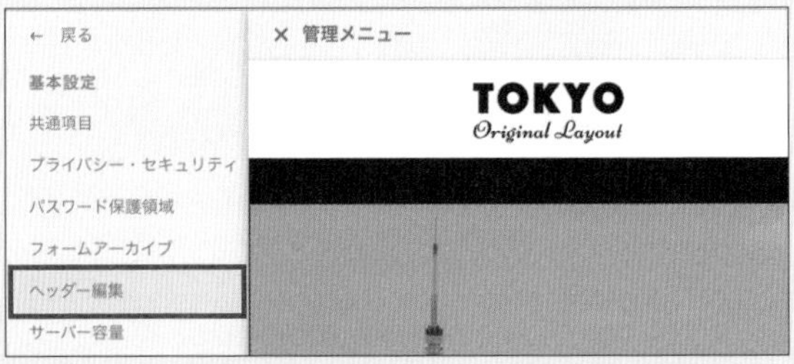

2 コードを記述するエディタが表示されます。ここにコードを書き込んでいきます。

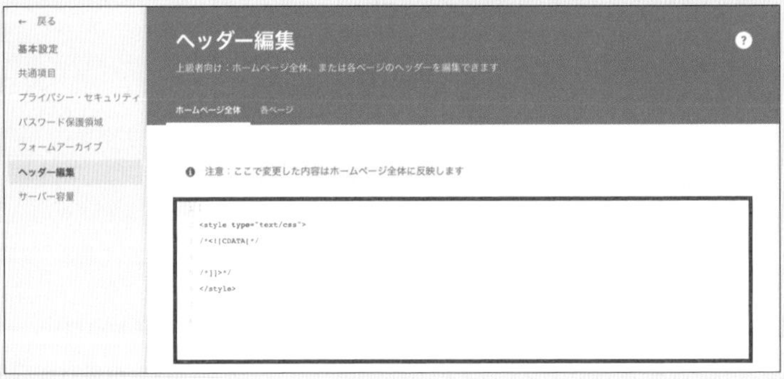

Point

初期状態で「<style type="text/css">～</style>」というコードが入力されていますが、これはジンドゥークリエイターのシステムが自動で入力しているものです。標準レイアウトにおけるCSSカスタマイズのコードは基本的にこの中に記述していきます。コメントアウトで記述されている「<![CDATA[～]]>」は削除しないように注意してください。

なお、これらのコードは独自レイアウトでのカスタマイズでは使用しませんので、不要な場合は削除してください。

3 上部タブに［ホームページ全体］と［各ページ］の2つがあります。［ホームページ全体］に入力したコードはすべてのページに反映され、［各ページ］は有料プランのみの機能にはなりますが、ページごとに個別のコードを入力できます。

「ヘッダー編集」に入力した内容は<head>要素に追加される

「ヘッダー編集」に入力した内容は、実際のウェブサイト上では<head>要素内に追加されます。そのため、<head>要素内に配置できる要素であれば入力が可能です。CSSを追加する<style>要素、Googleアナリティクスのトラッキング IDや各種JavaScriptを使用するための<script>要素、Googleフォントなどの外部CSSを使用するための<link>要素などがよく使用されます。

Point

ジンドゥークリエイターではすべてのウェブサイトがSSL化されています。そのため、ここに書き込むコードにURLが含まれる場合には、すべて「https」である必要があります。外部サービスのコードを貼り付ける際など、「http」のコードを使用すると予期せぬエラーが表示されることがありますので、必ず「https」のコードのみを使用してください。

COLUMN 自由度の高いジンドゥークリエイターでのカスタマイズ

CMSをカスタマイズするうえで、「どこまで自由に改変できるのか」という点は、ウェブ制作者にとって重要なポイントです。たとえば、WordPressのようなオープンソースのCMSは非常に自由度が高く、CSSやPHPのコードを自由に書き換えることができます。反面、よく理解しないままカスタマイズをすると、レイアウトが崩れてしまったり、ページが表示されなくなってしまうなどのリスクもあります。

一方、ウェブサイト作成サービスが提供するCMSは、サービス側のスタンスによって仕様や自由度に大きな差があります。CSSを使ったカスタムは一切できない、というサービスも珍しくありません。

ジンドゥークリエイターはどうかというと、既存のレイアウトにCSSやJavaScriptを書き足すことができるだけでなく、より本格的にカスタマイズしたいというユーザー向けに「独自レイアウト（CHAPTER6以降で解説）」という一（いち）からウェブサイトを作成できる機能が用意されているなど、数あるウェブサイト作成サービスの中でも、比較的自由度が高い仕様です。そのため、細部までこだわった本格的なウェブサイトを制作することができ、一般ユーザーだけでなく、ウェブ制作者にとっても使い勝手のよいCMSであると言えます。

SECTION 04

デザインの確認とデベロッパーツールの活用

カスタマイズの作業では、実際に公開されたサイトの画面でデザインを確認しながら、ジンドゥークリエイターの編集作業を進めます。また、表示画面と併せてサイトのHTMLコードをブラウザの機能で表示させることで、カスタマイズに必要な情報を取得します。

公開サイトを表示してデザインを確認する

本書で紹介するカスタマイズ手法では、ジンドゥークリエイターに備わったプレビュー機能は使用せずに、実際の公開サイトのコードを使用してカスタマイズを行います。

「プレビュー」の［閲覧］から表示する

まずはプレビュー画面を表示し、閲覧機能を使って公開サイトをブラウザで表示します。

1 編集画面の上部メニューにあるモニターのアイコンをクリックします。

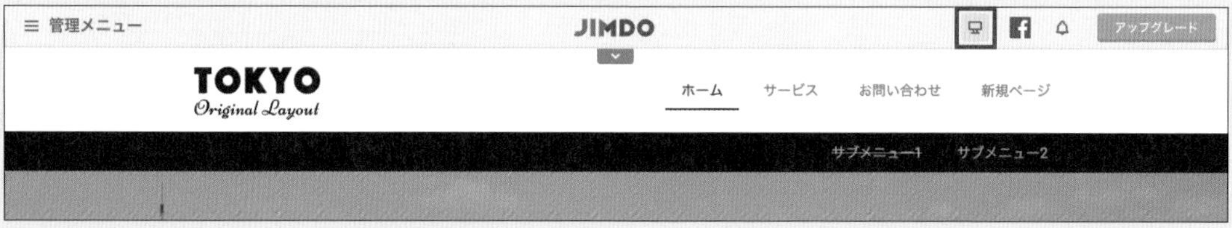

2 画面が切り替わりプレビュー画面が表示されたら、画面上部の［閲覧］をクリックします。

3 実際に公開されているサイトがブラウザの別タブで開きます。本書ではこの新しく開かれた公開サイトをプレビュー用に使用します。

Point

［閲覧］をクリックしなくても、プレビュー画面でもウェブサイトの表示確認は可能です。しかし、プレビュー画面のURLを確認すると実際の公開サイトのURLとは異なっています。このプレビュー画面は、iframeを使って公開サイトをフレーム内に表示しているためです。本書では実際に公開されているウェブサイトのコードを拾い出してカスタマイズを行うため、iframeを使ったプレビュー画面ではなく、実際の公開サイトを表示してデザインプレビュー用画面として使用します。

ただし、閲覧画面はURLを知る閲覧者であれば誰でも見ることが可能なため、非公開で制作しているサイトなど、完成まで絶対に見られてはいけないサイトなどでは注意が必要です。そのような場合は［管理メニュー］→［基本設定］→［プライバシー・セキュリティ］の中にある「準備中モード」※に設定し、編集画面内でのデザイン確認で制作を進めてください。（※有料プランのみ）

カスタマイズに欠かせない「デベロッパーツール」

ジンドゥークリエイターのデザインのカスタマイズでは、ジンドゥークリエイターによって書き出されるHTMLに対して、新しくCSSセレクタを追加したり、あらかじめ定義されているスタイルを再定義することが必要になります。

しかし、ジンドゥークリエイターの編集画面では、HTMLのソースコードを表示することができないため、特定の要素に定義されているid属性やclass属性を確認することができません。

ソースコードを表示する

ソースコードを表示するには、Google Chromeブラウザに標準で搭載されている機能「デベロッパーツール」を利用します。デベロッパーツールでカスタマイズをしたい要素のコードを確認しながら、「ヘッダー編集」でセレクタの追加をしていきます。

サイトのデザインを表示しながらソースコードが確認できる

デベロッパーツールを起動する

デベロッパーツールの起動方法は、macOSの場合は[表示]→[開発/管理]から[デベロッパーツール]を、Windows環境では⋮(Google Chromeの設定)ボタンをクリックして[その他のツール]→[デベロッパーツール]を選びます。

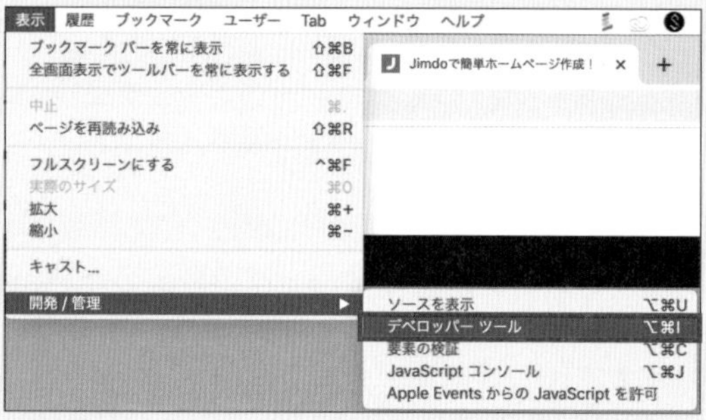

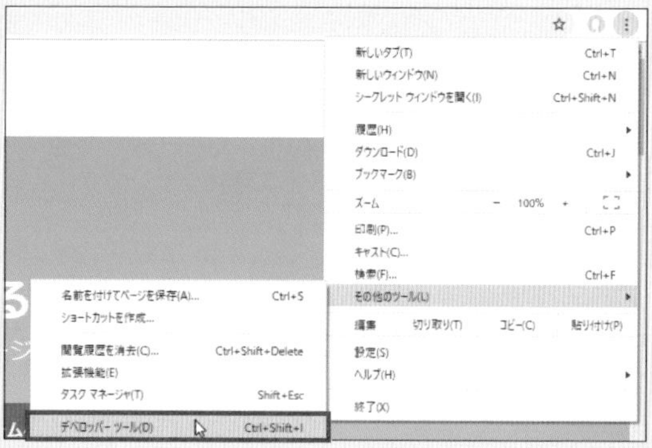

macOSの[表示]メニュー(左)とWindowsのGoogle Chrome設定メニュー(右)

表示画面(左のフレーム)で選択した要素にどのようなclass属性やid属性が定義されているのかがわかる(右のフレーム)

Point

デベロッパーツールの起動にはショートカットキーの操作が便利です。macOS版のGoogle Chromeなら［option］+［command］+［I］、Windows版では［ctrl］+［shift］+［I］で素早く呼び出すことができます。

2

ソースコードから属性値を取得する

デベロッパーツールでは上段にソースコードが、中段にCSSのセレクタが表示されます。HTMLのソースコード部分ではidやclass属性などの項目をクリックして選択し、属性値をコピーできるので、「ヘッダー編集」画面に貼り付けて作業をすることができます。

属性値の選択とコピーには、特定の属性をダブルクリックし選択された値をキーボードショートカットでコピーする以外にも、以下の方法でも可能です。

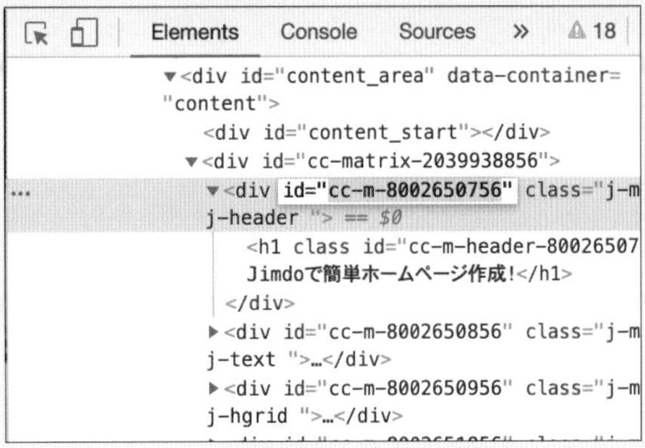

h1要素を囲っているdiv要素のid属性値を選択したところ。コピーも可能

1 デベロッパーツールの左上にある「Slect an Element in the page to inspect it」と表示されるアイコン（以降、セレクトボタン）をクリックし、ボタンをアクティブにします。表示画面で選択したい要素をクリックすると、その部分のコードがハイライト表示されます。

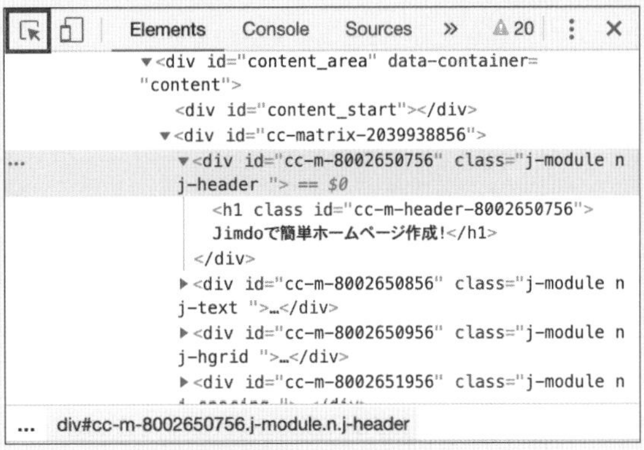

2 ハイライト表示された要素を右クリックするとコンテクストメニューが現れるので、[Copy] - [Copy selector] で属性値のコピーをすることができます。

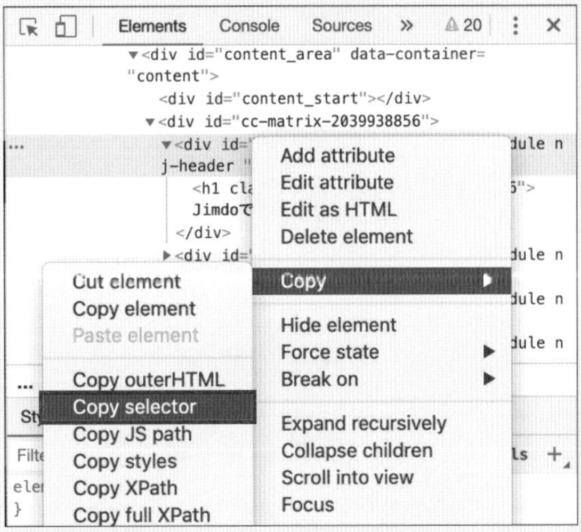

Point

このコピー機能は大変便利で、たとえば[Copy outerHTML] では選択した要素の親要素からのHTMLコードをコピーすることができます。

適用されているセレクタを確認する

中段は指定した要素に適用されているCSSプロパティが表示されます。ここに直接プロパティを追加して、見え方の確認もできますが、実際のコードには書き込まれないので注意が必要です。

見出し要素に定義されているセレクタを表示している状態

スマートフォンでの表示を確認する

デベロッパーツールはスマートフォン表示をさせることができるため、レスポンシブデザインをするうえでブラウザプレビューとモバイル端末での見え方を確認することができる点においても、大変便利なツールです。

スマートフォンビューにした際には、メディアクエリで指定したサイズのCSSセレクタが優先的に表示されるので、コード修正をするうえで欠かせないツールです。

スマートフォンでの表示も確認できる

CHAPTER 03

標準レイアウトでのサイト制作とCSSを使ったカスタマイズ

この章では、ジンドゥークリエイターの基本的なカスタマイズを学習するため、標準レイアウトでウェブサイトの骨格を作る方法と、CSSでのカスタマイズ手法を解説します。ステップ形式でウェブサイトを作りながら、ジンドゥークリエイターのCMSとしての構造を理解しましょう。

SECTION

01 標準レイアウトでウェブサイトの骨格を作る

ここからは実際にジンドゥークリエイターでウェブサイトを開設し、ステップに沿って制作の流れを解説していきます。カスタマイズを開始する前に、まずはサイトの骨格を作ります。標準レイアウトの基本機能だけを使用してコンテンツを作成するところからはじめましょう。

完成イメージの確認と素材の準備

完成イメージの確認

はじめに、この章で制作するウェブサイトの完成図を確認します。開設したばかりの初期状態と、カスタマイズが完了したあとのウェブサイトを見比べてみましょう。

ジンドゥークリエイターでサイトを開設したばかりの状態

カスタマイズ後のウェブサイト

Point

ジンドゥークリエイターでは、世界中の都市名がつけられた40種類のレイアウトが用意されており、その中から好きなレイアウトを選ぶことができます。はじめからある程度のコンテンツが入った状態でサイトが開設され、ウェブの専門家ではない一般ユーザーでもすぐにウェブサイトを作りはじめることができるようになっています。開設時のコンテンツ内容は選択するレイアウトによって異なりますが、本書では「TOKYO」レイアウトを選択した状態を前提に解説を進めます。

左がウェブサイトを開設した直後の状態で、右が今回制作するウェブサイトの完成図です。この完成図に沿って、コンテンツの作成や調整、カスタマイズを行っていきます。

比較するとまったく別のウェブサイトのように見えますが、標準レイアウトの基本機能と最小限のカスタマイズで、このように本格的なウェブサイトを制作することが可能です。

本章の制作で使用する画像素材

この章では、読者自身にお気に入りの画像素材を用意していただき、サンプルサイトの制作を進めていきましょう。素材は自由にご用意いただいてかまいませんが、参考に本章で使用する素材の一覧とサイズを明記します。準備の際の目安としてください。

▼サンプルサイトで使用する画像素材一覧

プレビュー	使用箇所	サイズ（幅×高さ）	備考
ジンドゥー建築事務所 HOUSING DESIGN & RENOVATION	ロゴ	480px×83px	高さはロゴのデザインによる
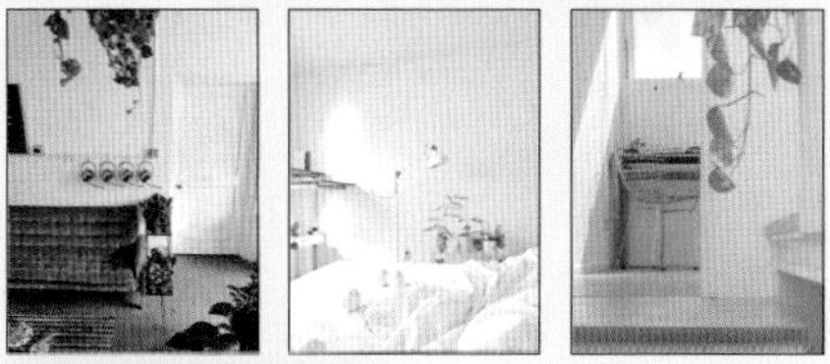	背景画像 スライドショー	1920px×2560px 3枚	スマートフォンでの閲覧を考慮し、縦長の画像を用意
	CONCEPTエリア イメージ画像	800px×640px	
	GALLERYエリア フォトギャラリー画像	800px×1200px 4枚 1200px×800px 2枚	縦横混在で、計6枚を用意
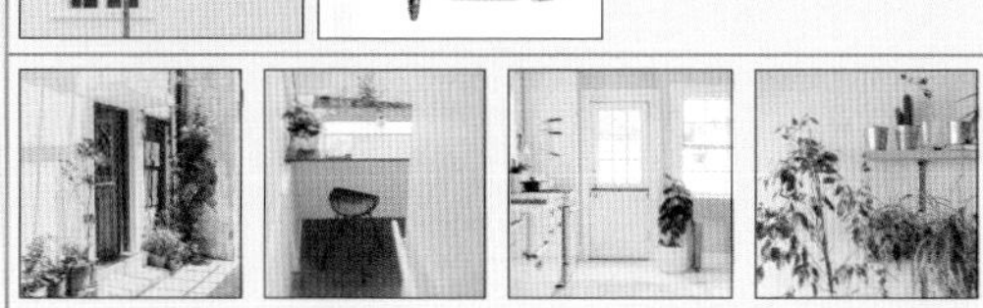	WORKSエリア イメージ画像	800px×800px 4枚	正方形の画像を4枚用意

COLUMN　日本のウェブサイト向けに開発されたTOKYOレイアウト

ジンドゥーでは魅力的なレイアウトが数多く用意されていますが、ドイツで開発されているサービスのため、日本のウェブサイトでそのまま使用するとうまくフィットしないケースが多くありました。そのため、ジンドゥーのドイツ本社で日本のマーケット向けに最適化されたレイアウトの開発が進められ、筆者がそのデザインを担当しました。それが今回使用する「TOKYO」レイアウトです。

デザインをする際にまず着目したのが、日本語の感覚からするとかなり大きなフォントサイズが使用されていた点です。半角と全角の違いを想像するとわかりやすいですが、同じフォントサイズでもアルファベットよりも日本語のほうが大きく感じます。その違和感を解消するため、日本語を入力したときにちょうどいいサイズに収まるようなフォントサイズの設計からはじめました。

それ以外にも日本固有のウェブ事情を鑑みたさまざまな仕掛けが施されたTOKYOレイアウトは、一般ユーザーの方にとって使いやすいのはもちろん、ジンドゥークリエイターでカスタマイズをする際のベースレイアウトとしてもおすすめです。

ウェブサイトの初期化とサイト作成の準備

ジンドゥークリエイターでウェブサイトを作成すると、はじめからある程度のコンテンツが入った状態で開設されます。

これは、ジンドゥーが「ウェブの専門家でなくてもウェブサイトを作れるように」というコンセプトでできたサービスであるため、一般ユーザーが操作に迷わないよう、まっさらな状態ではなく、ガイドラインとしてコンテンツが入った状態からスタートするという仕様によるものです。一般ユーザーはこの「型」をベースに、画像やテキストを差し替えるだけで簡単にウェブサイトが作れる仕組みになっています。

初期状態で用意されているコンテンツを削除する

今回のカスタマイズではこの「型」は使用しないため、まずはすでに入っているコンテンツをすべて削除しましょう。

1 コンテンツをすべて削除していきます。カラムに入っているコンテンツはカラムごと削除するとスムーズです。フッターのコンテンツも同様に削除します。

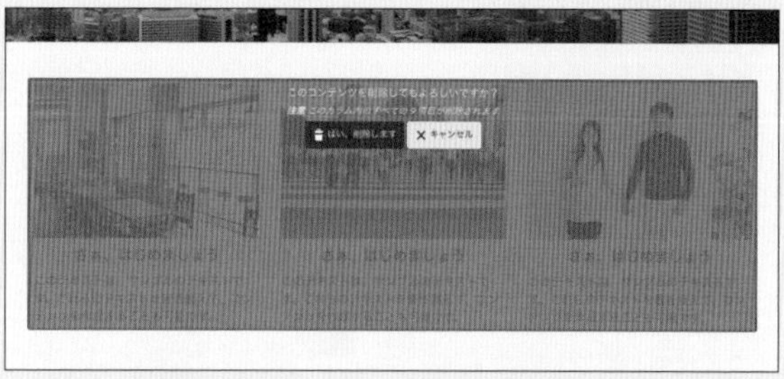

2 すべてのコンテンツが削除されるとこのような画面が表示されます。

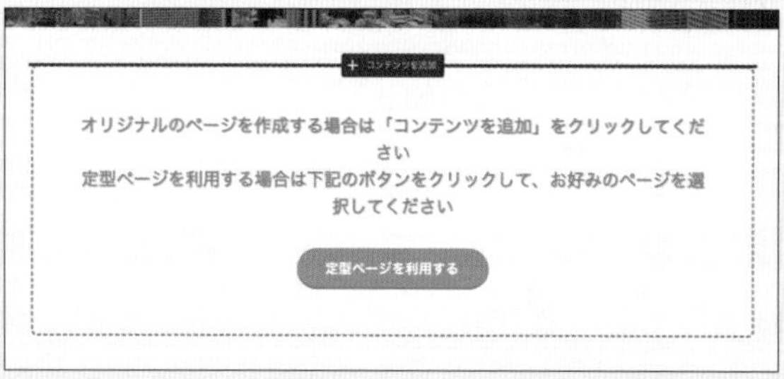

不要なページを削除する

コンテンツと同様に、あらかじめいくつかのページも用意されています。これらを流用してもかまいませんが、今回はトップ（ホーム）ページ以外のページを削除してからはじめます。

1 ［ナビゲーションの編集］パネルから［ゴミ箱］のアイコンをクリックし「ホーム」以外のページを削除します。

2 不要なページが削除され、トップページだけのウェブサイトになりました。

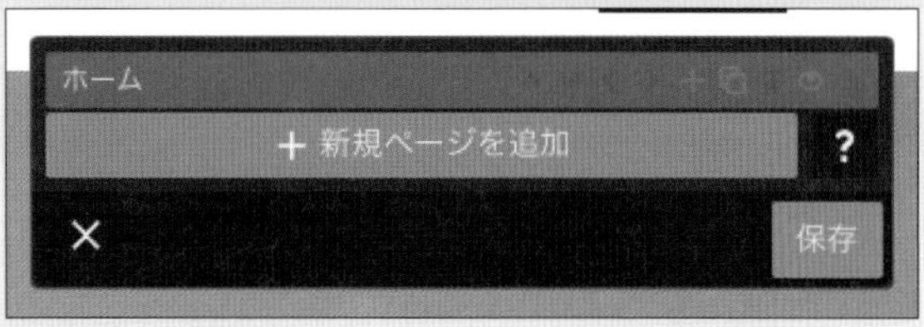

3 グローバルナビゲーションに「ホーム」だけが残っていることを確認します。

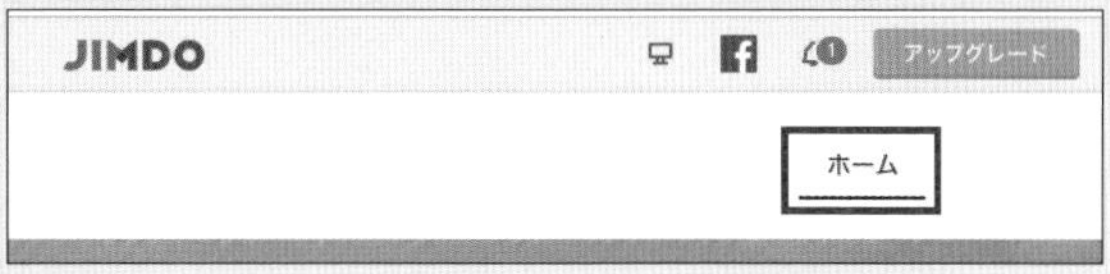

必要なページを追加する

続いて、必要なページを追加していきます。ここでページの階層も設定します。

1 ［ナビゲーションの編集］パネルから［新規ページを追加］をクリックし、必要なページを追加します。

2 ［>］ボタンでページの階層を設定します。

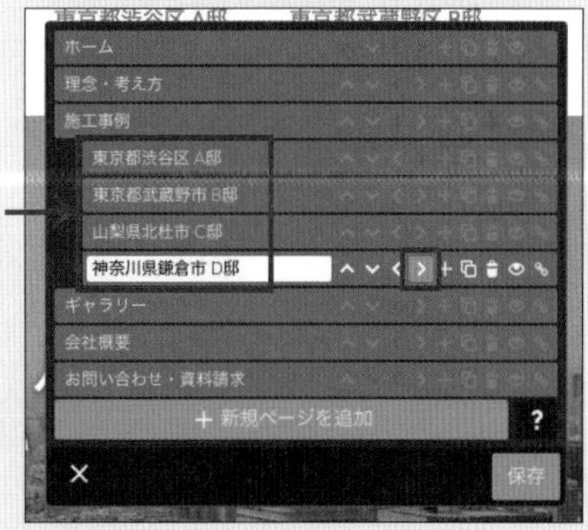

3 グローバルナビゲーションに項目が追加されていることを確認します。

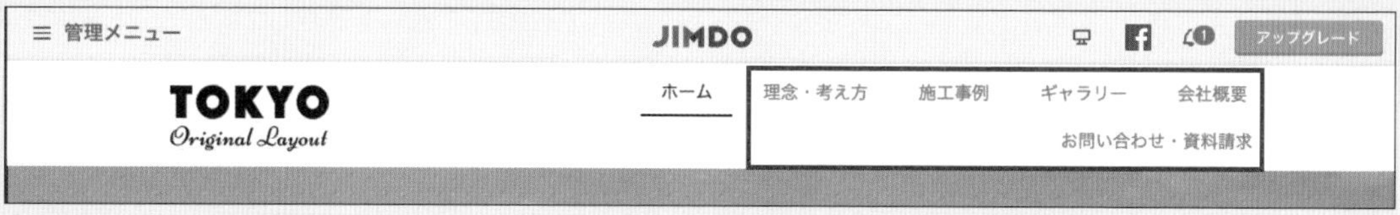

ファーストビューエリアを作成する

背景を変更する

ここからはいよいよコンテンツの入力作業をはじめます。まずは、ユーザーが最初に目にするファーストビューエリアの背景を変更しましょう。背景の変更は通常の編集画面ではなく、管理メニューから行います。

1 [管理メニュー]→[デザイン]→[背景]の順に進み、背景を変更するパネルを表示します。

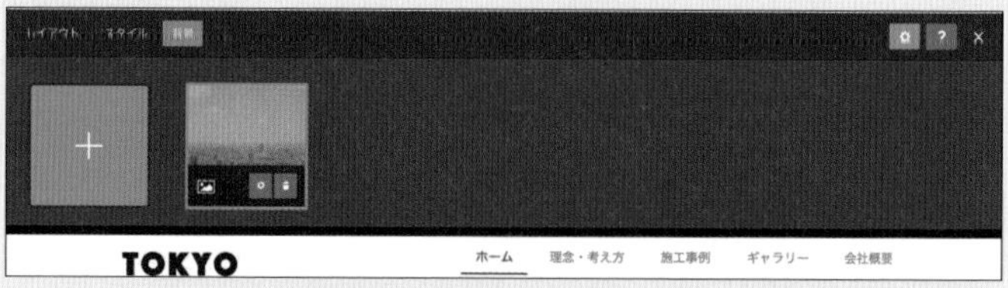

2 [スライド表示]を選択（P.329参照）し、背景用に用意した画像を3枚アップロードします。必要に応じて、表示順や速度も設定しましょう。

3 保存して背景設定パネルを閉じたら、背景が変更されたことを確認します。

ロゴとホームページタイトルを変更する

続いてロゴとホームページタイトルを変更します。

1 編集画面で、左上のロゴエリアをクリックし、用意したロゴ画像をアップロードします。

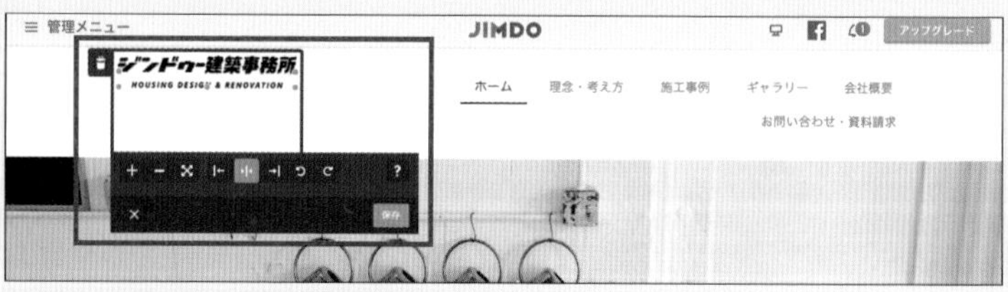

Point

ロゴエリアの最大サイズはレイアウトによってあらかじめ規定されており、その範囲に収まるよう自動的に大きさが調整されます。規定サイズより大きなロゴを掲載したい場合は、CSSでの調整が必要となります。

2 続いて「ホームページタイトルを入れてください」と書かれているエリアをクリックし、任意のホームページタイトルを入力します。サンプルサイトでは「暮らすを楽しむ、趣味人のための建築事務所」と入力します。

これでファーストビューエリアのコンテンツは完成です。

Point

制作者としては、ウェブサイトのファーストビューにはいろいろと情報を載せたくなります。タイトルのほかに、たとえばリード文やボタンなどを置きたいケースもあるでしょう。こういった場合はjQueryを使って要素を追加することが可能です。jQueryを使ったカスタマイズについて詳しくはCHAPTER4で解説します。

メインコンテンツエリアを作成する

表を使って新着情報を作成する

続いて、ウェブサイトのメインコンテンツを作成していきます。まずは新着情報です。新着情報の作成には「表」コンテンツを使用します。

1 [コンテンツを追加]から[表]を選択し、2列×3行の表を作成します(P.323参照)。左に日付、右にお知らせの内容を入力しましょう。

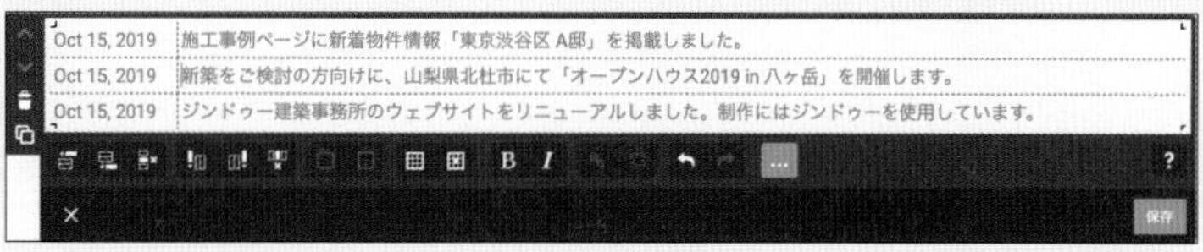

2 日付のセルを選択した状態で［斜体］ボタンをクリックし、日付を斜体にします。

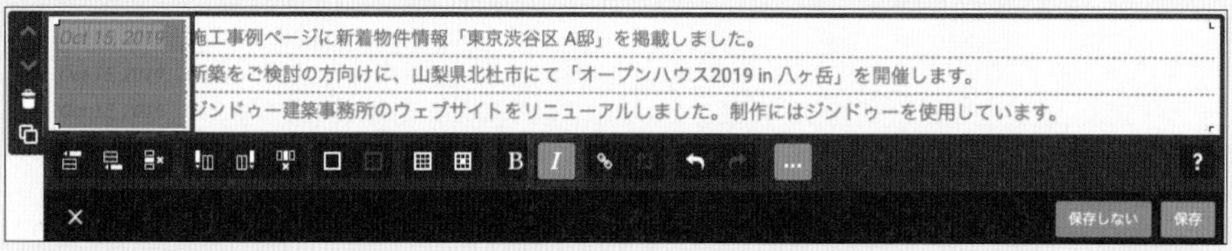
Oct 15, 2019
施工事例ページに新着物件情報「東京渋谷区 A邸」を掲載しました。
新築をご検討の方向けに、山梨県北杜市にて「オープンハウス2019 in 八ヶ岳」を開催します。
ジンドゥー建築事務所のウェブサイトをリニューアルしました。制作にはジンドゥーを使用しています。
保存しない
保存

3 ［表のプロパティ］ボタンをクリックし、［内側の余白］に「15」と入力します。

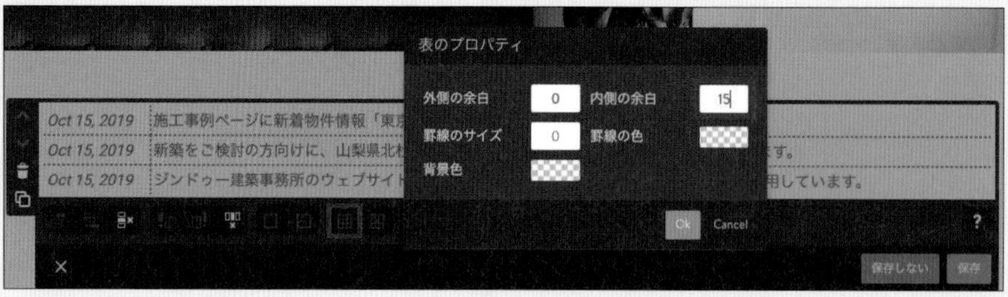
表のプロパティ
外側の余白
0
内側の余白
15
罫線のサイズ
0
罫線の色
背景色
Ok
Cancel
Oct 15, 2019
保存しない
保存

これで新着情報は完成です。

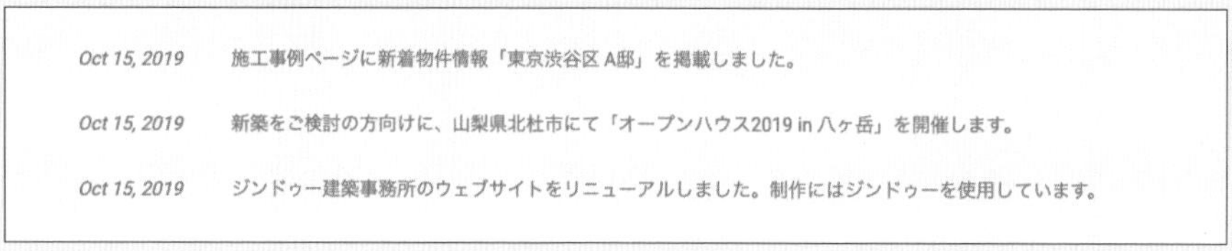
Oct 15, 2019
施工事例ページに新着物件情報「東京渋谷区 A邸」を掲載しました。
Oct 15, 2019
新築をご検討の方向けに、山梨県北杜市にて「オープンハウス2019 in 八ヶ岳」を開催します。
Oct 15, 2019
ジンドゥー建築事務所のウェブサイトをリニューアルしました。制作にはジンドゥーを使用しています。

CONCEPTエリアを作成する

次はCONCEPTエリアです。左右に分割された2カラムのレイアウトを作成します。

1 まずは新着情報エリアとの間に［余白］コンテンツを挿入します（P.322参照）。余白のサイズは任意でかまいません。サンプルサイトではサイズは「100px」に設定しています。

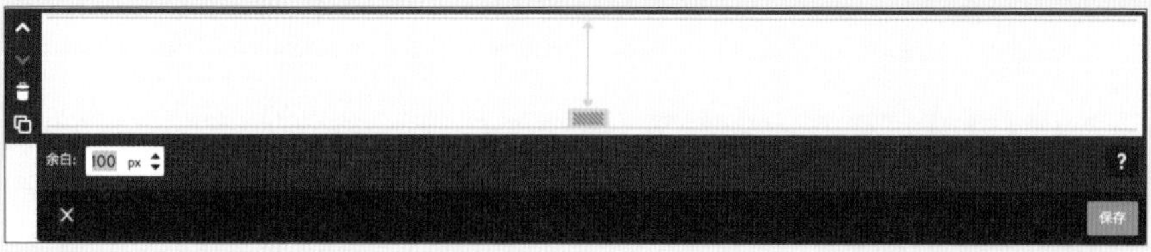
余白:
100
px
保存

2 ［カラム］コンテンツを使用（P.325参照）し、コンテンツエリアを2カラムに分割します。

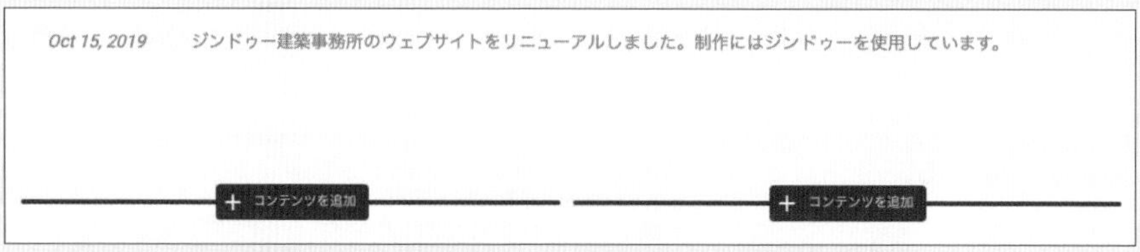
Oct 15, 2019
ジンドゥー建築事務所のウェブサイトをリニューアルしました。制作にはジンドゥーを使用しています。
コンテンツを追加
コンテンツを追加

3 左カラムには、見出し（P.319）、文章（サンプルサイトでは150文字程度・P.318）、ボタン（P.323）の順にコンテンツを入力します。見出しは［中］、ボタンのスタイルは［スタイル1］を選択し、ページへリンク（サンプルサイトでは「理念・考え方」）を張ります。

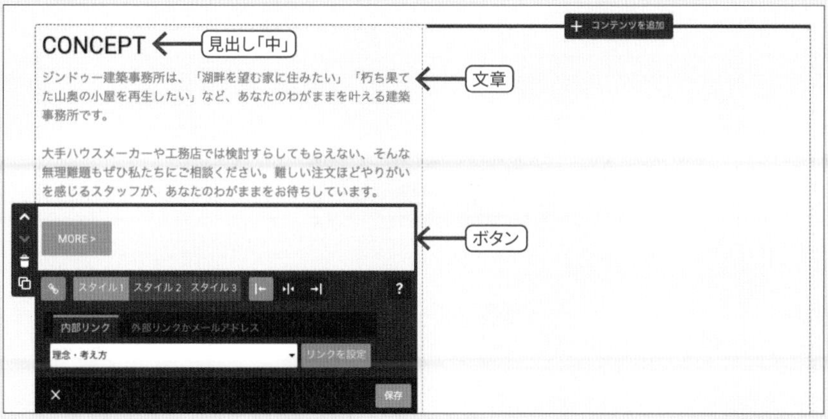

4 右カラムには画像を配置します（P.319参照）。サンプルサイトでは省略しますが、必要に応じて代替テキストを追加（P.321）するとよいでしょう。

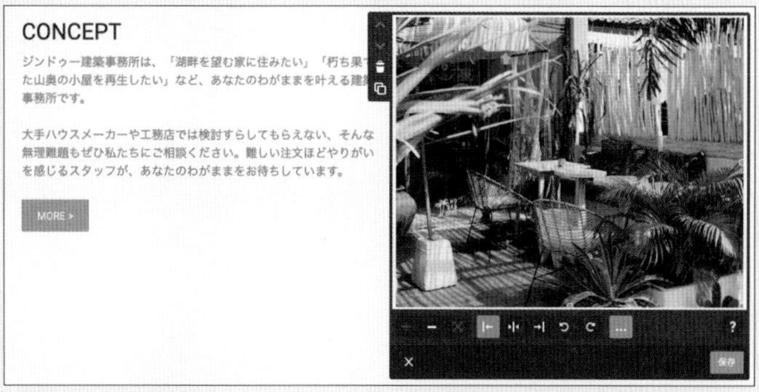

5 左右のカラムの間を少し空けたいので、［ー］ボタンで画像サイズを小さくし、右寄せにします。

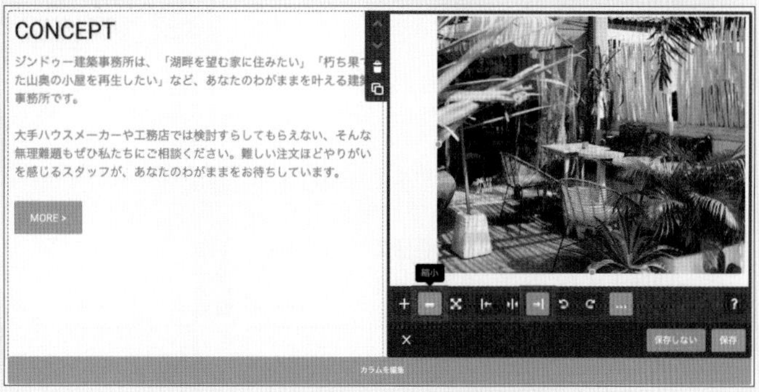

これでCONCEPTエリアは完成です。

GALLERYエリアを作成する

次にGALLERYエリアを作成します。GALLERYエリアの構成はCONCEPTエリアと左右が反転し、左に画像、右にテキストという構成です。

1 CONCEPTエリアと同じく、上部に100pxの［余白］を挿入し、［カラム］でコンテンツエリアを2カラムに分割します。

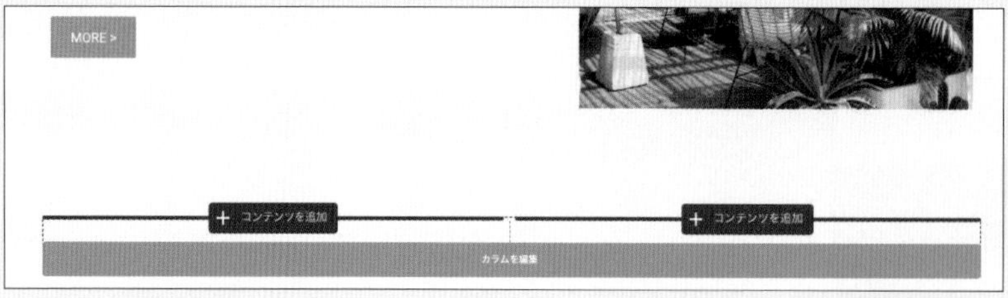

2 左カラムには［フォトギャラリー］コンテンツを使用し、用意した6枚の画像をアップロードします。

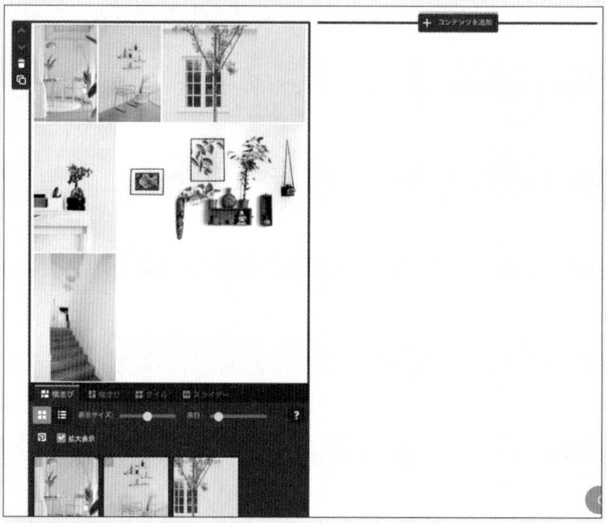

3 表示形式は［タイル］を選択します。画像の比率は［オリジナル比率で表示］、［ー］ボタンを一度クリックして画像の大きさを一段階小さくしたら、表示設定を［幅間を広げる］に設定します。

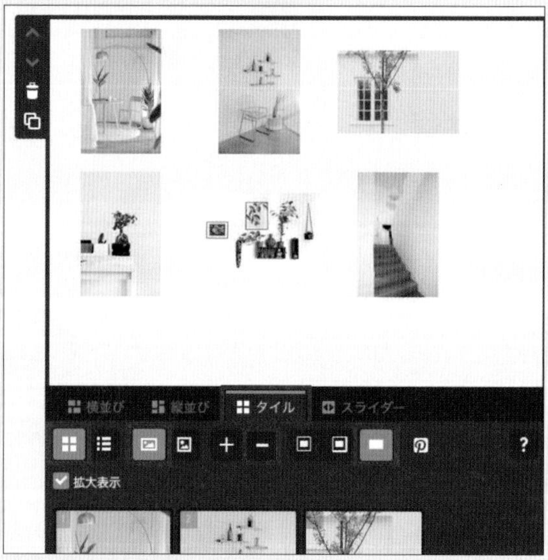

4 右カラムは、CONCEPTエリアの左カラムと同じ設定（P.53参照）で、見出し、文章（サンプルサイトでは100文字程度）、ボタンの順にコンテンツを入力します。

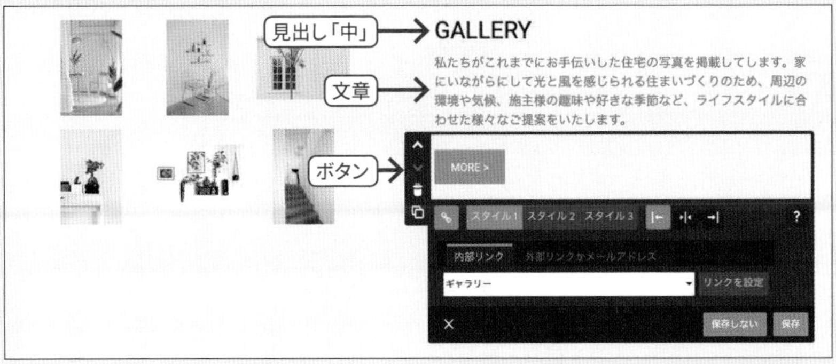

これでGALLERYエリアは完成です。

WORKSエリアを作成する

次はWORKSエリアのコンテンツを入力します。WORKSエリアは見出しとテキストが中央揃えで配置され、その下に4つの事例がそれぞれ、画像、見出し、説明文、ボタンという構成で並んでいます。

1 まずは上部に100pxの余白を挿入します。

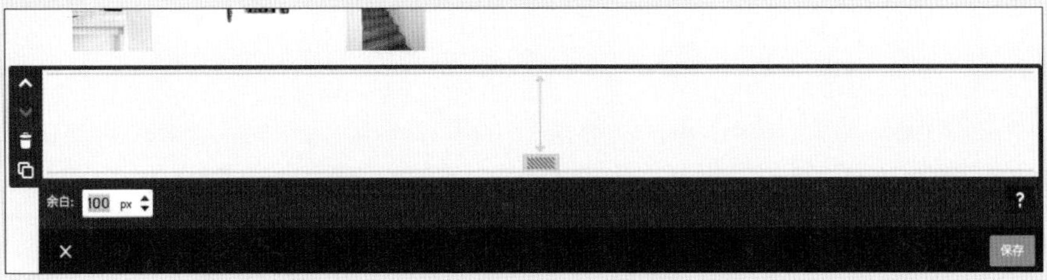

2 ［コンテンツを追加］から［文章］を選択し、テキスト欄に「WORKS」と入力します。

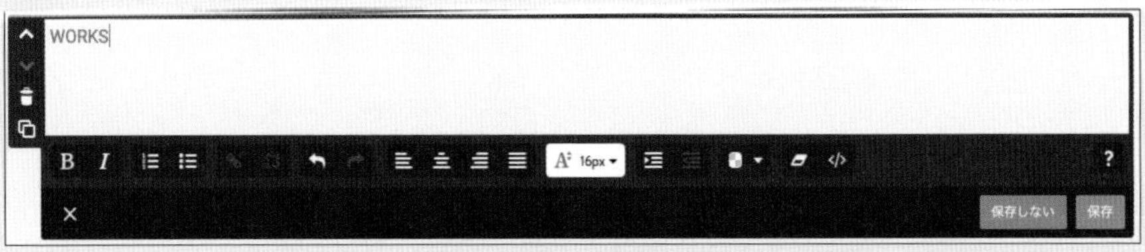

3 パネルから［HTMLを編集］ボタンをクリックします。

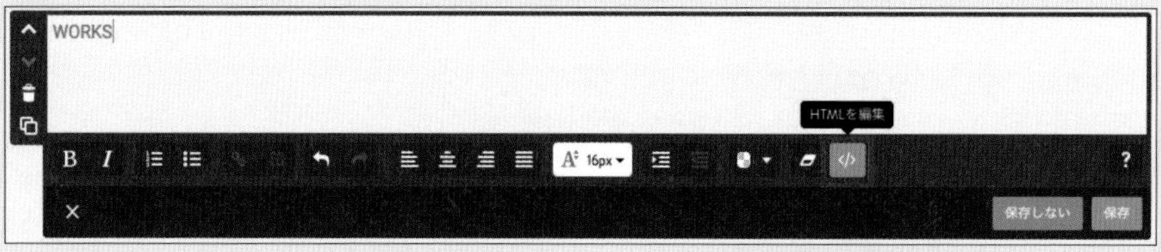

4 「HTMLを編集」画面で、<p>要素のマークアップを<h2>要素に変更します。

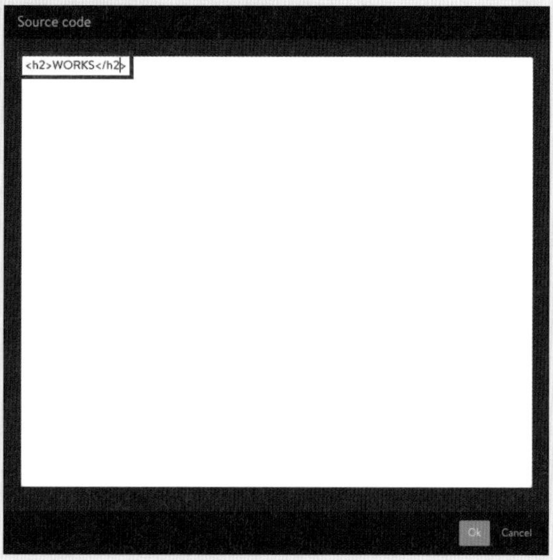

5 するとWORKSの文字列が、見出し「中」と同じ表示になりました。

Point

ジンドゥークリエイターのコンテンツパネルで作成できる見出しは、それぞれ「大＝h1要素」「中＝h2要素」「小＝h3要素」でマークアップされるため、［文章］コンテンツを使用してh1～h3要素でマークアップすれば、見出しと同じ表示にすることができます。［見出し］コンテンツでは文字揃えや文字色は個別に変更することができませんが、［文章］コンテンツでは細かい設定が可能なため、「この見出しだけ色を変える」というような個別指定が可能です。

6 下部のメニューの文字揃えを設定する項目で［中央］をクリックすれば、見出し「中」の中央揃えが実現できます。

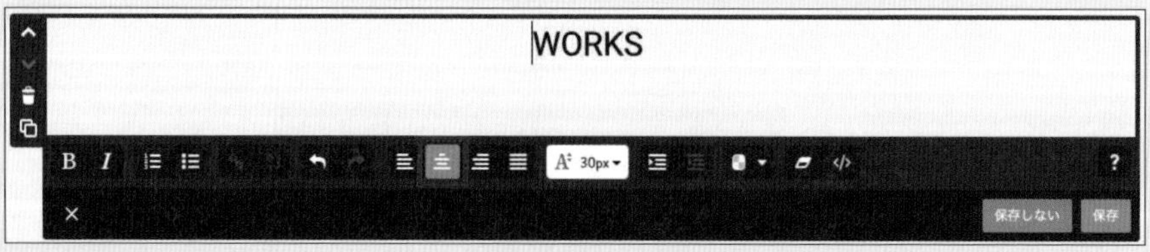

7 見出しが入力できたらその下に［文章］コンテンツでテキストを入力します。このテキストも中央揃えにします。

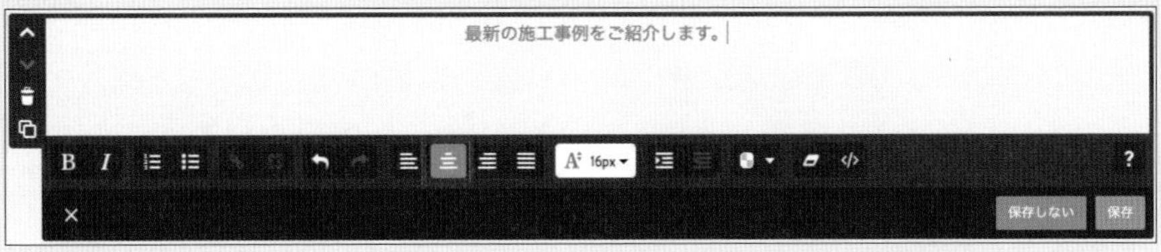

8 次に事例が4つ並んでいる箇所を作成します。［カラム］でコンテンツエリアを4分割します。

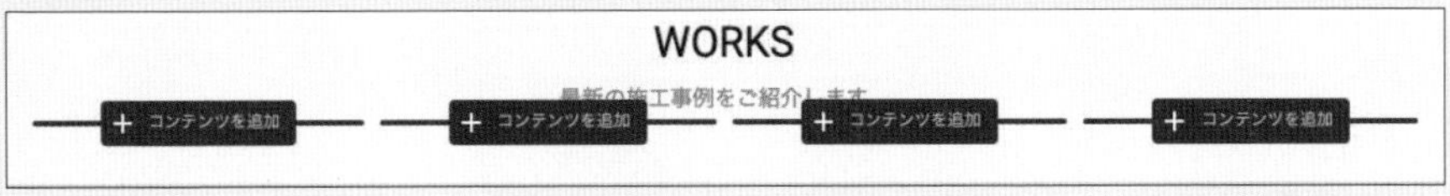

9 一番左のカラムに［画像］コンテンツを配置し、詳細ページへのリンクを張ります。

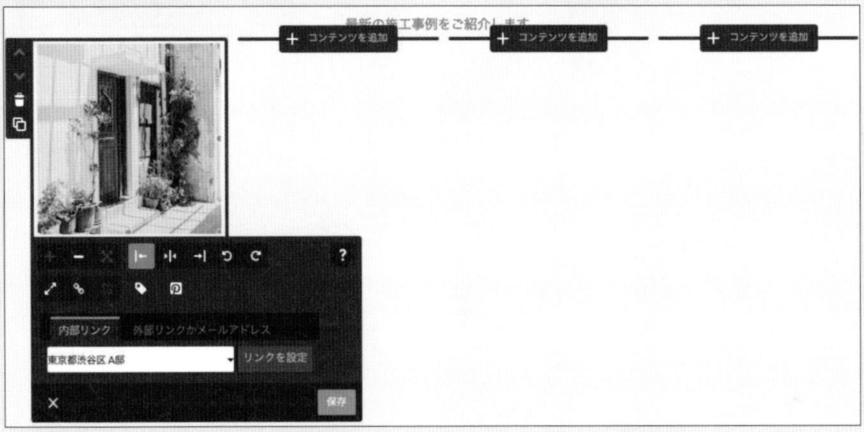

10 続けて見出し、文章、ボタンの順にコンテンツを入力します。見出しは［小］、文章は30文字程度でフォントサイズを「13px」に設定、ボタンは［スタイル2］で右寄せに配置し、画像と同じページにリンクを張ります。

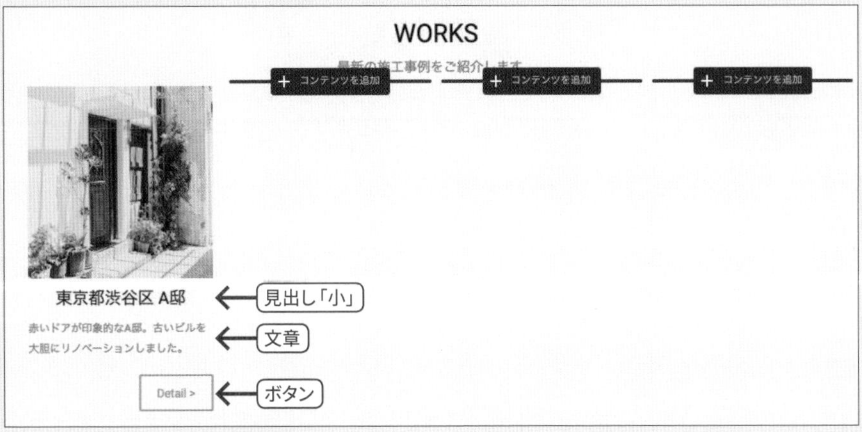

11 同じ構成で残り3つの事例も入力を進めます。

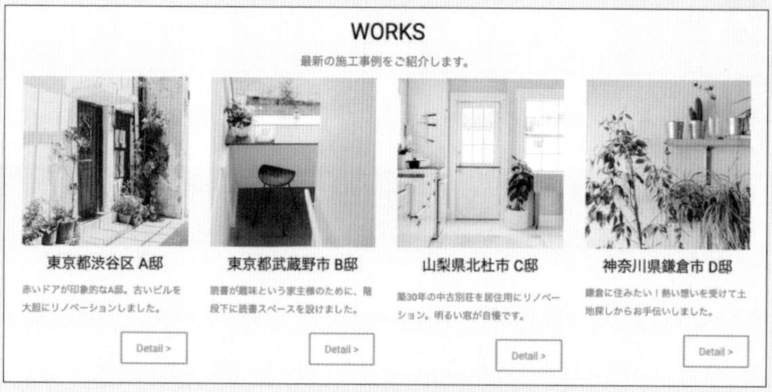

12 表示をジグザグにするために、各カラムの上部に奇数列は5px、偶数列は50pxの余白を入力します。

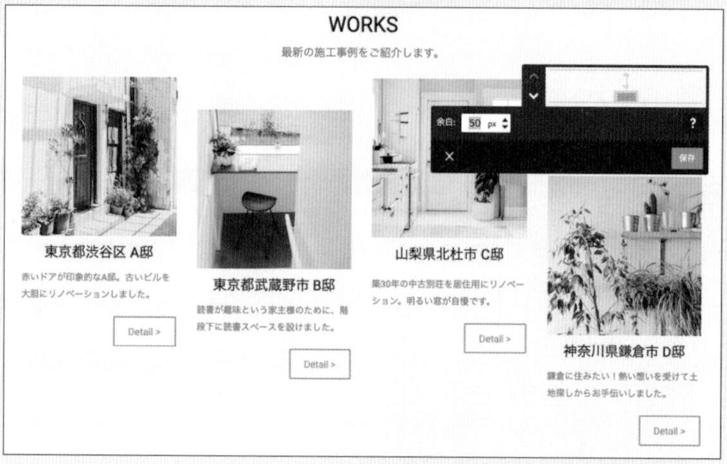

これでWORKSエリアは完成です。

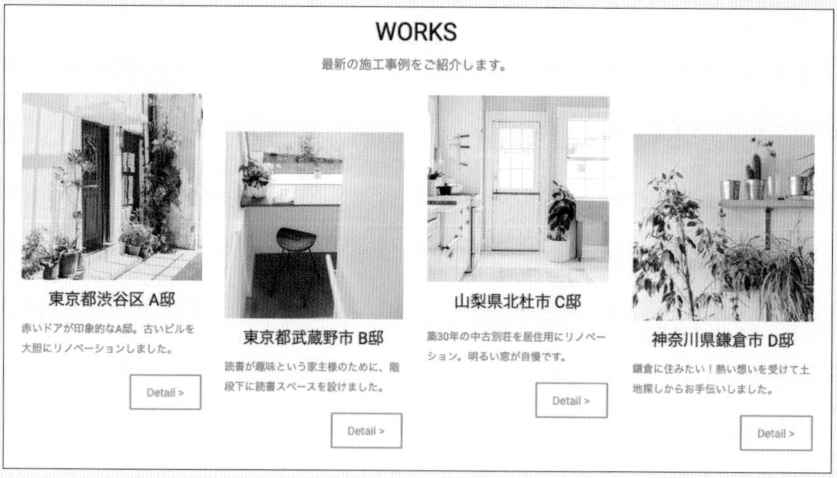

フッターとの間に余白を作成する

これでメインコンテンツエリアの入力がほぼ完了しました。最後に、フッターとの間に余白を挿入すれば完了です。

1 ［余白］コンテンツで60pxの余白を入力します。

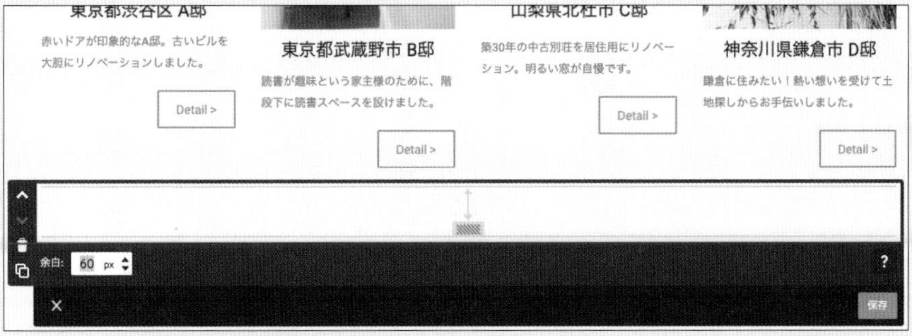

フッターエリアを作成する

フッターのコンテンツは全ページ共通で表示される

続いて、フッターを作成します。フッターはジンドゥークリエイターでは全ページ共通のコンテンツが表示される部分で、ここで編集した内容は他のすべてのページに反映されます。そのため、サイト全体に表示させたいコンテンツを掲載するとよいでしょう。

3カラム構成のフッターを作成する

サンプルサイトのフッターは3カラム構成で、一番左のカラムに「ロゴ」「連絡先」「問い合わせボタン」を、右2つのカラムにはサイトメニューを掲載します。

1 まずは上部に40pxの余白を作り、3カラムのコンテンツエリアを用意します。

2 左カラムに、ロゴ、文章、ボタンを入力します。ロゴは［画像］コンテンツを使いサイズを少し小さくします。ボタンは［スタイル1］を選択します。

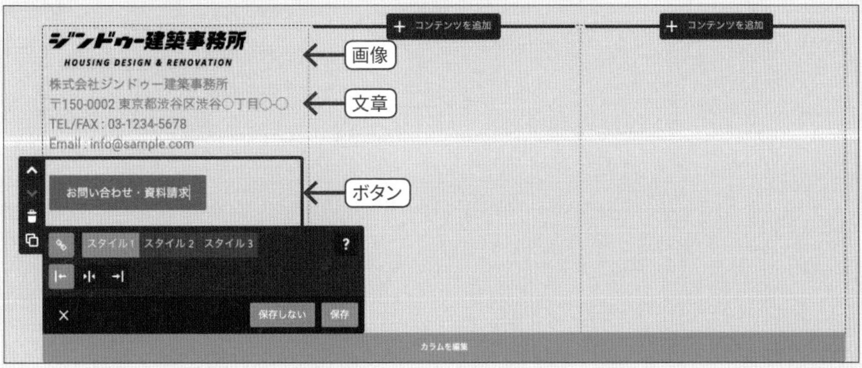

3 右2つのカラムには［文章］コンテンツでサイトメニューを入力します。メニューには［リスト表示］を使用すると便利です。右カラムの「施工事例」のように入れ子のリストにしたい場合は、［HTMLを編集］から<ul><li>要素を使用して作成しましょう。

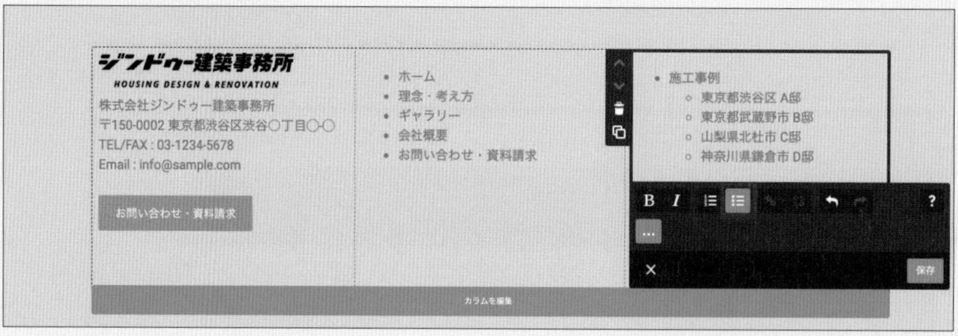

Point

入れ子のリストを作成する場合、ジンドゥークリエイターのインターフェイスだけでは実装できないので、［HTMLを編集］機能を活用して実装します。

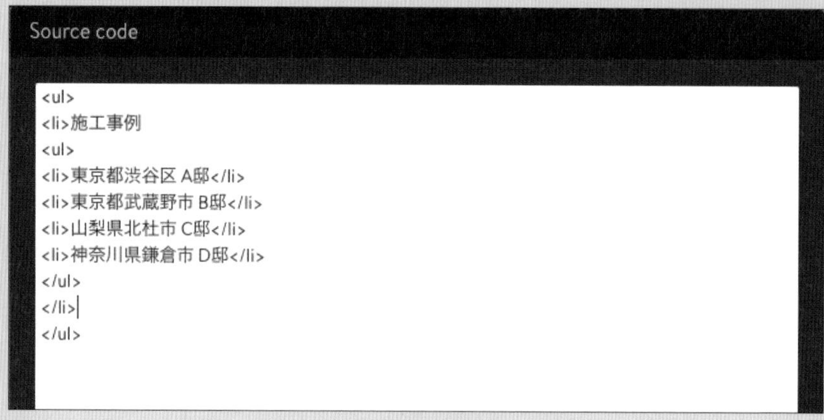
Source code

```
<ul>
<li>施工事例
<ul>
<li>東京都渋谷区 A邸</li>
<li>東京都武蔵野市 B邸</li>
<li>山梨県北杜市 C邸</li>
<li>神奈川県鎌倉市 D邸</li>
</ul>
</li>
</ul>
```

4 各項目にリンクを張ります。

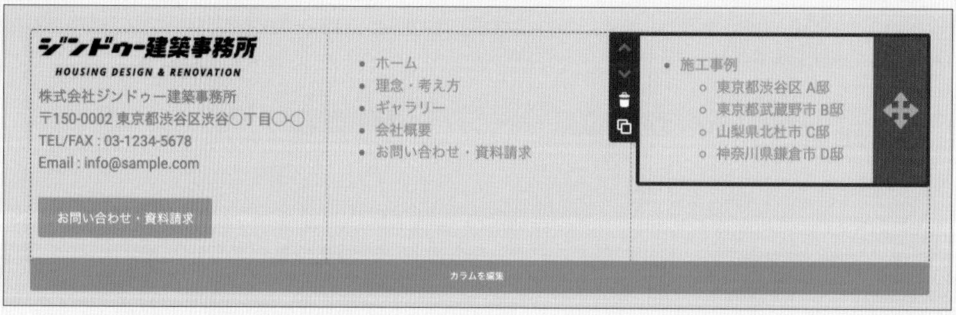

5 最後に、下部に20pxの余白を挿入したらフッターエリアは完成です。

閲覧画面で表示を確認する

これで、トップページのすべてのコンテンツの入力が完了しました。閲覧画面で全体の表示を確認してみましょう。

コンテンツを入れただけの何もカスタムをしていない状態ですが、これだけでもウェブサイトとしては成り立っています。このぐらいの規模のウェブサイトが非常に少ない工数で制作できるのは、ウェブ制作者にとって大きな魅力です。

次の節からは、ウェブサイトの見た目を整えるための、スタイリング方法を解説します。

SECTION 02

スタイル機能を使って ウェブサイトの見た目を 整える

ここからは、ウェブサイトの見た目を整えていきます。いきなりCSSを書き込むのではなく、まずはジンドゥークリエイターの基本機能として用意されているスタイル編集機能を使って成形していきます。

標準レイアウトのカスタマイズにおける基本スタンス

ジンドゥークリエイターには、全体の文字カラーや見出し、ボタンのデザイン、背景色などのさまざまなスタイルを簡単に調整できる「スタイル」という機能があります。

スタイル機能でできることはスタイル機能で設定する

標準レイアウトでのカスタマイズの基本スタンスとして、スタイル機能でできることはスタイル機能で行い、その範囲では実現できないデザインや機能を実装したいときにはじめて、CSSやJavaScriptを追記する、という方法を推奨しています。

ジンドゥーというサービスはもともと、コードを書けない人でも簡単にウェブサイトが作れるようにできていますので、たとえば文字色を変えるときもCSSを書くよりも簡単に変更できます。そのメリットを最大限に活用するため、できるだけジンドゥークリエイターそのものの機能を活かした形でカスタマイズを行っていきます。

スタイル機能の使い方

[スタイル] メニューは [管理メニュー] の中にあります。

1 [管理メニュー] → [デザイン] → [スタイル] の順に進むと、上部に黒い帯状のパネルが現れます。これが「スタイル」の編集画面です。

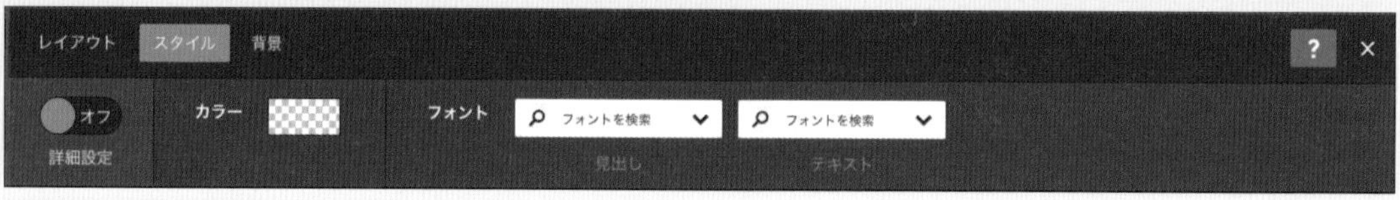

2 左側の［詳細設定］がオフになっていると細かな調整ができないので、まずはここを［オン］に変更します。

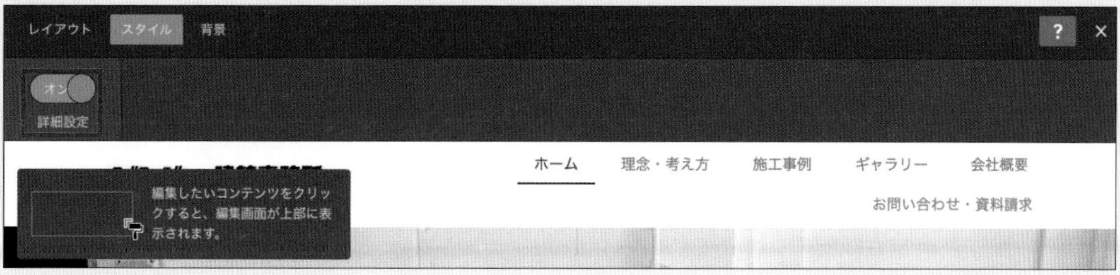

3 マウスポインターがローラーのアイコンに変わり、「編集したいコンテンツをクリックすると、編集画面が上部に表示されます。」と表示されます。この状態で、スタイルを変更したいコンテンツをクリックすれば、コンテンツに応じた編集項目が表示されます。

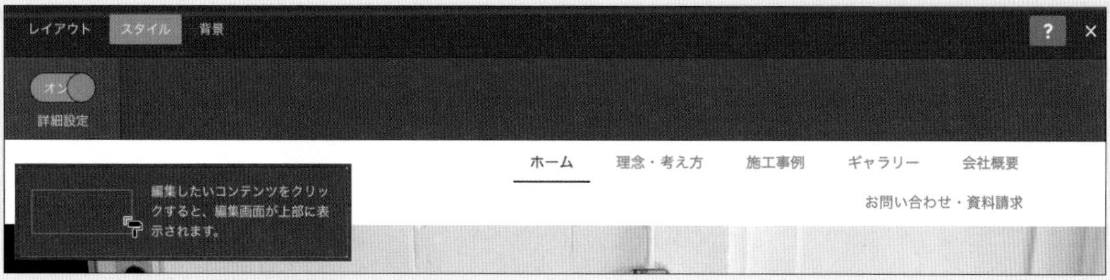

各コンテンツのスタイルを変更する

それではさっそく各部のスタイルを変更していきます。なお、ここではサンプルサイトで使用している具体的な数値を紹介しながらスタイルを調整していきますが、お好みに合わせて値を変更してもかまいません。

グローバルナビゲーションのスタイルを調整する

まずはグローバルナビゲーションから設定していきます。

1 グローバルナビゲーションの項目（どれでもかまいません。ここでは「ホーム」）をクリックします。

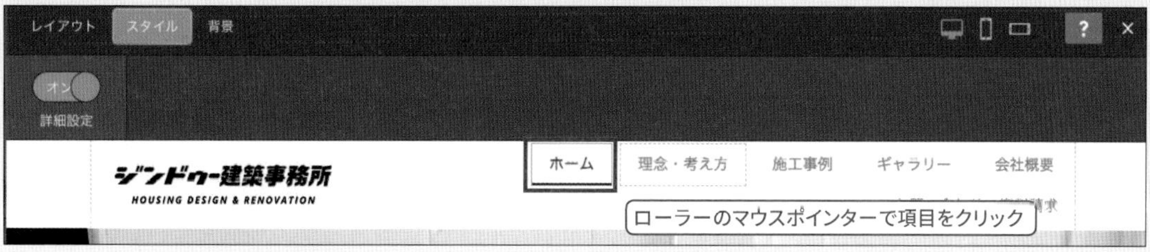

2 すると［スタイル］パネルの内容が変わり、フォントや色などを変更できるメニューが表示されます。

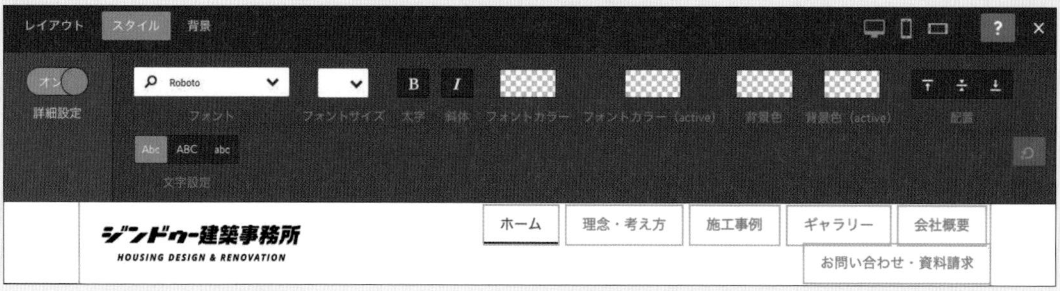

3 サンプルサイトでは、各項目を次のように設定しています。

フォント	[Noto Sans JP]
フォントサイズ	[14]
太字	[オン]
フォントカラー	[rgb(0, 0, 0)]
フォントカラー(active)	[rgb(102, 102, 102)]

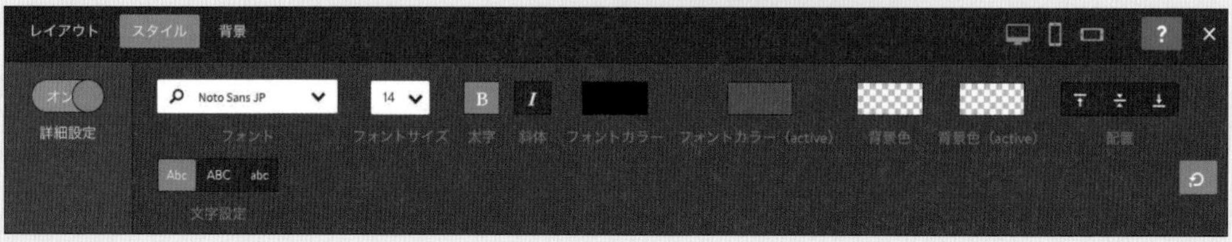

4 保存して、グローバルナビゲーションのデザインが変更されていることを確認します。

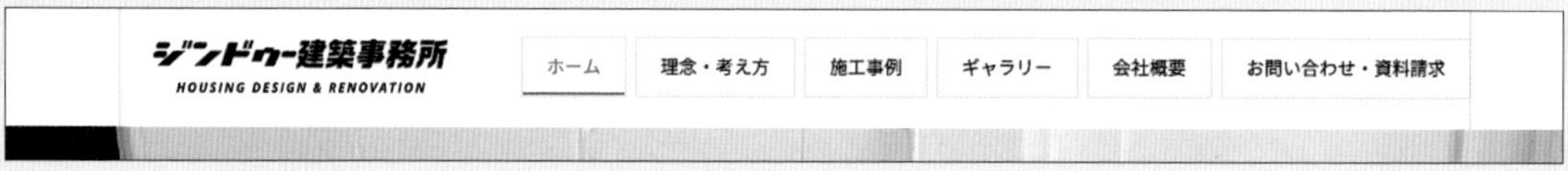

ホームページタイトルのスタイルを調整する

続いてホームページタイトルです。デザイン完成図ではタイトルは明朝体で縦書きになっています。しかし、縦書きはジンドゥークリエイターのスタイル機能では残念ながら実現できないため、次節でCSSを使って実装します。まずはフォントと文字サイズだけを変更しておきます。

1 ホームページタイトルをクリックして各項目を次のように設定します。

フォント	[Noto Serif JP]
フォントサイズ	[36]
フォントカラー	[rgb(0, 0, 0)]
配置	[左]

2 ホームページタイトルのスタイルが変更されました。デザイン完成図とは随分と見た目が違いますが、この時点ではこれでOKです。

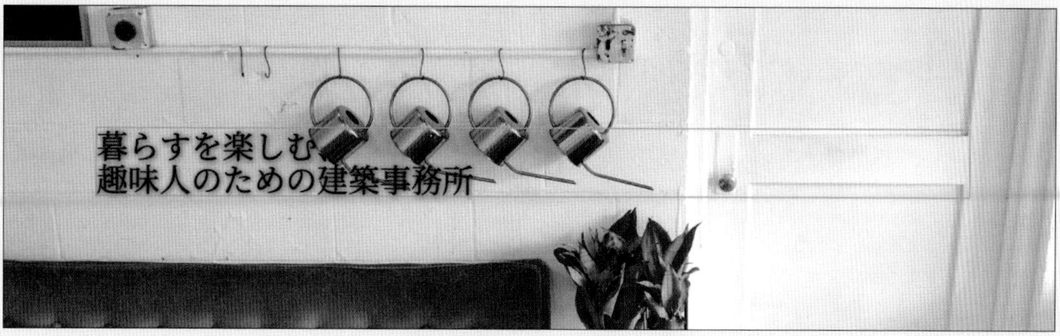
暮らすを楽しむ
趣味人のための建築事務所

コンテンツエリアの背景色を設定する

次にメインコンテンツエリアの背景色を設定します。

Point

一見真っ白に見える背景ですが、実はTOKYOレイアウトの背景色はほんのわずかにグレーになっています。ジンドゥークリエイターの各レイアウトには背景が白系のものが多いですが、よく見ると少しだけ色が入っている場合が多いです。背景は範囲が広いため、ほんのわずかに色が入るだけでも全体の印象に大きく影響します。色が入っていてもかまわない場合はそのままでもよいですが、そうでない場合は背景色を確認するようにしましょう。

1 コンテンツエリアの余白をクリックします。

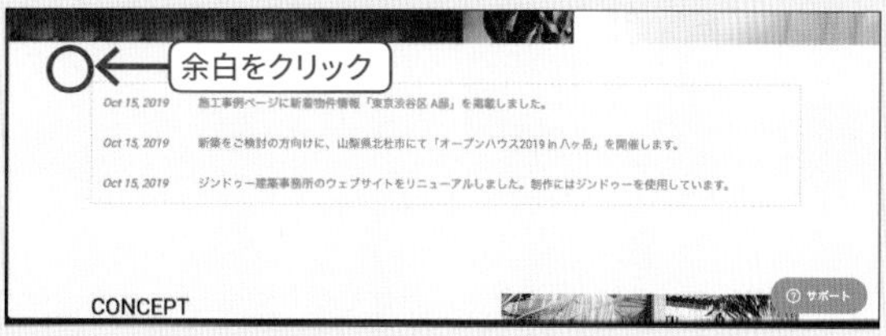
余白をクリック
Oct 15, 2019
施工事例ページに新着物件情報「東京渋谷区 A邸」を掲載しました。
Oct 15, 2019
新築をご検討の方向けに、山梨県北杜市にて「オープンハウス2019 in 八ヶ岳」を開催します。
Oct 15, 2019
ジンドゥー建築事務所のウェブサイトをリニューアルしました。制作にはジンドゥーを使用しています。
CONCEPT
サポート

2 背景色を [rgb(255, 255, 255)] に設定します。

レイアウト
スタイル
背景
?
オン
詳細設定
rgb(255, 255, 255)
選択
ビュー
やり直す
保存
暮らすを楽しむ

文章のスタイルを調整する

続いて全体の標準テキストのスタイルを設定しましょう。

1 コンテンツ内の文章（ここではCONCEPTエリアの「ジンドゥー建築事務所は…」の箇所）をクリックします。

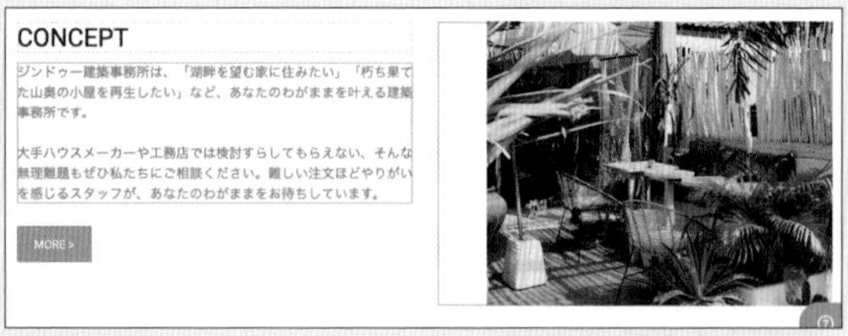

2 設定項目を次のように設定します。

フォント	[Noto Sans JP]
フォントサイズ	[15]
フォントカラー	[rgb(68, 68, 68)]
行間隔	[2]

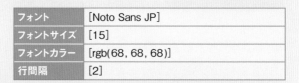

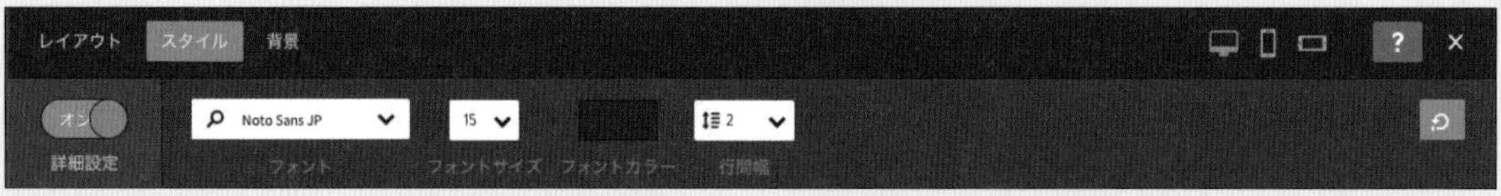

見出し「中」のスタイルを調整する

次は見出し「中」のスタイルを調整します。

1 見出し「中」（ここでは「CONCEPT」）をクリックします。

2 設定項目を次のように設定します。

フォント	[Open Sans]
フォントサイズ	[30]
斜体	[オン]
フォントカラー	[rgb(153, 153, 153)]
行間隔	[1.75]

3 GALLERYやWORKSの各見出しも変更されていることを確認します。

見出し「小」のスタイルを調整する

見出し「小」のスタイルを調整します。

1 見出し「小」(ここでは「東京都渋谷区 A邸」)をクリックします。

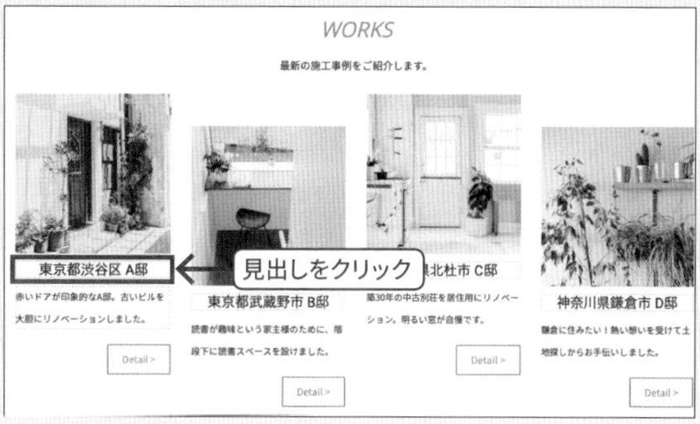

2 設定項目を次のように設定します。

フォント	[Noto Sans JP]
フォントサイズ	[18]
太字	[オン]
フォントカラー	[rgb(0, 0, 0)]
行間隔	[1.75]
配置	[左]

ボタン「スタイル1」のスタイルを調整する

ボタン「スタイル1」のスタイルを調整します。

1 「スタイル1」を設定しているボタン（ここでは「MORE >」）をクリックします。

2 設定項目を次のように設定します。

フォントカラー	[rgb(102, 102, 102)]
フォントカラー（active）	[rgb(255, 255, 255)]
背景色	[rgb(242, 239, 236)]
背景色（active）	[rgb(203, 187, 171)]
罫線の色	[rgba(0, 0, 0, 0)]（透明）
枠の色（active）	[rgba(0, 0, 0, 0)]（透明）

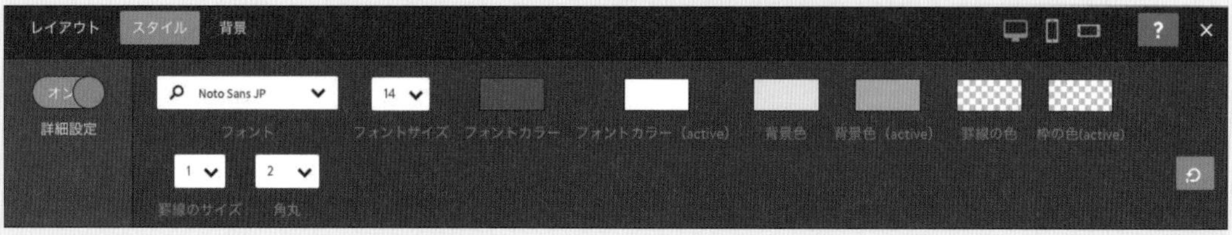

ボタン「スタイル2」のスタイルを調整する

1 「スタイル2」を設定しているボタン（ここでは「Detail >」）をクリックします。

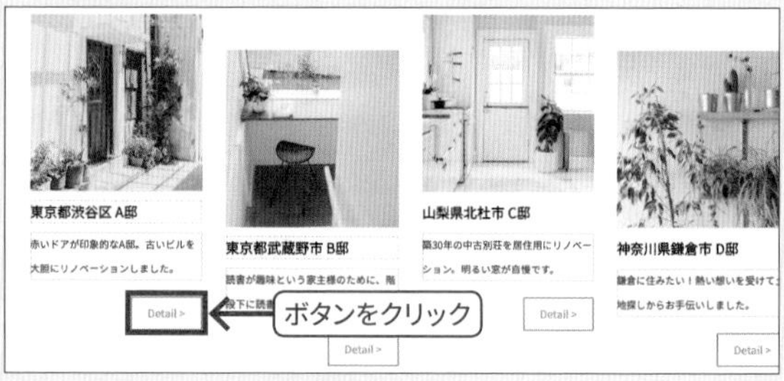

2 設定項目を次のように設定します。

フォントカラー	[rgb(0, 0, 0)]
フォントカラー（active）	[rgb(255, 255, 255)]
背景色	[rgba(0, 0, 0, 0)]（透明）
背景色（active）	[rgb(203, 187, 171)]
罫線の色	[rgba(0, 0, 0, 0)]（透明）
罫線の色（active）	[rgba(0, 0, 0, 0)]（透明）

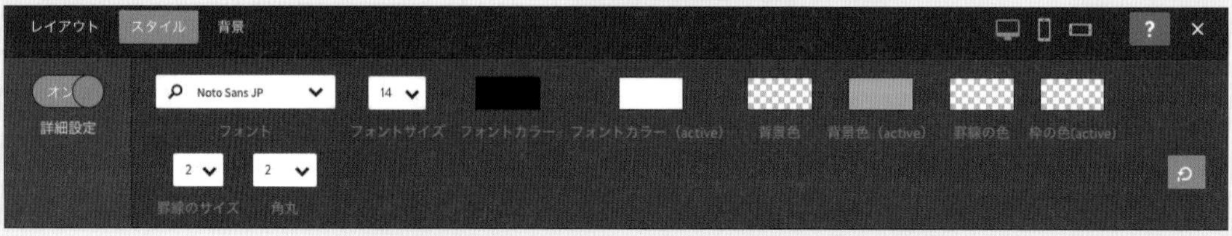

フッターの背景色を調整する

コンテンツエリアと同じように、フッターのデザインもスタイル機能から調整できます。順番に調整していきます。

1 フッターの余白をクリックします。

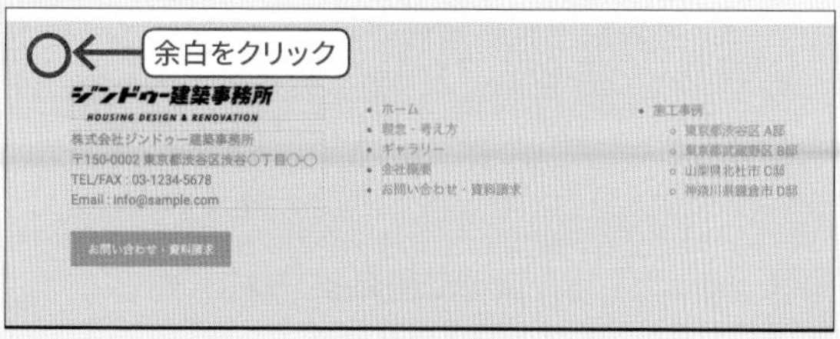

2 背景色を「rgb(242, 239, 236)」に設定します。

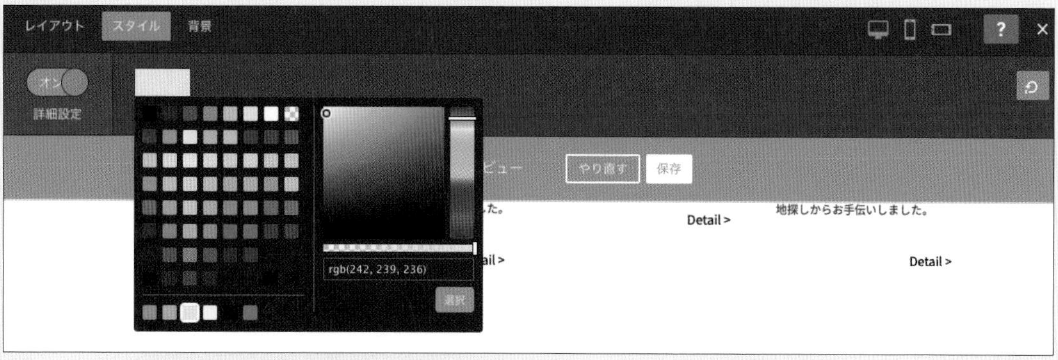

フッターのテキストを調整する

続いて、フッターのテキストの基本スタイルを調整します。

1 文章（ここでは「株式会社ジンドゥー建築事務所」と書かれた箇所）をクリックします。

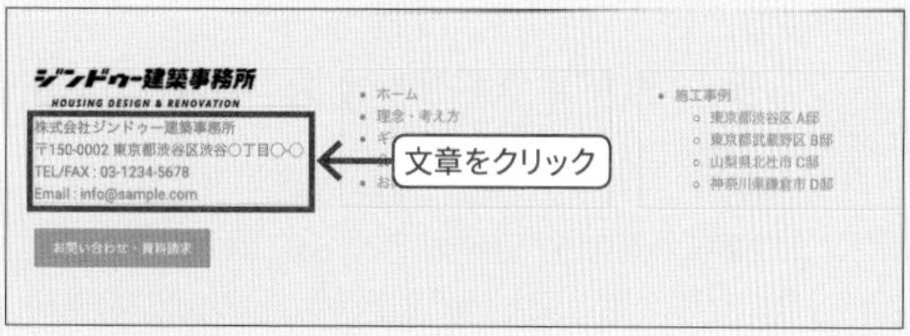

2 設定項目を次のように設定します。

フォント	[Noto Sans JP]
フォントサイズ	[14]
フォントカラー	[rgb(68, 68, 68)]
行間隔	[1.75]

フッターのボタン「スタイル1」のスタイルを調整する

次はフッターのボタン「スタイル1」を調整します。

Point

ボタンはスタイル1～3の計3種類のパターンを作成できますが、メインコンテンツエリアで3種類、フッターで3種類のスタイルをそれぞれ作成することが可能です。つまり、メインコンテンツエリアの「スタイル1」と、フッターの「スタイル1」は異なったデザインにすることができます。

1 ボタン(ここでは「お問い合わせ・資料請求」と書かれたボタン)をクリックします。

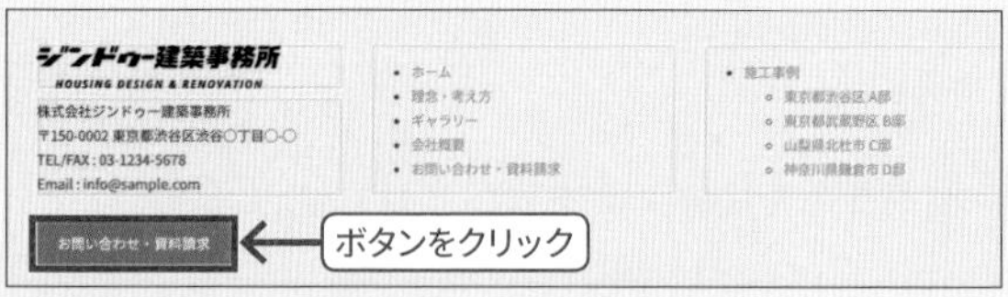

2 設定項目を次のように設定します。

フォントサイズ	[12]
フォントカラー	[rgb(68, 68, 68)]
フォントカラー(active)	[rgb(255, 255, 255)]
背景色	[rgb(255, 255, 255)]
背景色 (active)	[rgb(68, 68, 68)]
罫線の色	[rgb(68, 68, 68)]
罫線の色 (active)	[rgba(0, 0, 0, 0)] (透明)

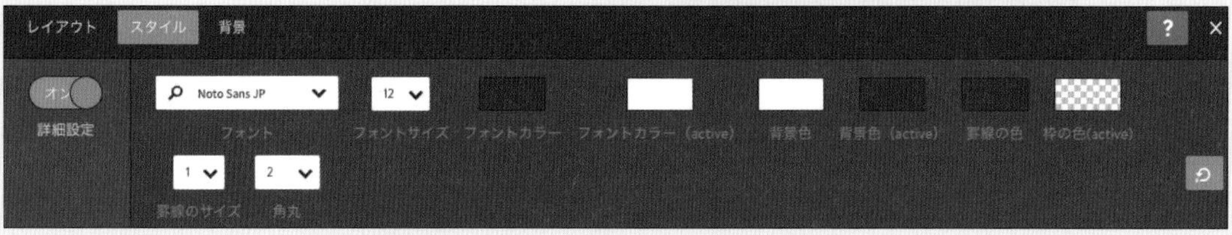

フッターのテキストリンクのスタイルを調整する

次にフッターのテキストリンクのスタイルを設定します。フッターに掲載しているサイトメニューはテキストリンクなので、現在は初期値の緑色に表示されています。このスタイルを変更しましょう。

1 フッターメニューの項目をクリックします。

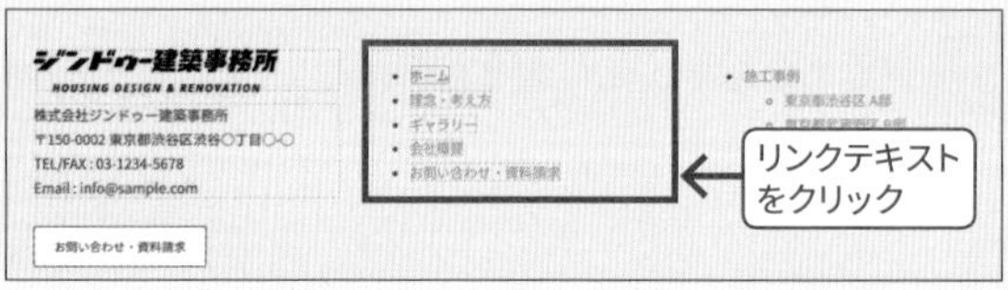

2 設定項目を次のように設定します。

リンクカラー(active)	[rgb(153, 153, 153)]
リンクカラー	[rgb(0, 0, 0)]

フッター最下部のスタイルを調整する

フッターの最下部には、プライバシーポリシー等へのリンクや編集画面へのログインボタンなどが掲載されているエリアがあります。ここの色を変更しましょう。

1 黒い帯の真ん中あたりの余白をクリックします。

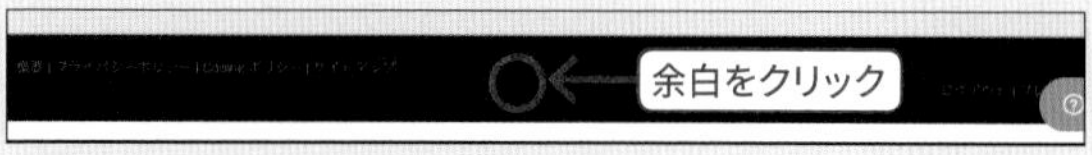

2 設定項目を次のように設定します。

フォント	[Noto Sans JP]
フォントサイズ	[14]
フォントカラー	[rgb(255, 255, 255]
背景色	[rgb(195, 194, 193)]

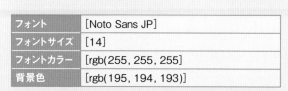

3 続いて「サイトマップ」など、リンク項目のいずれかをクリックします。

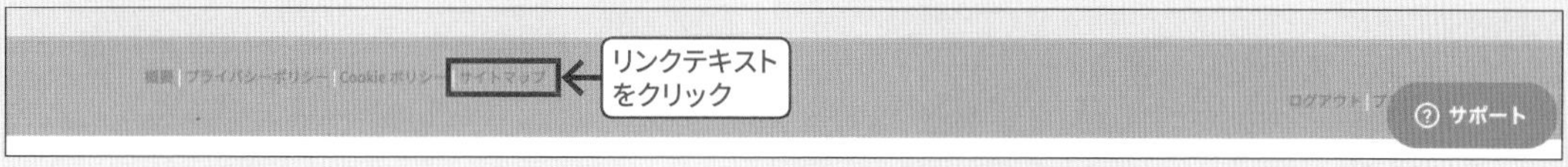

4 設定項目を次のように設定します。

リンクカラー(active)	[rgb(102, 102, 102)]
リンクカラー	[rgb(255, 255, 255]

閲覧画面で表示を確認する

これで「スタイル」の編集は完了です。閲覧画面で表示を確認してみましょう。

完成図にかなり近づいてきました。「スタイル」機能でできるのはここまでです。次節では、CSSを使ったカスタマイズを解説します。

COLUMN 「スタイル」機能を熟知することが大切

ジンドゥークリエイターを使ってウェブサイトを制作する際、操作の簡単さや後々のメンテナンスを考えるうえでも、できるだけ「スタイル」機能を活用することをおすすめします。どうしても痒いところに手が届かない、という場合のみ「ヘッダー編集」機能を使ったカスタマイズをするとよいでしょう。

そのため、「スタイル」機能で「何ができて何ができないか」を把握しておくことがカスタマイズを進めるうえでとても重要です。これればかりは操作を繰り返して覚えるしかないので、いろいろと試しながら「スタイル」機能でできることを把握していきましょう。

SECTION

03 CSSを使って カスタマイズする

いよいよここからがジンドゥーカスタマイズの本丸である、CSSを使ったカスタマイズについて解説します。標準レイアウトの枠にとらわれず、自由なデザインを作成する際に必要となるポイントやテクニックを紹介します。

カスタマイズをスムーズに進める準備

カスタマイズを進める際には、ジンドゥークリエイターの編集画面とGoogle Chromeのデベロッパーツールを行き来しながら進めていくのが基本的な流れになります。

編集画面とデベロッパーツールをすぐに確認できるようにしておく

作業効率を考えると、どちらもすぐに表示できるようにしておいたほうが便利です。

1 編集画面は［管理メニュー］→［基本設定］→［ヘッダー編集］の順に進み、ヘッダー編集のエディタ画面を開いておきます。

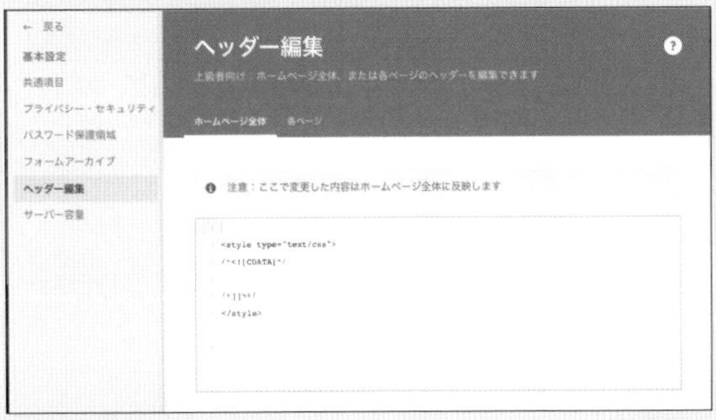

2 閲覧画面は、別ウィンドウでデベロッパーツールを表示させておくと便利です。

各パーツをカスタマイズする

まずは簡単なパーツのカスタマイズとして、見出し「中」をカスタマイズします。ジンドゥークリエイターのスタイルメニューでは、フォントや文字色、サイズなどは変更できますが、装飾は設定することができません。CSSを使えば、行頭にアイコンをつけたり、背景に色を敷いたりといった装飾を行えます。

見出し「中」をカスタマイズする

ここでは、ごく簡単な例として見出しに下線をつけてみましょう。

1 デベロッパーツールのセレクトボタンをクリックします。

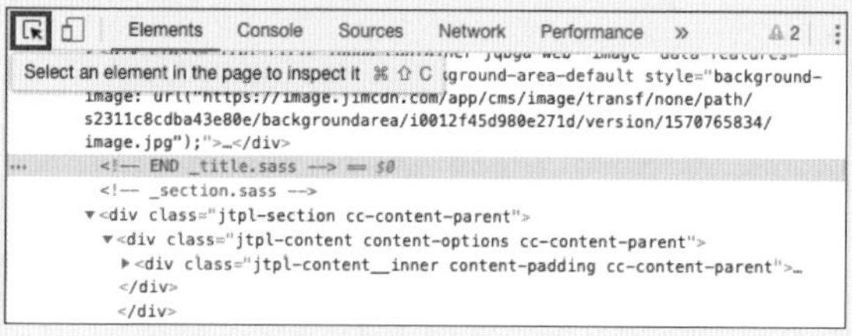

2 見出し「中」をクリックします。

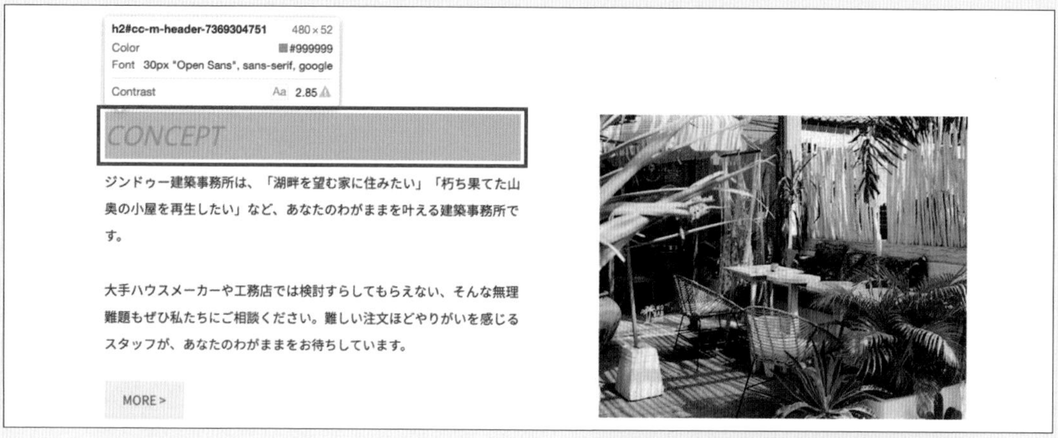

3 デベロッパーツールの「Styles」ウィンドウで一番上に表示されているセレクタを確認します。

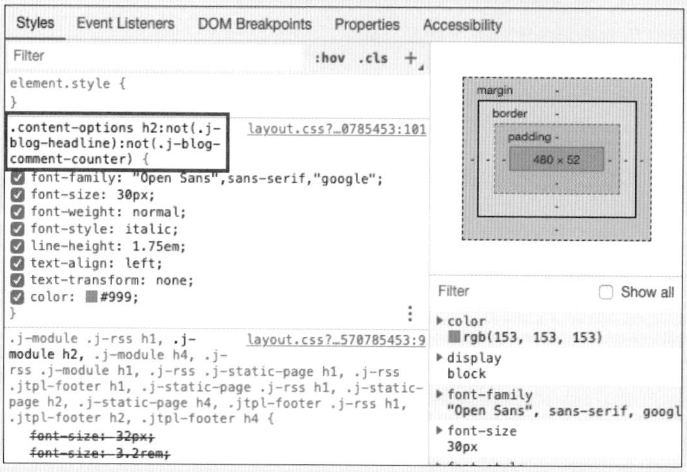

4 セレクタ名をクリックし、「.content-options h2:not(.j-blog-headline):not(.j-blog-comment-counter)」の文字列をコピーします。

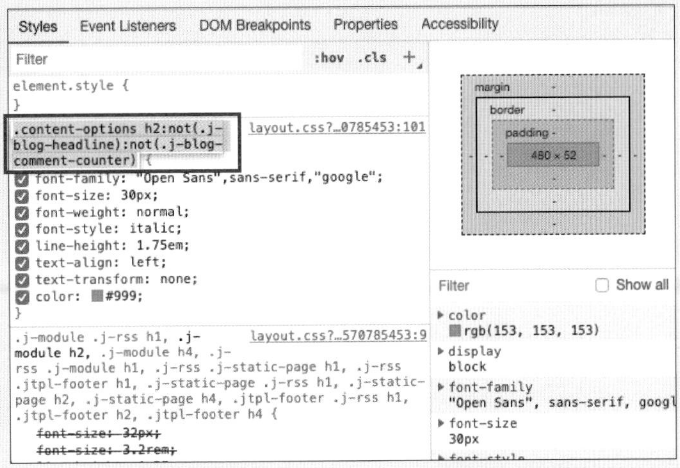

5 ジンドゥークリエイターの「ヘッダー編集」画面に移動し、<style>要素内にペーストします。

変更前コード [CSS]

```
<style type="text/css">
/*<![CDATA[*/

/*]]>*/
</style>
```

変更後コード [CSS]

```
<style type="text/css">
/*<![CDATA[*/

.content-options h2:not(.j-blog-headline):not(.j-blog-comment-counter)

/*]]>*/
</style>
```

6 ペーストしたセレクタに対して指定を記述します。後々の管理を考え、どこに対する指定かを確認するためのコメントを記載しておきましょう。このあとのカスタマイズでも基本的にセレクタの前にはコメントを記載します。

変更後コード [CSS]

```
<style type="text/css">
/*<![CDATA[*/

/* 見出し中への指定 */
.content-options h2:not(.j-blog-headline):not(.j-blog-comment-counter) {
  border-bottom: 1px solid #ddd;
}

/*]]>*/
</style>
```

Point

カスタマイズの際に、コメントを残しておくことは非常に重要です。特にidをセレクタにしている場合は、それが何に対する指定であるのかわからなくなりがちなので、後々の管理や編集のために必ずコメントを記載するようにします。

7 入力が完了したら［保存］をクリックし、閲覧画面に移動します。ブラウザの更新ボタンをクリックして表示を確認しましょう。見出しに下線が入っていればOKです。これがカスタマイズの基本の流れになります。

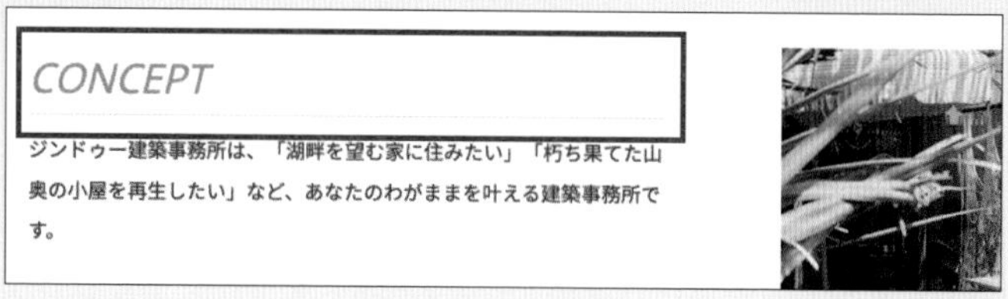

CONCEPT
ジンドゥー建築事務所は、「湖畔を望む家に住みたい」「朽ち果てた山奥の小屋を再生したい」など、あなたのわがままを叶える建築事務所です。

新着情報エリアをカスタマイズする

見出しのカスタマイズでポイントを理解したら、もう少し難しいカスタマイズをしてみましょう。新着情報エリアのカスタマイズです。デザイン完成図を見ると、新着情報エリアは背景が薄いグレーになっています。

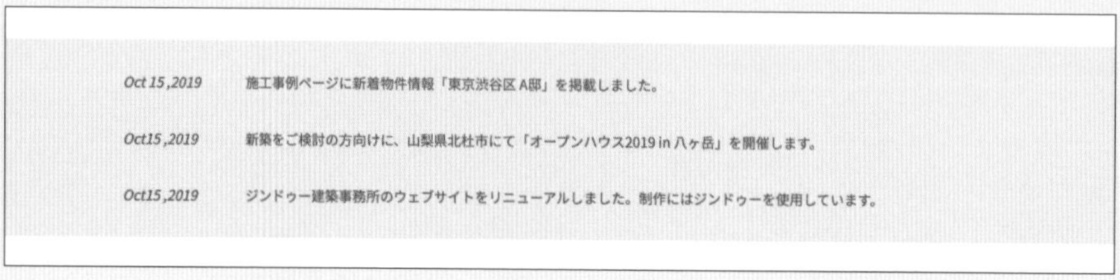

ジンドゥークリエイターではコンテンツエリアの背景色は1色しか設定できないため、スタイルメニューのみではこのように途中で背景色が変わる表示は実装できません。こういった場合にはCSSを使って背景の色を変更します。

1 まずはデベロッパーツールでセレクタを拾い出しましょう。表全体を囲っている要素を探して選択します。

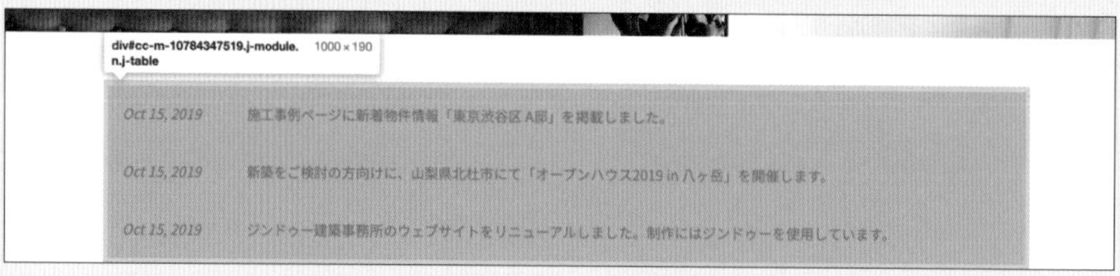

2 「Elements」ウィンドウを確認すると、この要素には「#cc-m-10784347519」という id と、「.j-module」「.n」「.j-table 」という3つのclassがつけられているようです。

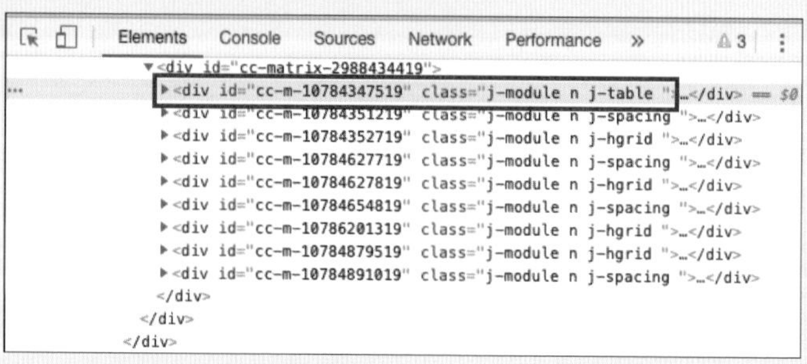

この内、「.j-module」「.n」の2つのclassは他のほとんどの要素にもついているclassで、「.j-table」も「表」を表すclassです。そのため、たとえば「.j-table」をセレクタにしてCSSを書き足すと、サイト内のすべての表に影響が及んでしまいます。先ほどの見出しのように、サイト全体を通して指定したい場合はそれでもかまいませんが、今回のようにある特定の箇所だけをカスタマイズする場合は、id属性、つまり「#cc-m-10784347519」をセレクタとして利用します。

Point

ジンドゥークリエイターでは、コンテンツを追加すると、すべてのコンテンツに一意のidが割り振られます。カスタマイズではこのid属性を拾い出してセレクタにし、そこにCSSを書き足していくという手法を多用します。割り振られるidはウェブサイトごとに異なるため、ここではサンプルサイトのidを記載していますが、実際のカスタマイズの際には、それぞれ自分のサイトのidを拾い出してください（P.36参照）。

3 デベロッパーツールでidをコピーします。

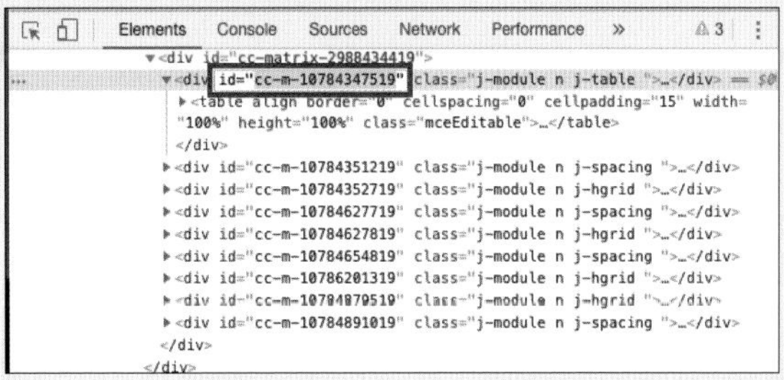

4 「ヘッダー編集」画面に移動し､id名を入力します。

変更後コード［CSS］

```
<style type="text/css">
/*<![CDATA[*/

~

/* 新着情報エリアの指定 */
#cc-m-10784347519

/*]]>*/
</style>
```

5 セレクタに対して指定を入力します。まずは背景色を指定します。

変更後コード［CSS］

```
<style type="text/css">
/*<![CDATA[*/

~

/* 新着情報エリアの指定 */
#cc-m-10784347519 {
  background-color: #f2efec;
}

/*]]>*/
</style>
```

6 一旦表示を確認してみましょう。［保存］をクリックしたら閲覧画面に移動し、ブラウザを更新します。背景色が変更されました。しかし、表の範囲はグレーに変更されましたが、デザイン完成図のように横幅いっぱいにはなっていません。これは、親要素であるコンテンツエリアの幅が1000 pxと指定されており、内包される要素の背景色は親要素の幅を超えることができないためです。

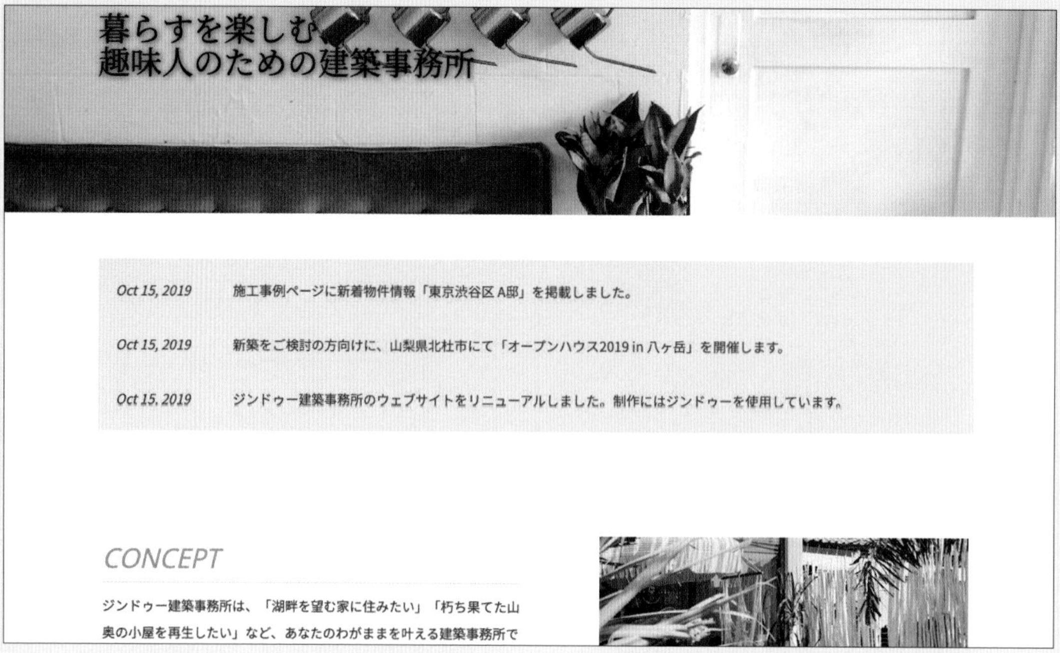
暮らすを楽しむ
趣味人のための建築事務所
Oct 15, 2019
施工事例ページに新着物件情報「東京渋谷区A邸」を掲載しました。
Oct 15, 2019
新築をご検討の方向けに、山梨県北杜市にて「オープンハウス2019 in 八ヶ岳」を開催します。
Oct 15, 2019
ジンドゥー建築事務所のウェブサイトをリニューアルしました。制作にはジンドゥーを使用しています。
CONCEPT
ジンドゥー建築事務所は、「湖畔を望む家に住みたい」「朽ち果てた山奥の小屋を再生したい」など、あなたのわがままを叶える建築事務所で

7 親要素の幅を超えてブラウザ幅いっぱいに背景色を設定する方法として、右のように記述します。幅を広げるだけなら上下のpaddingは「0」でもかまいませんが、少し上下に余白を持たせたいので値を「10 px」としました。

変更後コード［CSS］

```
<style type="text/css">
/*<![CDATA[*/

～

/* 新着情報エリアの指定 */
#cc-m-10784347519 {
  background-color: #f2efec;
  margin: 0 -100%;
  padding: 10px 100%;
}

/*]]>*/
</style>
```

8 入力が完了したら閲覧画面でプレビューします。これでブラウザ幅いっぱいに背景色が設定されました。

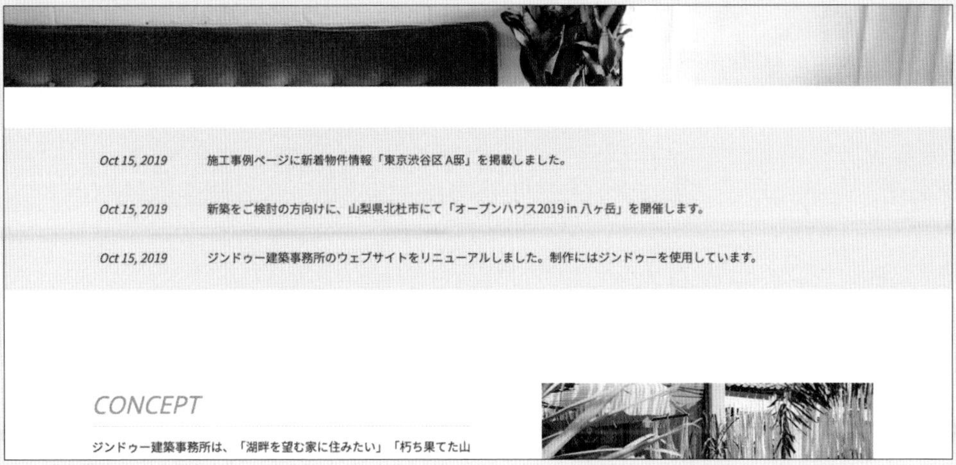
Oct 15, 2019
施工事例ページに新着物件情報「東京渋谷区A邸」を掲載しました。
Oct 15, 2019
新築をご検討の方向けに、山梨県北杜市にて「オープンハウス2019 in 八ヶ岳」を開催します。
Oct 15, 2019
ジンドゥー建築事務所のウェブサイトをリニューアルしました。制作にはジンドゥーを使用しています。
CONCEPT
ジンドゥー建築事務所は、「湖畔を望む家に住みたい」「朽ち果てた山

COLUMN **カスタマイズで入力したCSSは編集画面にも適用される**

ヘッダー編集に入力したCSSは編集画面にも適用されるため、ここで紹介した`margin: 0 -100%`を使った手法を使用すると、ブラウザのサイズによっては、操作パネルが編集画面から飛び出してしまうことがあります。こういった場合は、このあとで紹介する「一列のカラムを箱として使用する」方法で実装するとよいでしょう。

メインコンテンツエリアのはみ出しを修正する

新着情報エリアで、親要素を超えてブラウザ幅いっぱいに背景色を設定しましたが、この手法にはひとつ弊害があります。新着情報エリアがブラウザの幅いっぱいに表示されたように見えますが、実際にはブラウザの幅を超えたサイズになっており、親要素から大きくはみ出てしまいます。ここではその修正方法を解説します。

1 閲覧画面の新着情報エリアで横スクロールしてみましょう。ブラウザの幅を超えて右側に大きくはみ出しています。これを修正するには、全体を包む親要素に対して「はみ出た分を表示しない」という指定が必要になります。

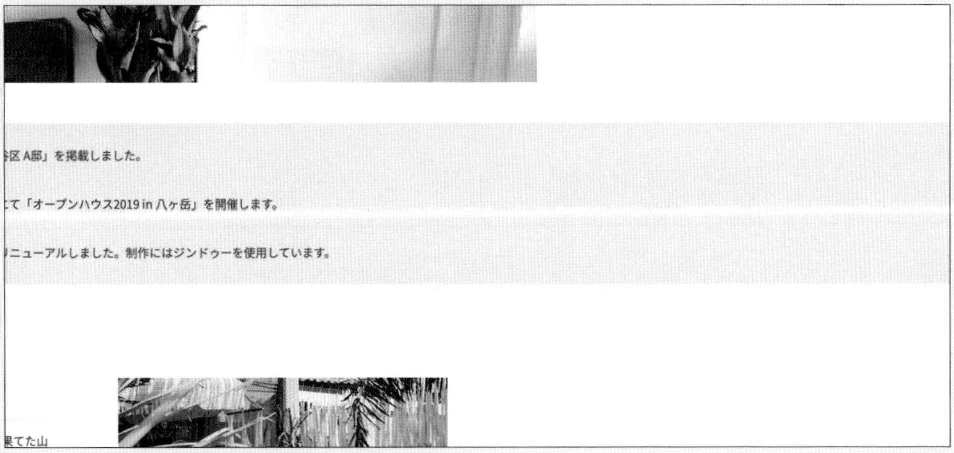
区A邸」を掲載しました。
て「オープンハウス2019 in 八ヶ岳」を開催します。
ニューアルしました。制作にはジンドゥーを使用しています。
果てた山

2 デベロッパーツールで、メインコンテンツエリア全体を包む要素を探します。

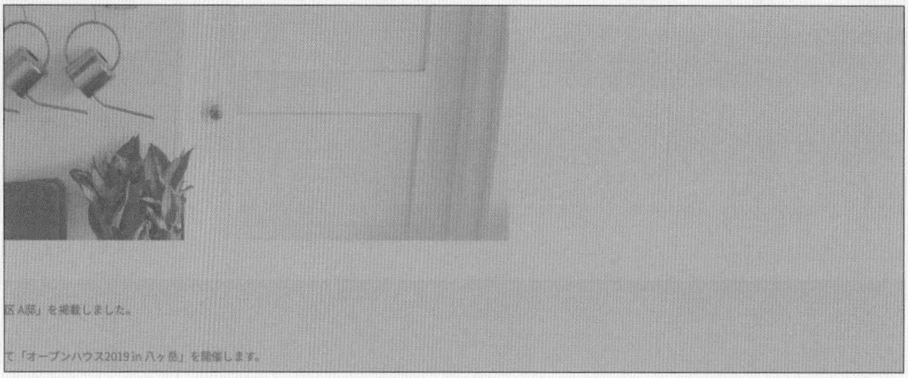

3 「.jtpl-main」というclassの<div>要素が全体を包んでいるので、このclassをセレクタにします。class名をコピーしましょう。

4 「ヘッダー編集」画面に戻り「.jtpl-main」と入力します。

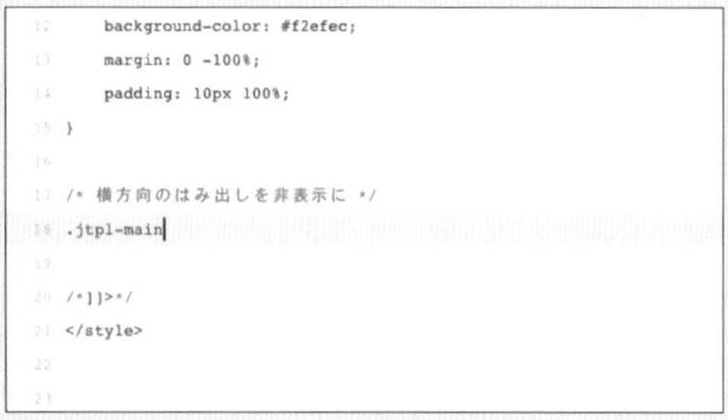

background-color: #f2efec;
margin: 0 -100%;
padding: 10px 100%;
}
/* 横方向のはみ出しを非表示に */
.jtpl-main
/*]]>*/
</style>

変更後コード[CSS]

```
<style type="text/css">
/*<![CDATA[*/

~

/* 横方向のはみ出しを非表示に */
.jtpl-main

/*]]>*/
</style>
```

5 横方向へのはみ出しを非表示にするため、「overflow-x」プロパティを使用して右のように入力して保存します。

変更後コード[CSS]

```
<style type="text/css">
/*<![CDATA[*/

~

/* 横方向のはみ出しを非表示に */
.jtpl-main {
  overflow-x: hidden;
}

/*]]>*/
</style>
```

6 閲覧画面で確認し、横方向へのスクロールがなくなっていればOKです。

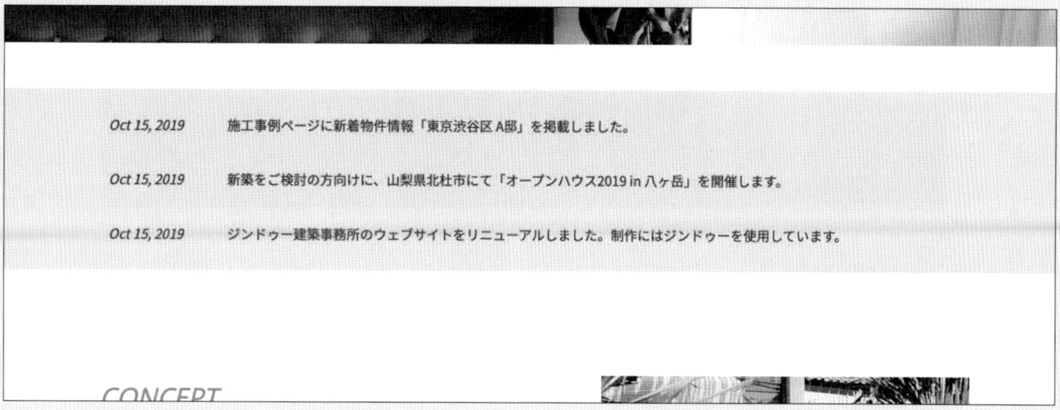

WORKSエリアの構成を調整する

次にWORKSエリアのカスタマイズを進めます。WORKSエリアは、見出しと文章の背景がグレーになっており、その背景色に途中から重なるように事例が掲載されています。

1 まずはデベロッパーツールで要素を確認します。見出しとテキストの2つの要素に対して背景色を指定したいところですが、この2つの要素はバラバラで、一度に指定することができません。

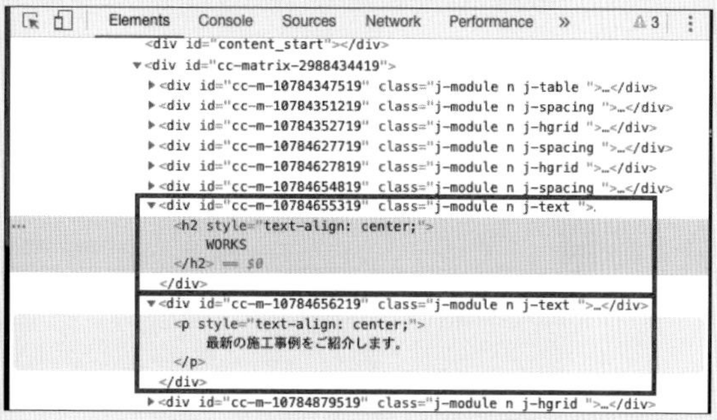

2 このようなときは、「カラム」を活用します。「ヘッダー編集」画面を一旦閉じ、ジンドゥークリエイターの編集画面に移動したら、WORKSエリアの上に［カラム］コンテンツを追加します。

3 見出しと文章を左のカラムにドラッグ&ドロップで移動します。

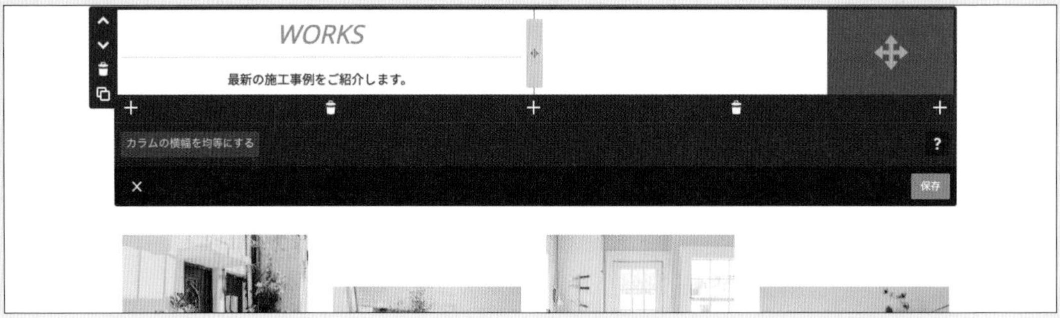

4 [カラムを編集] パネルで右側のカラムの [ゴミ箱] アイコンをクリックし、右のカラムを削除します。

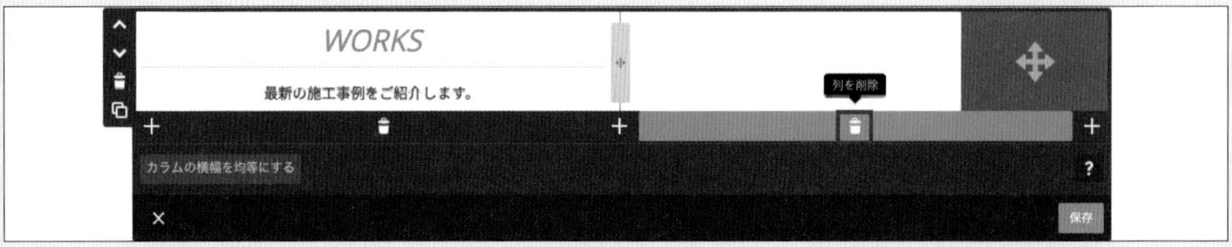

5 カラムが1列になったら [保存] をクリックします。

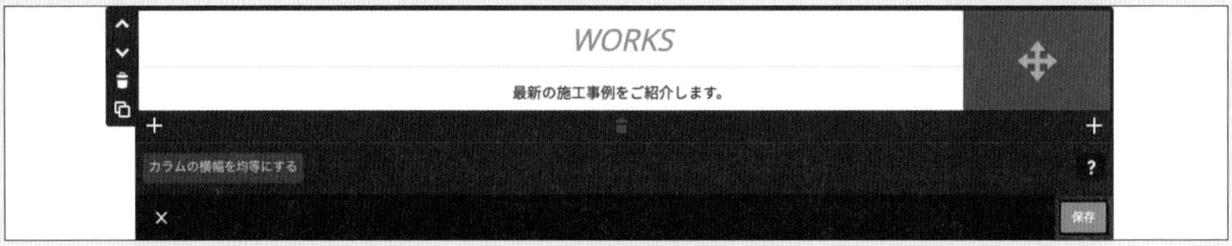

6 デベロッパーツールで要素を検証してみると、2つの要素を内包する<div>要素が生成されていました。この要素のid属性をセレクタとして利用します。

Point

本来はコンテンツエリアを分割して段組みにするためのカラム機能ですが、1列のカラムにすれば、単純な「箱」として使用することができます。今回のように複数の要素にまとめて指定する際に非常に便利な機能です。1列のカラムを使ったこの手法は、ジンドゥーカスタマイズでは登場する機会の多い手法になりますので、しっかり覚えてください。

WORKSエリアのデザインをカスタマイズする

セレクタとなる<div>要素が作成できたので、CSSでカスタマイズを進めていきます。

1 デベロッパーツールで、先ほど作成したカラムを選択し、<div>要素のid属性をコピーします。作成したカラムのidがどれかわからない場合は、「.j-hgrid」というクラスを目印にすると見つけやすいです。

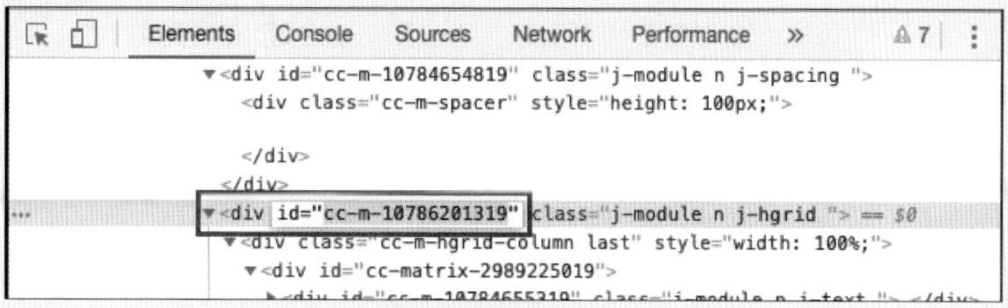

2 「ヘッダー編集」を開き、idをペーストします。

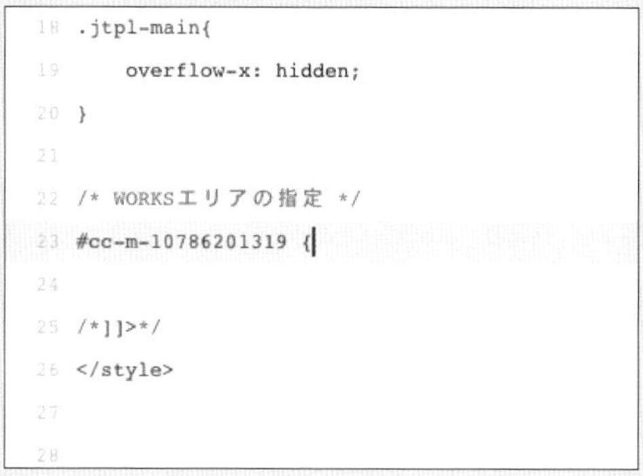

変更後コード[CSS]

```
<style type="text/css">
/*<![CDATA[*/

～


/* WORKSエリアの指定 */
#cc-m-10786201319



/*]]>*/
</style>
```

3 新着情報エリアの背景と同じように背景色等を指定します。

変更後コード[CSS]

```
<style type="text/css">
/*<![CDATA[*/

～


/* WORKSエリアの指定 */
#cc-m-10786201319 {
  margin: 0 -100%;
  padding: 10px 100%;
  background-color: #f2efec;
}

/*]]>*/
</style>
```

4 入力が完了したら閲覧画面でプレビューします。ブラウザ幅いっぱいに背景色が設定されました。念のため、横にはみ出していないことも確認しましょう。

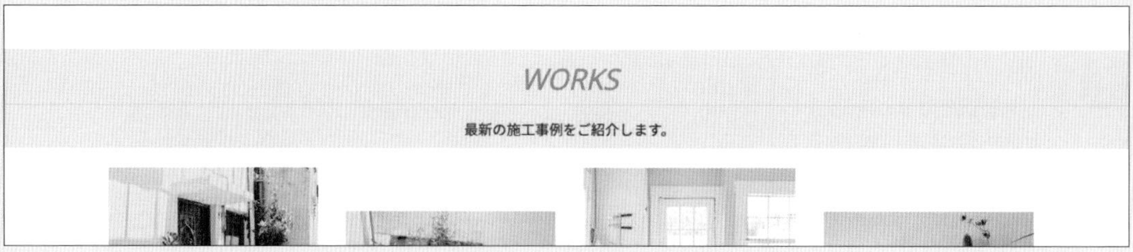
WORKS
最新の施工事例をご紹介します。

5 完成図にならって上下の余白を広げたいので、paddingの値を調整します。特に下部は大きく余白を広げます。

変更後コード[CSS]

```
<style type="text/css">
/*<![CDATA[*/

～

/* WORKSエリアの指定 */
#cc-m-10786201319 {
  margin: 0 -100%;
  padding: 40px 100% 170px;
  background-color: #f2efec;
}

/*]]>*/
</style>
```

6 保存したら閲覧画面でプレビューします。指定したはずの上下の余白が適用されていません。

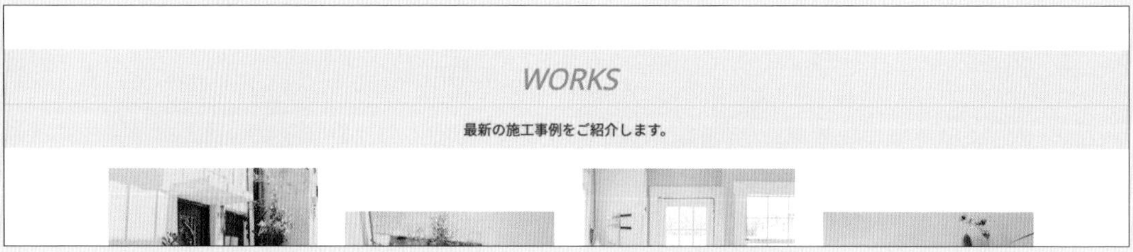
WORKS
最新の施工事例をご紹介します。

7 デベロッパーツールで要素を検証すると、入力したpaddingの指定に打消し線が引かれ指定が無効化されています。これは他の指定が優先されているということを表しています。

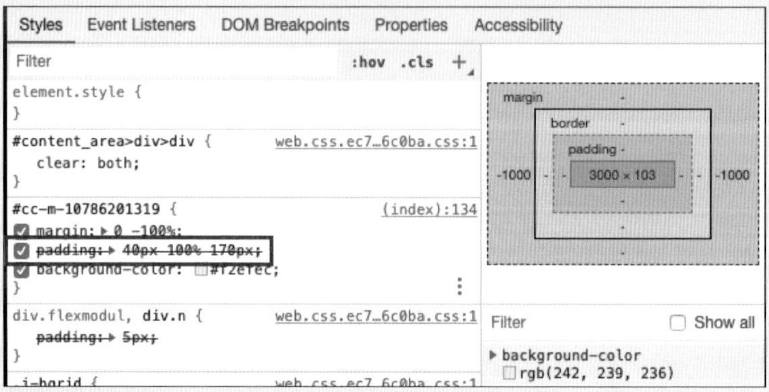
Styles
Event Listeners
DOM Breakpoints
Properties
Accessibility
Filter
:hov .cls +
element.style {
}
#content_area>div>div {
clear: both;
}
web.css.ec7…6c0ba.css:1
#cc-m-10786201319 {
(index):134
margin: ▸ 0 -100%;
padding: ▸ 40px 100% 170px;
}
div.flexmodul, div.n {
web.css.ec7…6c0ba.css:1
padding: ▸ 5px;
}
margin
border
padding
-1000
-1000
3000 × 103
Filter
Show all
▸ background-color
rgb(242, 239, 236)

8 どの指定が優先されているかを見てみると、「.j-hgrid」に対するpaddingの指定に「!important」がついていました。これが優先されてしまっているようです。

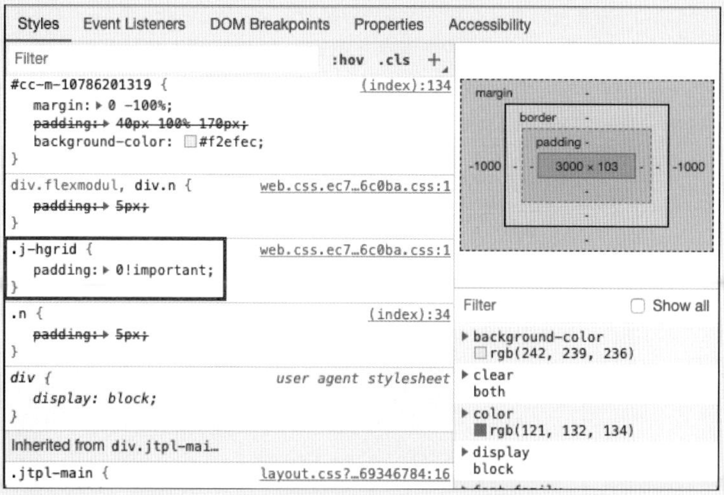
Styles Event Listeners DOM Breakpoints Properties Accessibility
Filter :hov .cls +
#cc-m-10786201319 { (index):134
margin: ▸ 0 -100%;
padding: ▸ 40px 100% 170px;
background-color: #f2efec;
}
div.flexmodul, div.n { web.css.ec7…6c0ba.css:1
padding: ▸ 5px;
}
.j-hgrid { web.css.ec7…6c0ba.css:1
padding: ▸ 0!important;
}
.n { (index):34
padding: ▸ 5px;
}
div { user agent stylesheet
display: block;
}
Inherited from div.jtpl-mai…
.jtpl-main { layout.css?…69346784:16
margin
border
padding
3000 × 103
-1000
-1000
Filter
Show all
background-color
rgb(242, 239, 236)
clear
both
color
rgb(121, 132, 134)
display
block

9 この競合を解決するには、追加する側のコードにも「!important」をつけるしかありません。「ヘッダー編集」画面に戻り、paddingの値に「!important」を追加します。

変更後コード[CSS]

```
<style type="text/css">
/*<![CDATA[*/

～

/* WORKSエリアの指定 */
#cc-m-10786201319 {
  margin: 0 -100%;
  padding: 40px 100% 170px !important;
  background-color: #f2efec;
}

/*]]>*/
</style>
```

10 保存して閲覧画面を更新すると、無事に上下の余白が適用されました。

WORKS
最新の施工事例をご紹介します。

11 この余白部分に重なるように、4つの事例を少し上に移動します。これにはネガティブマージンを使用します。デベロッパーツールで4つの事例を内包しているカラムのidを拾い出します。ここでも、わかりにくい場合は「.j-hgrid」というクラスを手がかりにして探しましょう。

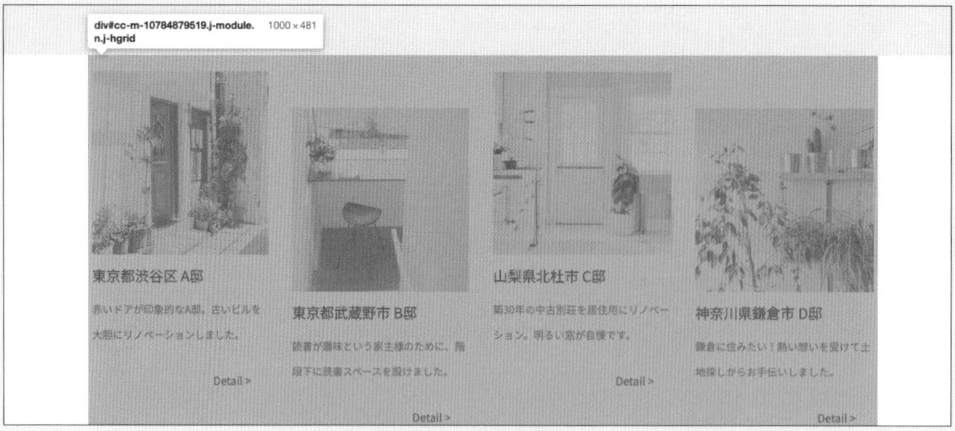

12 ヘッダー編集にidをペーストし、ネガティブマージンを入力します。

変更後コード [CSS]

```
<style type="text/css">
/*<![CDATA[*/

～

/* 4つの事例を上に移動 */
#cc-m-10784879519 {
  margin-top: -130px;
}

/*]]>*/
</style>
```

13 閲覧画面で確認します。デザイン完成図のとおり、4つの事例がグレーの背景に重なって表示されました。

画像リンクのアクションを設定する

次に、各事例の画像リンクにマウスhoverで拡大するアクションを設定してみましょう。

1 デベロッパーツールで画像リンクの構成を確認します。

2 画像は「.cc-imagewrapper」というclassのついた<figure>要素の中に<img>要素が配置されていることが確認できました。これをセレクタにします。

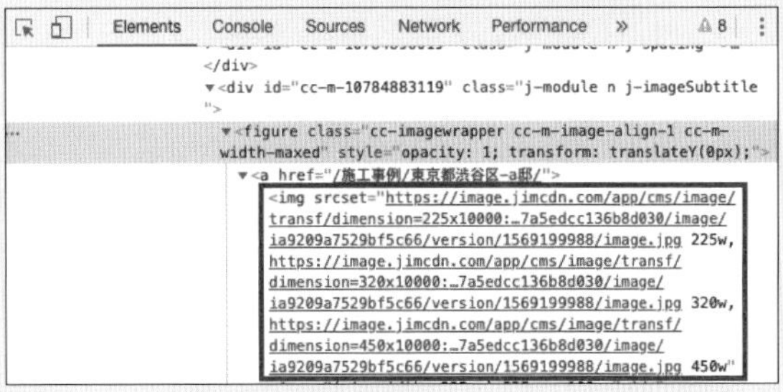

3 先ほどネガティブマージンを指定した、4つの事例を包むカラム（ここでは「#cc-m-10784879519」）の中にある、画像リンクすべてに対して指定をしたいので、「ヘッダー編集」で以下のようにセレクタを指定します。

変更後コード[CSS]

```
<style type="text/css">
/*<![CDATA[*/

～

/* オンマウスで画像拡大 */
#cc-m-10784879519 .cc-imagewrapper:hover img



/*]]>*/
</style>
```

4 画像の拡大率と、拡大に要する時間を設定します。

変更後コード[CSS]

```
<style type="text/css">
/*<![CDATA[*/

～

/* オンマウスで画像拡大 */
```

```
#cc-m-10784879519 .cc-imagewrapper:hover img {
  transform: scale(1.15);
  transition-duration: 0.5s;
}

/*]]>*/
</style>
```

5 入力が完了したら一旦保存し、閲覧画面を更新します。画像の上にマウスポインターを乗せて、画像が拡大されることを確認してください。

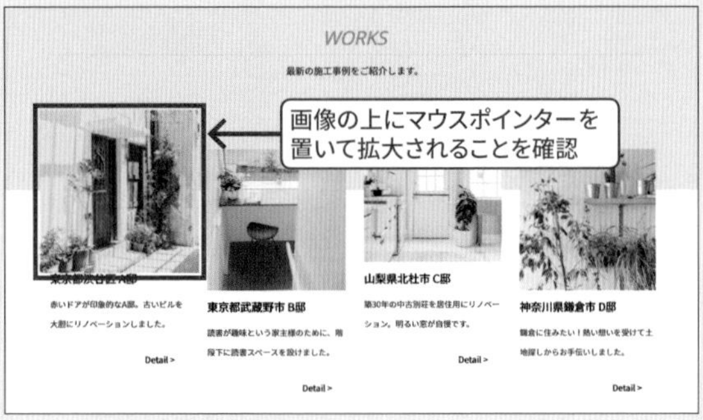

6 このままでもよいですが、画像の枠のサイズはそのままで、枠内で画像だけが拡大される仕様にします。「.cc-imagewrapper」からはみ出た分を表示しないように指定しましょう。

```
/* オンマウスで画像拡大 */
#cc-m-10784879519 .cc-imagewrapper:hover img {
    transform: scale(1.15);
    transition-duration: 0.5s;
}

/* 拡大時のはみ出しを非表示 */
#cc-m-10784879519 .cc-imagewrapper {
    overflow: hidden;
}

/*]]>*/
</style>
```

変更後コード[CSS]

```
<style type="text/css">
/*<![CDATA[*/

~

/* 拡大時のはみ出しを非表示 */
#cc-m-10784879519 .cc-imagewrapper {
  overflow: hidden;
}

/*]]>*/
</style>
```

7 閲覧画面を更新し、画像にマウスポインターを乗せてみましょう。枠のサイズはそのままで、内部の画像だけが拡大表示されればOKです。これでWORKSエリアは完成です。

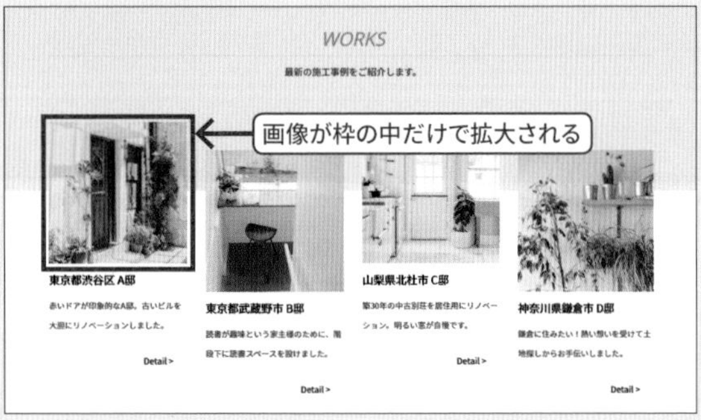

メインビジュアルのデザインをカスタマイズする

次は、背景が表示されているメインビジュアルエリアのデザインを調整します。メインビジュアルはデフォルトではブラウザの幅いっぱいに表示されていますが、CSSを使って上下左右に余白を作り、窓の中に画像のスライドショーが表示されるようなイメージで作成します。

1 デベロッパーツールで、メインビジュアルエリアを検証すると、エリア全体を包む<div>要素に「.jtpl-title」というクラスがついています。これをセレクタにしましょう。

div.jtpl-title.jqbga-container.jqbga-web--image 1220 × 374
Color #798486
Font 40px Roboto, "Helvetica Neue", Helveti…
Padding 0px 25px
例ページに新着物件情報「東京渋谷区A邸」を掲載しました。

2 「Styles」ウィンドウを確認すると「@media (min-width: 768px)」というメディアクエリのついた指定が適用されています。これは「768px以上のブラウザ幅（便宜上ここでは『PC表示』と呼びます）の場合のみ適用する」という指定です。

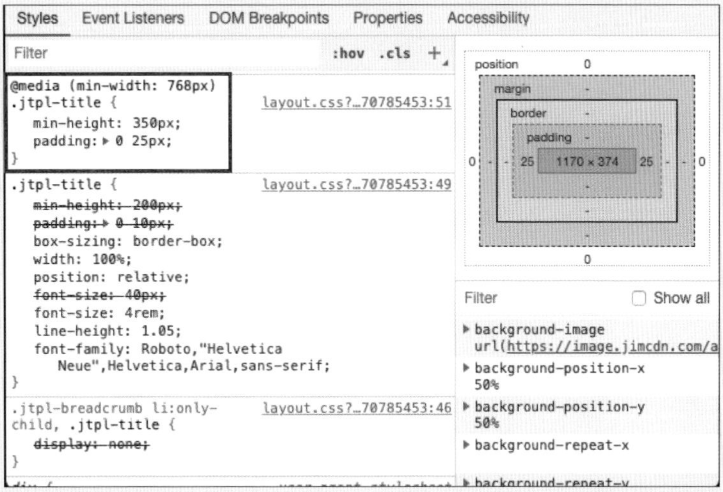

Styles
Event Listeners
DOM Breakpoints
Properties
Accessibility
Filter
:hov .cls +
@media (min-width: 768px)
.jtpl-title {
layout.css?…70785453:51
min-height: 350px;
padding: ▸ 0 25px;
}
.jtpl-title {
layout.css?…70785453:49
min-height: 200px;
padding: ▸ 0 10px;
box-sizing: border-box;
width: 100%;
position: relative;
font-size: 40px;
font-size: 4rem;
line-height: 1.05;
font-family: Roboto,"Helvetica Neue",Helvetica,Arial,sans-serif;
}
.jtpl-breadcrumb li:only-child, .jtpl-title {
layout.css?…70785453:46
display: none;
}
position 0
margin -
border -
padding -
1170 × 374
25
Filter
Show all
background-image
url(https://image.jimcdn.com/a
background-position-x
50%
background-position-y
50%
background-repeat-x

3 「ヘッダー編集」画面に戻り、まずはメディアクエリを入力します。

Point

ジンドゥークリエイターの標準レイアウトはいわゆるモバイルファーストで作られているものが多く、TOKYOレイアウトも例外ではありません。実際のカスマイズの際には本来モバイルファーストで記述を進めるほうがスムーズですが、学習の流れとして、ここではまずPC表示の見た目を先に作成します。

変更後コード[CSS]

```
<style type="text/css">
/*<![CDATA[*/

~

/* PC表示 メインビジュアルエリアのサイズ指定 */
@media (min-width: 768px) {

}

/*]]>*/
</style>
```

4 先ほどデベロッパーツールで確認した「.jtpl-title」というclassをセレクタとして入力します。

変更後コード[CSS]

```
<style type="text/css">
/*<![CDATA[*/

~

/* PC表示 メインビジュアルエリアのサイズ指定 */
@media (min-width: 768px) {
  .jtpl-title
}

/*]]>*/
</style>
```

5 デベロッパーツールに戻り、プロパティを確認します。メインビジュアルエリアの高さは「min-height」プロパティで指定されています。

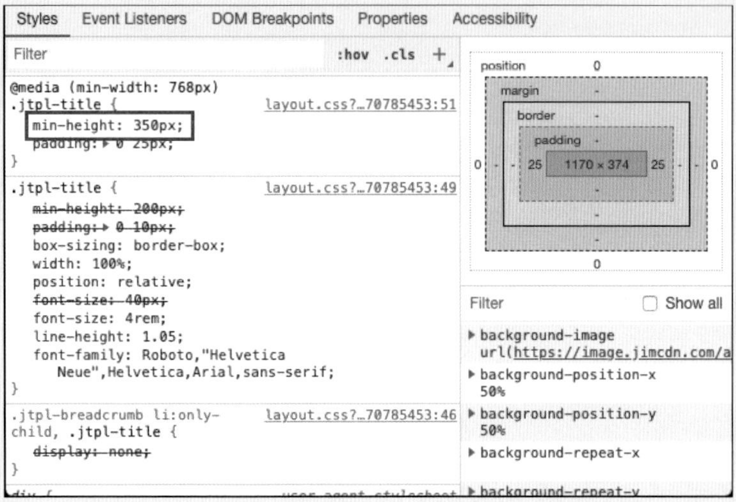

6 「ヘッダー編集」でmin-heightを入力して指定を上書きします。ここではブラウザの高さに合わせて可変するレイアウトにしたいので、vhを使って「80vh」と入力しましょう。

変更後コード[CSS]

```
<style type="text/css">
/*<![CDATA[*/

~

/* PC表示 メインビジュアルエリアのサイズ指定 */
@media (min-width: 768px) {
  .jtpl-title  {
    min-height: 80vh;
  }
}

/*]]>*/
</style>
```

7 続いて幅を指定します。ここでもブラウザの幅に合わせた最大幅を指定するため、「max-width」を使用して、「75vw」と入力します。

変更後コード [CSS]

```
<style type="text/css">
/*<![CDATA[*/

～

/* PC表示 メインビジュアルエリアのサイズ指定 */
@media (min-width: 768px) {
  .jtpl-title  {
    min-height: 80vh;
    max-width: 75vw;
  }
}

/*]]>*/
</style>
```

8 保存して確認します。メインビジュアルエリアのサイズが変更されました。

9 marginプロパティで、上下に10vhの余白の作成と左右の中央揃えを指定します。

変更後コード [CSS]

```
<style type="text/css">
/*<![CDATA[*/

～
```

```
/* PC表示 メインビジュアルエリアのサイズ指定 */
@media (min-width: 768px) {
  .jtpl-title  {
    min-height: 80vh;
    max-width: 75vw;
    margin: 10vh auto;
  }
}

/*]]>*/
</style>
```

10 保存して確認します。上下左右に余白ができていれば、メインビジュアルエリアへの指定は完了です。

ホームページタイトルのデザインをカスタマイズする

次はホームページタイトルのデザインをカスタマイズします。

1 デベロッパーツールで要素を検証します。ホームページタイトルには「.j-website-title-content」というclassがついています。

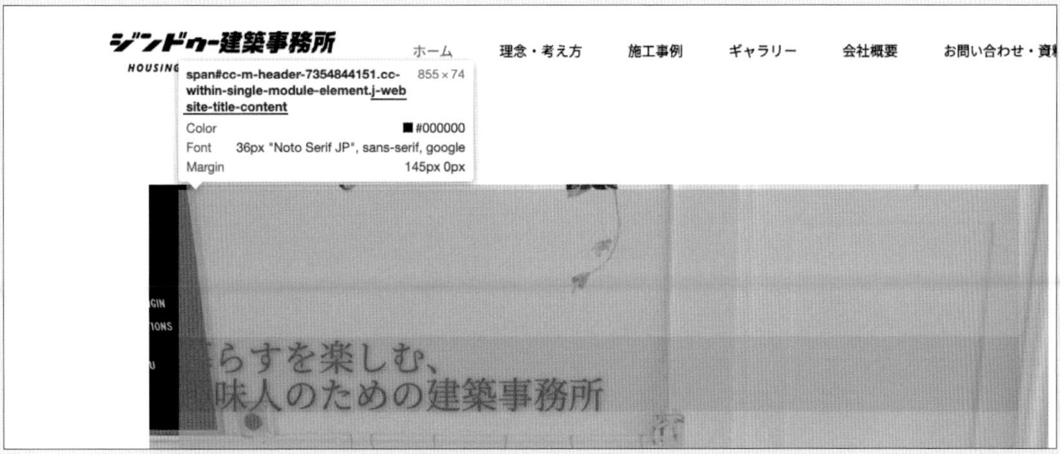

2 「Styles」ウィンドウで確認すると、メディアクエリの後ろに「.jtpl-title .j-website-title-content」という指定があるので、これをコピーしてセレクタにします。

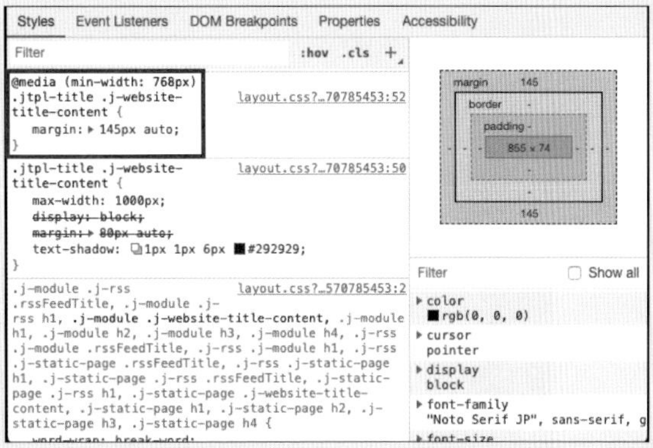

3 「ヘッダー編集」にペーストします。このときにメディアクエリも入力します。

変更後コード[CSS]

```
<style type="text/css">
/*<![CDATA[*/

～

/* ホームページタイトルの指定 */
@media (min-width: 768px) {
  .jtpl-title .j-website-title-content
 }

/*]]>*/
</style>
```

Point

メディアクエリが連続するためあまり綺麗な記述ではありませんが、ジンドゥークリエイターのコードの仕様を掴むために順を追って解説しています。すべてのコードを記述し終わったあとで記述の順番を見直して成形すると、より見やすくすっきりしたコードになります。

4 まずはテキスト周りを調整します。テキストにかかっているシャドウを無効化し、文字間隔と行間を右のように設定します。

変更後コード[CSS]

```
<style type="text/css">
/*<![CDATA[*/

～

/* ホームページタイトルの指定 */
@media (min-width: 768px) {
  .jtpl-title .j-website-title-content {
    text-shadow: none;
    letter-spacing: 0.2em;
    line-height: 1.7;
  }
}

/*]]>*/
</style>
```

5 保存して確認します。画像に重なっているので少し見にくいですが、テキストのドロップシャドウがなくなり、文字間隔と行間が変更されました。

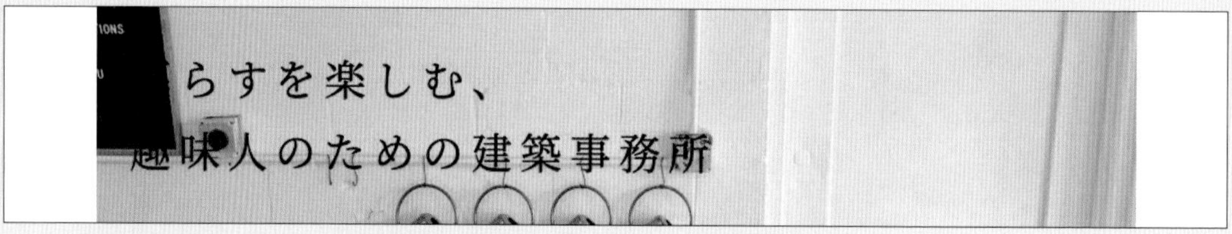

6 次にテキストを縦書きにします。執筆時点では縦書きはブラウザによって対応状況が異なるので、ベンダープレフィックスをつけて記述します。

変更後コード[CSS]

```
<style type="text/css">
/*<![CDATA[*/

～

/* ホームページタイトルの指定 */
@media (min-width: 768px) {
  .jtpl-title .j-website-title-content {
    text-shadow: none;
    letter-spacing: 0.2em;
    line-height: 1.7;
    -ms-writing-mode: tb-rl;
    -webkit-writing-mode: vertical-rl;
    writing-mode: vertical-rl;
  }
}

/*]]>*/
</style>
```

7 保存してプレビューしてみましょう。テキストが縦書きで表示されました。

8 続いてテキストの位置を調整します。デベロッパーツールで確認すると、marginで上下余白と中央揃えが指定されています。この指定を上書きしていきます。

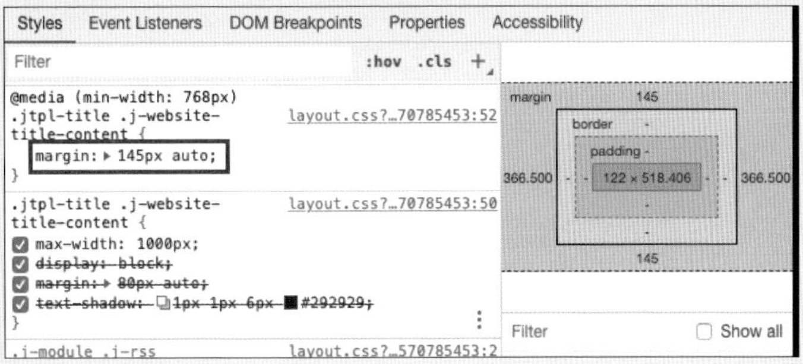

9 まずはmarginを「0」にして表示位置をリセットします。

変更後コード [CSS]

```
<style type="text/css">
/*<![CDATA[*/

~


/* ホームページタイトルの指定 */
@media (min-width: 768px) {
  .jtpl-title .j-website-title-content {
    text-shadow: none;
    letter-spacing: 0.2em;
    line-height: 1.7;
    -ms-writing-mode: tb-rl;
    -webkit-writing-mode: vertical-rl;
    writing-mode: vertical-rl;
    margin: 0;
  }
}

/*]]>*/
</style>
```

10 ホームページタイトルは、親要素であるメインビジュアルエリアから飛び出して配置したいので、「position: absolute」を指定し、マイナスの値を入力して位置を調整します。細かな数値はバランスを見て適宜調整してください。

変更後コード［CSS］

```
<style type="text/css">
/*<![CDATA[*/

～

/* ホームページタイトルの指定 */
@media (min-width: 768px) {
  .jtpl-title .j-website-title-content {
    text-shadow: none;
    letter-spacing: 0.2em;
    line-height: 1.7;
    -ms-writing-mode: tb-rl;
    -webkit-writing-mode: vertical-rl;
    writing-mode: vertical-rl;
    margin: 0;
    position: absolute;
    top: -4vh;
    right: -6vw;
  }
}

/*]]>*/
</style>
```

11 入力が完了したら保存して確認します。これで、右上にホームページタイトルが配置されました。

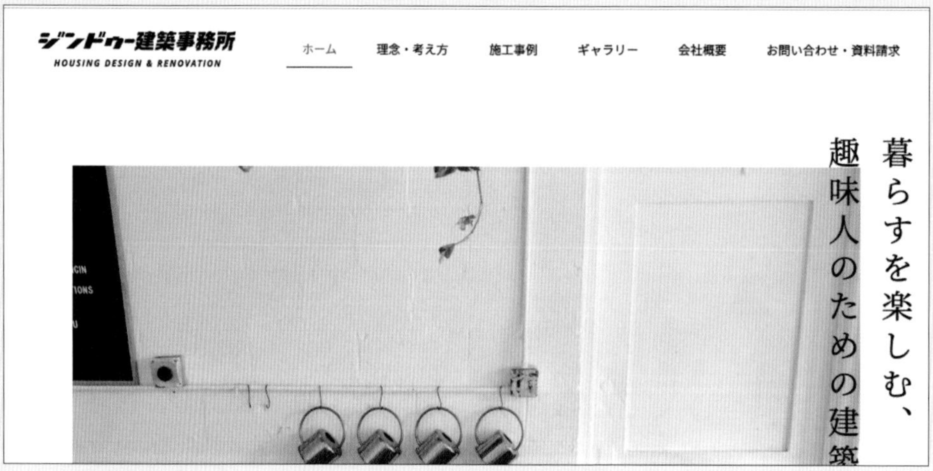

ナビゲーションのデザインをカスタマイズする

次はナビゲーションのデザインをカスタマイズします。このままでも問題ないように見えますが、大きなブラウザで閲覧したときにナビゲーションの幅が狭いため、バランスが悪く見えます。これを解消するために、ナビゲーションの幅を広げましょう。

1 デベロッパーツールでナビゲーション全体を包んでいる要素を検証します。「.jtpl-topbar-section」というclassがついたdiv要素の幅がナビゲーションの幅を決めているようです。

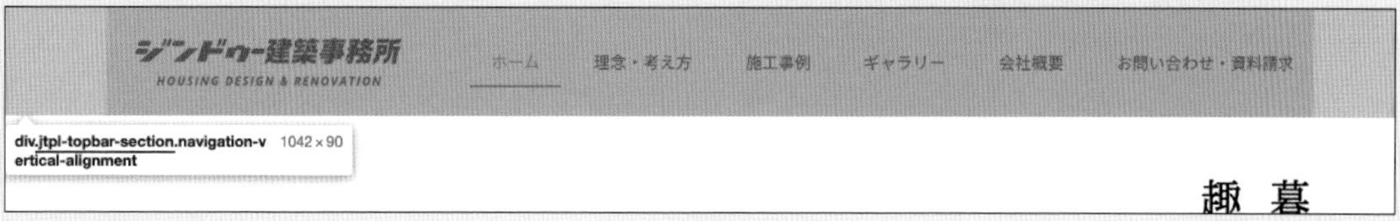

2 「Styles」ウィンドウで確認すると「max-width: 1042 px;」という指定があり、これによって1042 px以上には広がらないようになっています。

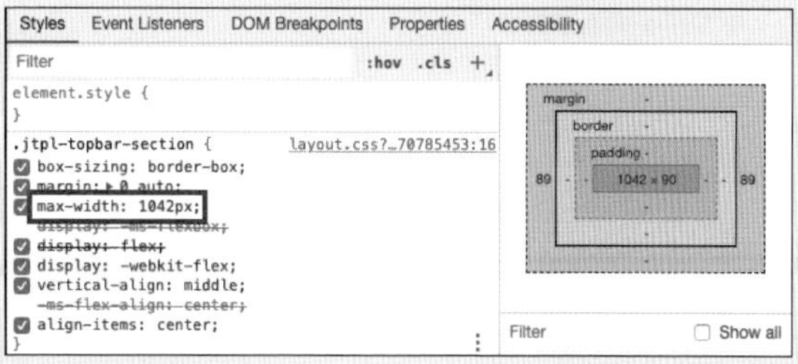

3 この指定を書き換えていきます。ナビゲーションの指定はPC表示のみに適用したいので、メディアクエリを追加して入力します。

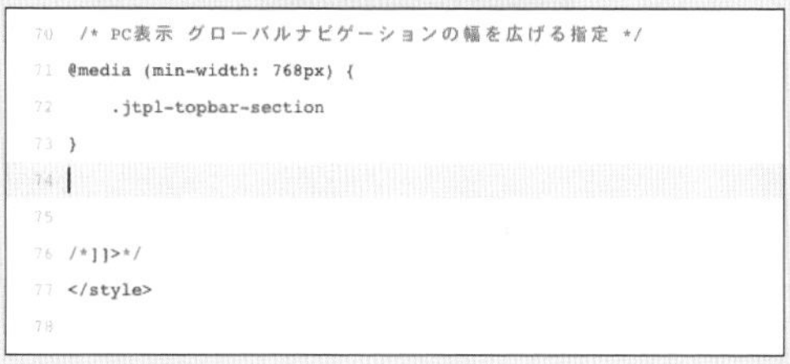

変更後コード [CSS]

```
<style type="text/css">
/*<![CDATA[*/

～

/* PC表示 グローバルナビゲーションの幅を広げる指定 */
@media (min-width: 768px) {
  .jtpl-topbar-section
}

/*]]>*/
</style>
```

4 max-widthを「85 vw」と指定し、ブラウザの幅に応じて可変するようにします。

変更後コード [CSS]

```
<style type="text/css">
/*<![CDATA[*/

～

/* PC表示 グローバルナビゲーションの幅を広げる指定 */
@media (min-width: 768px) {
  .jtpl-topbar-section {
    max-width: 85vw;
  }
}

/*]]>*/
</style>
```

5 保存して閲覧画面で確認します。狭いブラウザサイズだと変化がわかりにくいので、1500pxほどにブラウザを広げて見てみましょう。変更前と変更後を比べてみると、ナビゲーションの幅が広がったことがわかります。

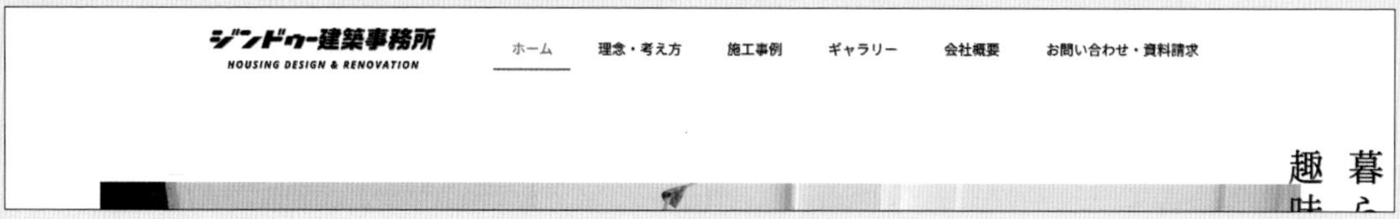

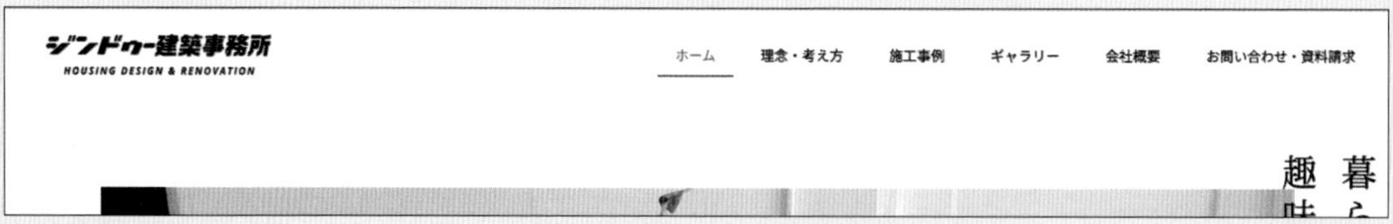

閲覧画面で表示を確認する

ここまででCSSのみを使ったカスタマイズは完了です。一度全体を見てみましょう。

次の章では、jQueryを使って、要素の構造を変えたり動きをつけるカスタマイズ手法を解説します。

CHAPTER 04

jQueryを使ったカスタマイズ

この章では、前章で作成したウェブサイトをさらに本格的なサイトにカスタマイズするため、JavaScriptのライブラリであるjQueryを使った手法を紹介します。CSSだけでは実装できない、より自由な表現手法を楽しみながら覚えていきましょう。

SECTION 01

jQueryを使って ウェブサイトの文書構造を 変更する

ここでは、jQueryの基本的なメソッドを使用して、ウェブサイトの文書構造を変更する方法を解説します。この手法を身につけると、標準レイアウトでは通常編集できない場所に要素を追加することができ、カスタマイズの幅が大きく広がります。

ここで実装するデザインの確認

完成イメージの確認

まずは、ここで実装するデザインを確認しておきます。今回作成するのはメインビジュアルエリアにある、ロゴとメニューが掲載されたナビゲーションです。

通常、TOKYOレイアウトではナビゲーションは最上部に表示されています。今回は、この標準のナビゲーションとは別にもうひとつ新たに追加する形で実装します。

標準レイアウトの文書構造

ジンドゥークリエイターでは、[コンテンツを追加] 機能を使用して、さまざまなコンテンツが作成できますが、すべてのエリアに自由に追加できるというわけではありません。ジンドゥークリエイターにより生成されるHTMLの文書構造は、おおまかに右のような構造になっています。

このうち、自由にコンテンツを追加できるのは、右図の赤枠で囲んだコンテンツエリアとフッターエリアのみです。一方、ヘッダーエリアやメインビジュアルエリアには、あらかじめ決められたコンテンツしか掲載できません。たとえば、TOKYOレイアウトの場合、ヘッダーにはロゴとナビゲーションのみ、メインビジュアルエリアにはホームページタイトルのみが掲載でき、ここにテキストやボタンなどの新たな要素を追加することはできません。

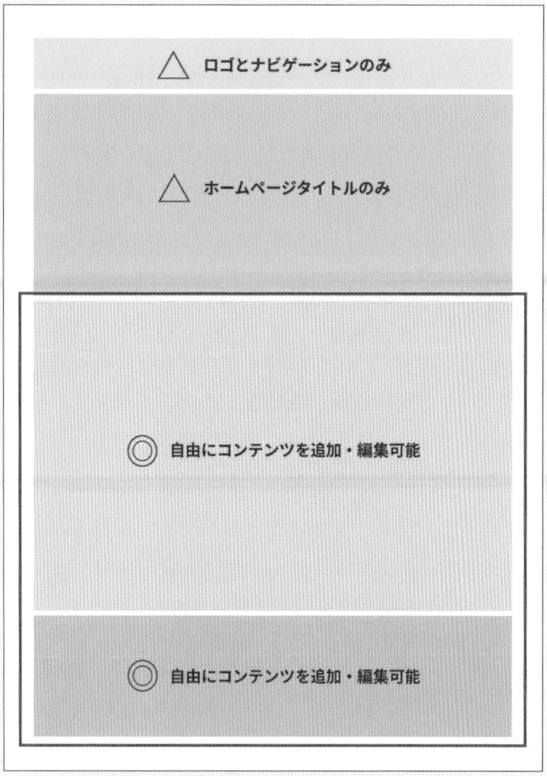

しかし、「ファーストビュー」と呼ばれるサイト上部エリアは制作現場において非常に重要視されており、要素を追加したい場合が多いものです。よくあるケースとしては、「サイトの右上に電話番号を載せたい」「メインビジュアルエリアにボタンを置きたい」というようなニーズがありますが、ジンドゥークリエイターではここに要素を追加できないため、このようなニーズに応えることができません。

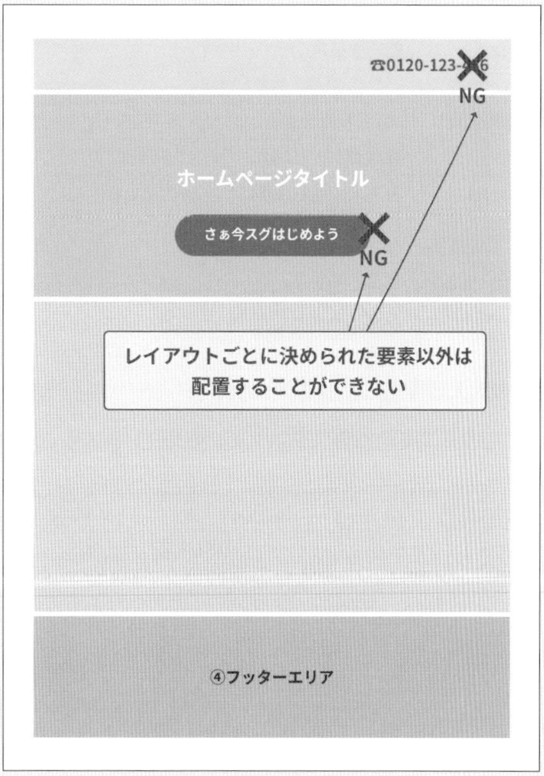

jQueryを使ってできること

このジンドゥークリエイターの弱点を解決できるのがjQueryです。jQueryを使えば、特定の要素を別の要素の前（や後ろ）に移動したり、要素の順番を入れ替えたり、指定した要素にclassを付与したりと、ジンドゥークリエイターが生成するHTMLに対して、さまざまな変更を加えることができます。

つまり、これらをうまく利用すれば、ある特定の要素を「サイトの右上に移動」したり、「メインビジュアルエリアに配置」することができるのです。

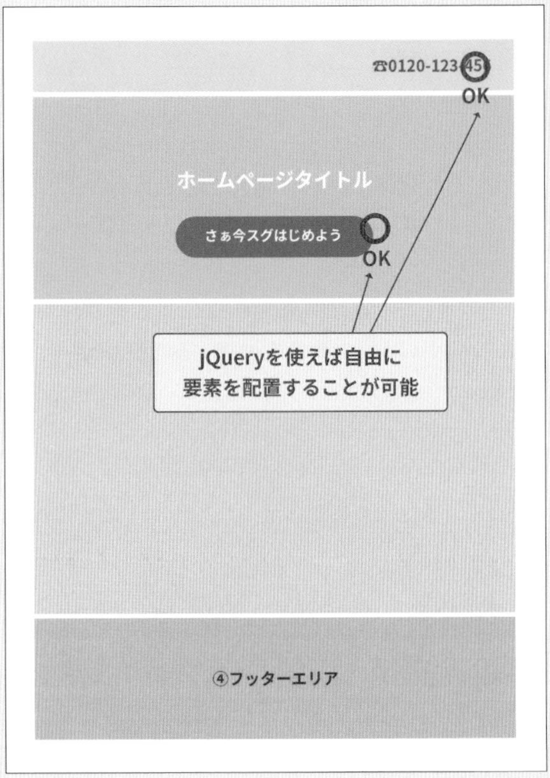

以下に、筆者がジンドゥークリエイターのカスタマイズでよく使用するメソッドを簡単に紹介します。ごく基本的なメソッドばかりですが、これらをうまく組み合わせればカスタマイズの幅は大きく広がります。

メソッド	説明
.after()	要素の後ろに要素を追加する
.before()	要素の前に要素を追加する
.wrap()	要素を指定したタグで囲む
.reverse()	要素の順番を逆順にする
.addClass()	classを追加する
.click()	要素がクリックされたらイベントを起こす
.scroll()	スクロールしたときにイベントを起こす

コンテンツを作成する

カラムを使用して箱を作る

ここから、実際にカスタマイズを進めていきます。jQueryを記述する前に、まずはコンテンツを作成します。

コンテンツは「ロゴ」と「ナビゲーション」の2つなので、2つのコンテンツを同時に移動するために、まずはそれらを入れる箱を「カラム」を使って作成します（CHAPTER3・P.82の「Point」欄を参照）。カラムを追加する場所はどこでもかまいませんが、ここではわかりやすくコンテンツエリアの最上部にします。

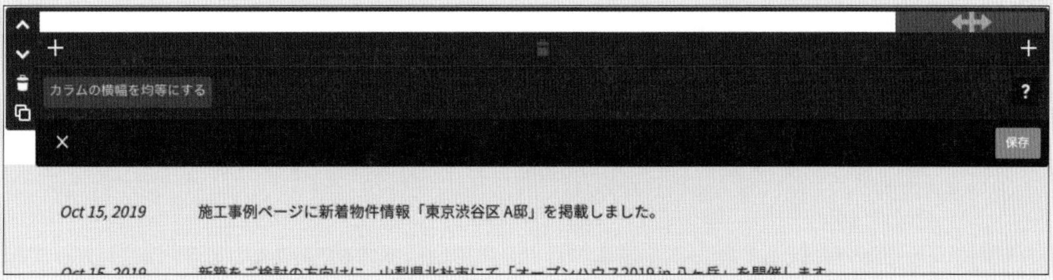

ロゴとメニューを入力する

続いてカラムの中身を作成します。

1 ［画像］コンテンツでロゴを配置します。ロゴの大きさは適宜、調整してください。

2 続いて［文章］コンテンツでナビゲーションを入力します。

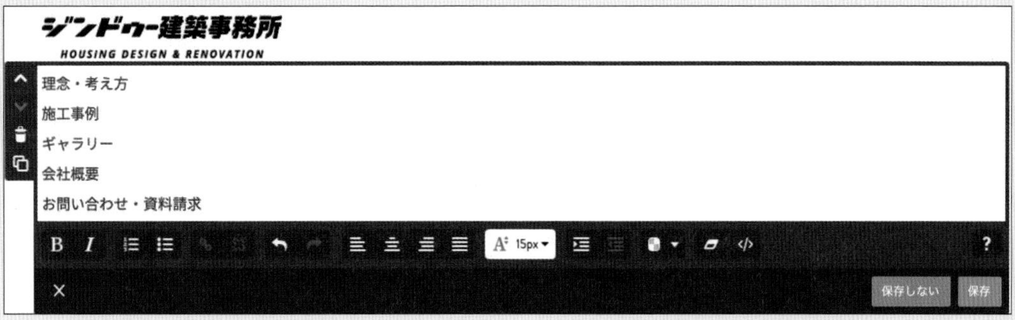

3 テキストには「番号なしリスト」と「太字」を適用し、それぞれの項目に対応するページへリンクを張っておきます。これで準備は完了です。

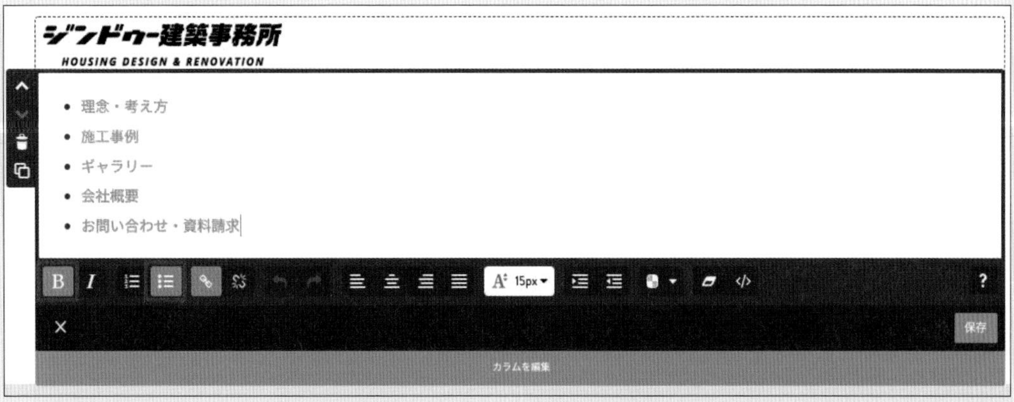

jQueryで要素を移動する

CDNの入力

入力したコンテンツを、jQueryを使ってデザインの意図に沿う位置へ移動します。

1 まずはjQueryを使う準備として「ヘッダー編集」の1行目にjQuery本体を読み込むための記述を追加します。保存するとコードが2行目に移動されますが、仕様なので問題ありません。

```
<script src="//code.jquery.com/jquery-3.4.1.min.js"></script>

<style type="text/css">
/*<![CDATA[*/

```

変更後コード[HTML]

```
<script src="//code.jquery.com/jquery-3.4.1.min.js"></script>
```

Point

標準レイアウトにはJSファイルをアップロードする機能がないため、jQuery本体はCDNで読み込む必要があります。ここではjQuery公式のCDNを使用していますが、より高速なサーバーを使用したGoogle社提供のものを使用してもかまいません。なお、今回のカスタマイズでは、jQueryのバージョンは3系を使用します。

afterメソッドを記述する

続いてjQueryで行う処理内容を記述していきます。先ほど作成したカラムを、メインビジュアルエリアに移動するための記述です。

1 CDNのすぐ下に、<script>要素を追加します。JavaScriptの場合、type属性は省略可能ですが、省略して入力しても自動で付与されます。併せてコメントも記載しておきます。

```
<script src="//code.jquery.com/jquery-3.4.1.min.js"></script>

<script type="text/javascript">
// メインビジュアル上に特定のカラムを移動
</script>

```

変更後コード[HTML]

```
<script src="//code.jquery.com/jquery-3.4.1.min.js"></script>
<script type="text/javascript">
// メインビジュアル上に特定のカラムを移動
</script>
```

2 コードの実行を、ドキュメントの読み込み後に行わせるため、以下の記述をします。カスタマイズ用のjQueryコードは、基本的にすべてこの記述からはじめます。

変更後コード [JavaScript]

```
<script src="//code.jquery.com/jquery-3.4.1.min.js"></script>
<script type="text/javascript">
// メインビジュアル上に特定のカラムを移動
$(function() {
});
</script>
```

3 移動には「.affter()」メソッドを使用します。まずは以下のようにコードを記述します。

変更後コード [JavaScript]

```
<script src="//code.jquery.com/jquery-3.4.1.min.js"></script>
<script type="text/javascript">
// メインビジュアル上に特定のカラムを移動
$(function() {
  $('要素a').after($('要素b'));
});
</script>
```

これで「要素aの後ろに要素bを追加する」という記述になります。今回はメインビジュアルエリアを表す「.jtpl-title」の中に移動したいので、「.jtpl-title」要素の直下の子要素を「要素a」として指定します。移動させたい「要素b」には先ほど作成したカラムのidを入力します。

4 デベロッパーツールでHTML構造を確認し、「.jtpl-title」要素の直下の子要素を探します。「#cc-website-title」が該当しました。

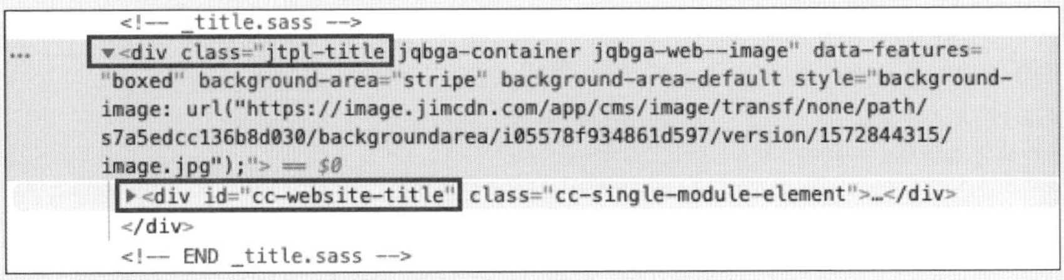

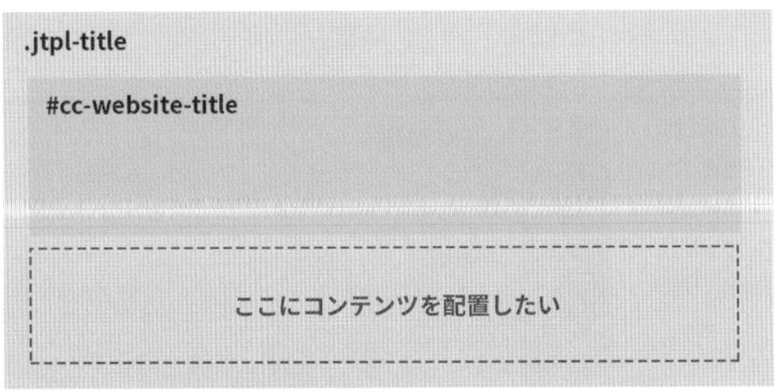

.jtpl-titleの子要素として配置したいため、すでに子要素として存在している#cc-website-titleを目印にし、その後ろにコンテンツが配置されるようコードを記述する

5 「要素a」の箇所に「#cc-website-title」と入力します。

変更後コード [JavaScript]

```
<script src="//code.jquery.com/jquery-3.4.1.min.js"></script>
<script type="text/javascript">
// メインビジュアル上に特定のカラムを移動
$(function() {
  $('#cc-website-title').after($('要素b'));
});
</script>
```

6 デベロッパーツールに戻り、先ほど追加したカラムのidを取得します。

7 取得したidを「要素b」の箇所に入力します。

変更後コード [JavaScript]

```
<script src="//code.jquery.com/jquery-3.4.1.min.js"></script>
<script type="text/javascript">
// メインビジュアル上に特定のカラムを移動
$(function() {
  $('#cc-website-title').after($('#cc-m-10810219719'));
});
</script>
```

8 これで「#cc-website-titleの後ろに#cc-m-10810219719を追加する」という処理が記述できました。閲覧画面で確認してみましょう。ロゴとテキストがメインビジュアルエリアに移動していればOKです。文字サイズ等が大きくなっていますが、このあとにCSSで成形するので問題ありません。

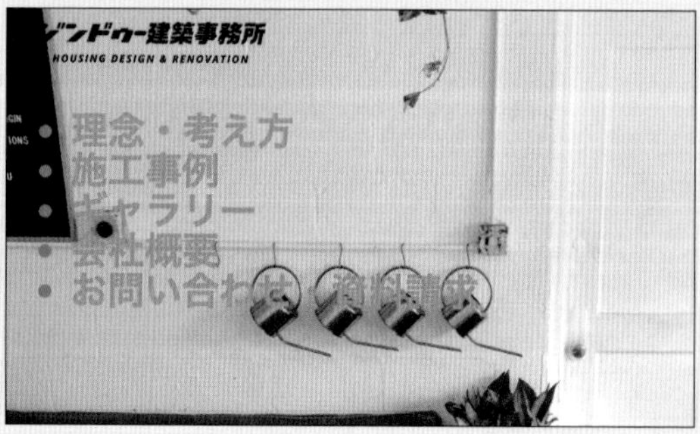

CSSで成形する

<style>要素内にCSSを追記する

移動したコンテンツをCSSを使って成形します。「ヘッダー編集」の<style>要素内にCSSコードを入力します。

1 まずは要素の掲載位置を調整します。

変更後コード[CSS]

```
/* ファーストビューメニューの指定 */
#cc-m-10810219719 {
  position: absolute;
  bottom: -8vh;
  left: -10vw;
  display: block;
}
```

2 閲覧画面で確認します。要素が左下に移動されました。

3 続いて背景色と余白、テキストに関する指定を入力します。

変更後コード[CSS]

```
/* ファーストビューメニューの指定 */
#cc-m-10810219719 {
  position: absolute;
  bottom: -8vh;
  left: -10vw;
  display: block;
  padding: 40px 50px !important;
```

```
  background-color: #fff;
  font-size: 15px;
  line-height: 1.8;
}
```

4 最後にリンクカラーを変更して完成です。

変更後コード[CSS]

```
/* ファーストビューメニューの指定 */
#cc-m-10810219719 {
...
}

#cc-m-10810219719 a {
  color: #000;
}
```

5 閲覧画面で確認します。

このようにjQueryを使えば、標準レイアウトでは追加できない場所に要素を追加することができるため、元々の構造に縛られない自由なレイアウトを作成することができるようになります。

SECTION

02 jQueryを使ってナビゲーションをカスタマイズする

jQueryの使い方が理解できたらもう少し複雑なカスタマイズにも挑戦してみましょう。ここからは、スクロール量に合わせて特定の要素へのclassの付け外しを行い、ナビゲーションの表示・非表示を制御するカスタマイズを行います。

ここで実装する動きの確認

完成イメージの確認

まずは実装するデザインを確認します。静止画のデザイン案では最上部のヘッダーが表示されていません。実際のサイトでは、初期状態で非表示/一定量スクロールしたら表示させる、という動きをつけます。

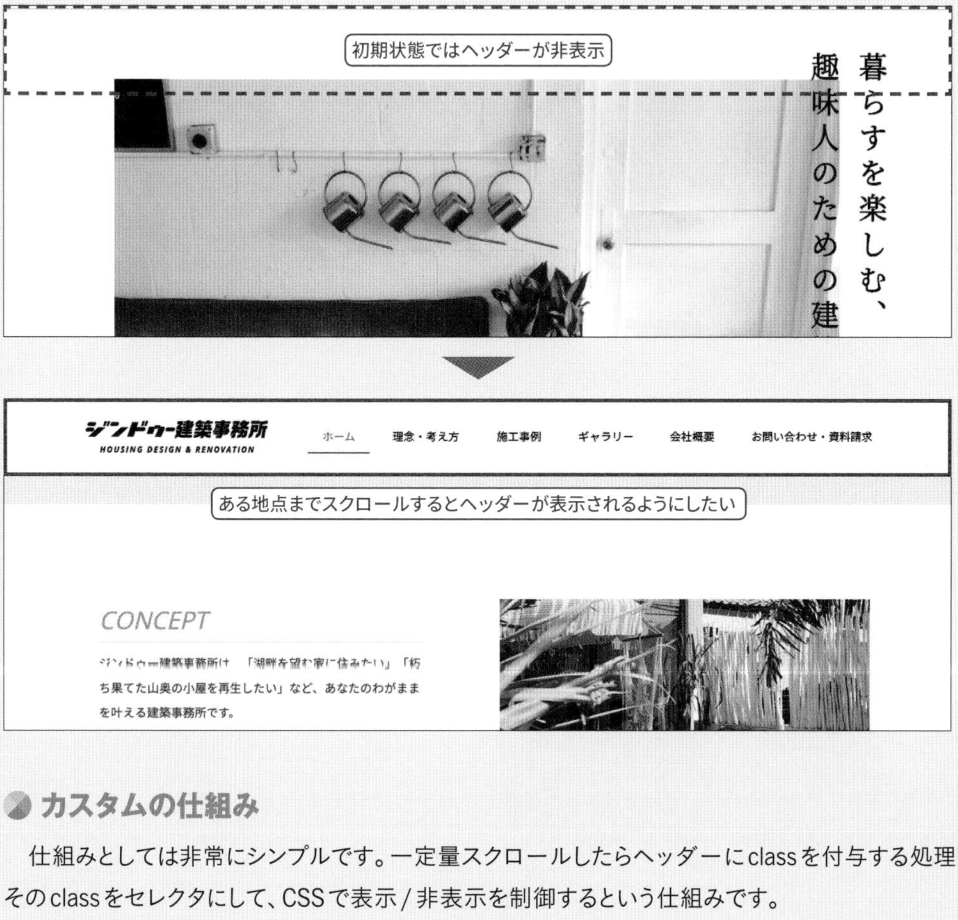
初期状態ではヘッダーが非表示
暮らすを楽しむ、
趣味人のための建
ジンドゥー建築事務所
HOUSING DESIGN & RENOVATION
ホーム
理念・考え方
施工事例
ギャラリー
会社概要
お問い合わせ・資料請求
ある地点までスクロールするとヘッダーが表示されるようにしたい
CONCEPT
ち果てた山奥の小屋を再生したい」など、あなたのわがまま
を叶える建築事務所です。

カスタムの仕組み

仕組みとしては非常にシンプルです。一定量スクロールしたらヘッダーにclassを付与する処理を作成し、そのclassをセレクタにして、CSSで表示/非表示を制御するという仕組みです。

ここでは、ヘッダーを表す「.jtpl-header」要素に、900px以上スクロールしたら「scroll」というclassを付与するように記述します。

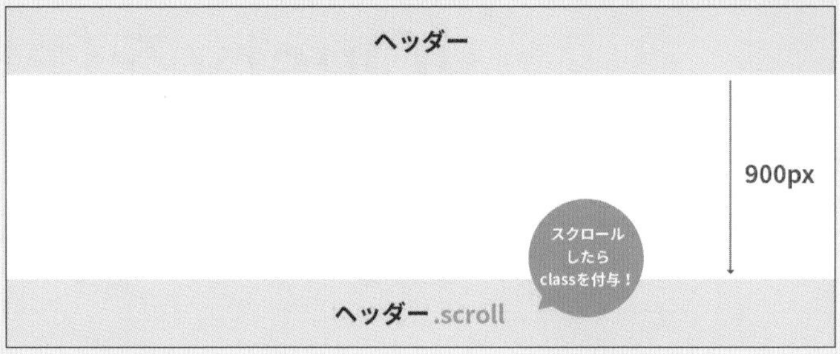

jQueryでclassを付与する

一定量スクロールしたらclassを付与する記述を追加する

さっそくコードを記述していきます。

1 P.104～106で記述した<script>要素の下に、同じように<script>要素を配置し、「$(function()~」の記述も追加します。

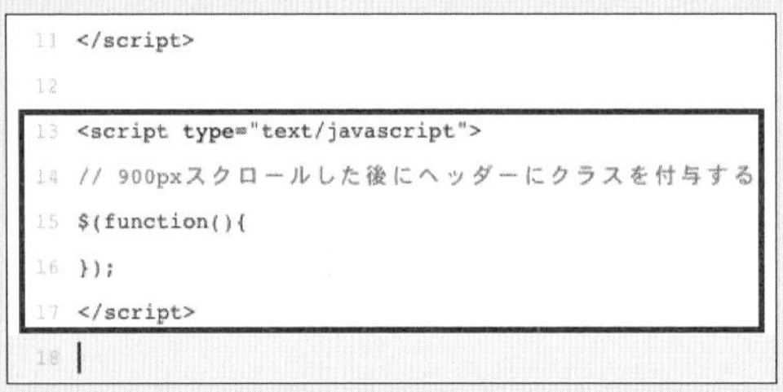

変更後コード [HTML＋JavaScript]

```
<script type="text/javascript">
// 900pxスクロールした後にヘッダーにクラスを付与する
$(function() {
});
</script>
```

2 コードを記述します。jQueryのメソッドに関する一つひとつの詳細な解説はここでは省きますが、各行の意味をコメントで記載していますので参考にしてください。

変更後コード [JavaScript]

```
<script type="text/javascript">
// 900pxスクロールした後にヘッダーにクラスを付与する
$(function(){
  $(window).scroll(function(){     //ウィンドウがスクロールしたとき
    if ($(window).scrollTop() > 900) {     // トップから900pxを超えたら
      $('.jtpl-header').addClass('scroll');     // ヘッダーに「scroll」というclassを付与する
    } else {     //そうでない場合
      $('.jtpl-header').removeClass('scroll');     //「scroll」というclassを除去する
    }
  });
});
</script>
```

3 デベロッパーツールで.jtpl-header要素を選択した状態でスクロールしてみます。ある一定のところまでスクロールすると、「scroll」というclassが追加されるはずです。

▼スクロール前

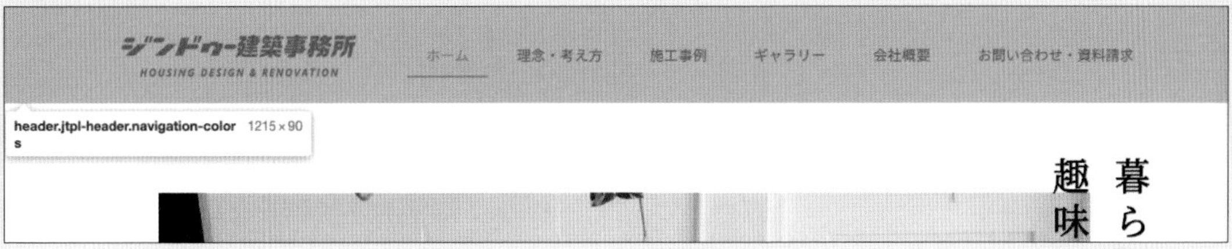

ジンドゥー建築事務所
HOUSING DESIGN & RENOVATION
ホーム
理念・考え方
施工事例
ギャラリー
会社概要
お問い合わせ・資料請求
header.jtpl-header.navigation-colors 1215 × 90
暮ら
趣味

```
<!-- _header.sass -->
▶<header class="jtpl-header navigation-colors">…</header> == $0
<!-- END _header.sass -->
```

▼スクロール後

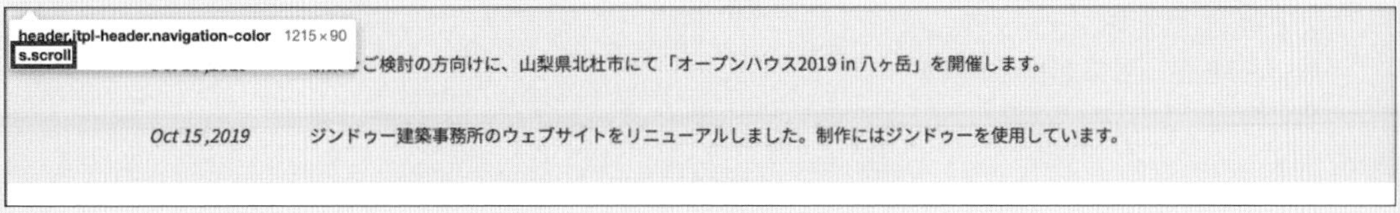

header.jtpl-header.navigation-colors.scroll 1215 × 90
ご検討の方向けに、山梨県北杜市にて「オープンハウス2019 in 八ヶ岳」を開催します。
Oct 15,2019
ジンドゥー建築事務所のウェブサイトをリニューアルしました。制作にはジンドゥーを使用しています。

```
<!-- _header.sass -->
▼<header class="jtpl-header navigation-colors scroll"> == $0
  ▶<div class="jtpl-topbar-section navigation-vertical-alignment">…</div>
```

付与されたclassをセレクタにCSSでカスタマイズする

<style>要素内にCSSを追記する

付与されたclassをセレクタにして、CSSで表示を制御します。

1 今回作成したい動きはPC版のトップページだけに適用したいため、まずはメディアクエリを記述して、PC版だけに適用されるようにします。

```
}

/* PC版トップページナビゲーションの指定 */
@media (min-width: 768px) {
}

```

変更後コード[CSS]

```
/* PC版トップページナビゲーションの指定 */
@media (min-width: 768px) {
}
```

2 続いてヘッダーが初期状態で透明(=非表示)になるように記述します。このとき、トップページのみに付与される「.cc-indexpage」というclassも追加してください。

変更後コード[CSS]

```
/* PC版トップページナビゲーションの指定 */
@media (min-width: 768px) {
  .cc-indexpage .jtpl-header {
    opacity: 0;
  }
}
```

Point

ジンドゥークリエイターでは、ページごとにbody要素に対して一意のidが割り振られますが、トップページだけはそれとは別に「.cc-indexpage」というclassが付与されています。ウェブサイトのデザインをする際、トップページだけ見た目を変えたいというシチュエーションは多くありますので、トップページだけに特別な指定をする際は、この「.cc-indexpage」を覚えておくと便利です。

3 非表示から表示への切り替えをスムーズにするため、0.8秒のトランジションを施します。

変更後コード [CSS]

```
/* PC版トップページナビゲーションの指定 */
@media (min-width: 768px) {
  .cc-indexpage .jtpl-header {
    opacity: 0;
    transition: 0.8s;
  }
}
```

4 ヘッダーの表示位置を上部に固定し、z-indexで常に前面に表示されるようにします。さらにbox-shadowを使って薄く影をつけます。

変更後コード [CSS]

```
/* PC版トップページナビゲーションの指定 */
@media (min-width: 768px) {
  .cc-indexpage .jtpl-header {
    opacity: 0;
    transition: 0.8s;
    position: fixed;
    top: 0;
    z-index: 10;
    box-shadow: 1px 2px 2px rgba(0, 0, 0, 0.1);
  }
}
```

5 次に900px以上スクロールした際に付与されるclass「.scroll」をセレクタにして、透明度を「1」に戻します。

変更後コード [CSS]

```
/* PC版トップページナビゲーションの指定 */
@media (min-width: 768px) {
    .cc-indexpage .jtpl-header {
...
  }

  .cc-indexpage .jtpl-header.scroll {
    opacity: 1;
  }
}
```

6 ブラウザで確認してみましょう。初期状態で非表示のヘッダーが、900pxスクロールしたときに表示されれば完成です。

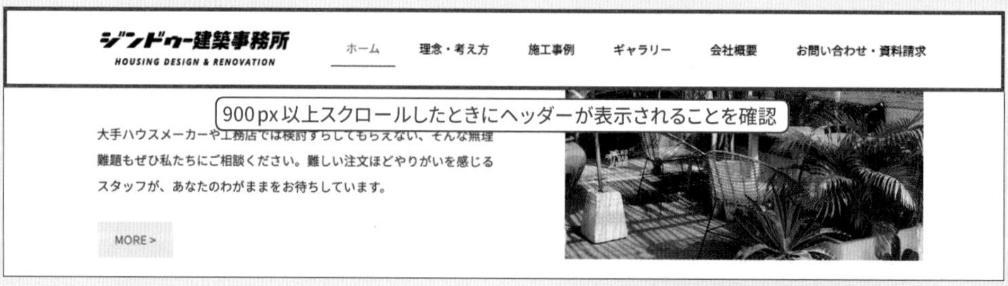
ジンドゥー建築事務所
HOUSING DESIGN & RENOVATION
ホーム
理念・考え方
施工事例
ギャラリー
会社概要
お問い合わせ・資料請求
900px以上スクロールしたときにヘッダーが表示されることを確認
難題もぜひ私たちにご相談ください。難しい注文ほどやりがいを感じる
スタッフが、あなたのわがままをお待ちしています。
MORE >

SECTION

03 jQueryを使って要素をふわっと表示する

次に実装するのは、スクロールして要素が画面内に入ったときにふわっと表示する動きです。ちょっとした動きをつけるだけでウェブサイト全体の印象が大きく変わるので、しっかりと仕組みを理解して実装方法を身につけておきましょう。

ここで実装する動きの確認

完成イメージの確認

今回動きをつけるのは「WORKS」エリアです。それぞれの事例のサムネイル画像を初期状態では非表示にしておき、スクロールして画面内に入ったら下からふわっと表示させるエフェクトを作成します。

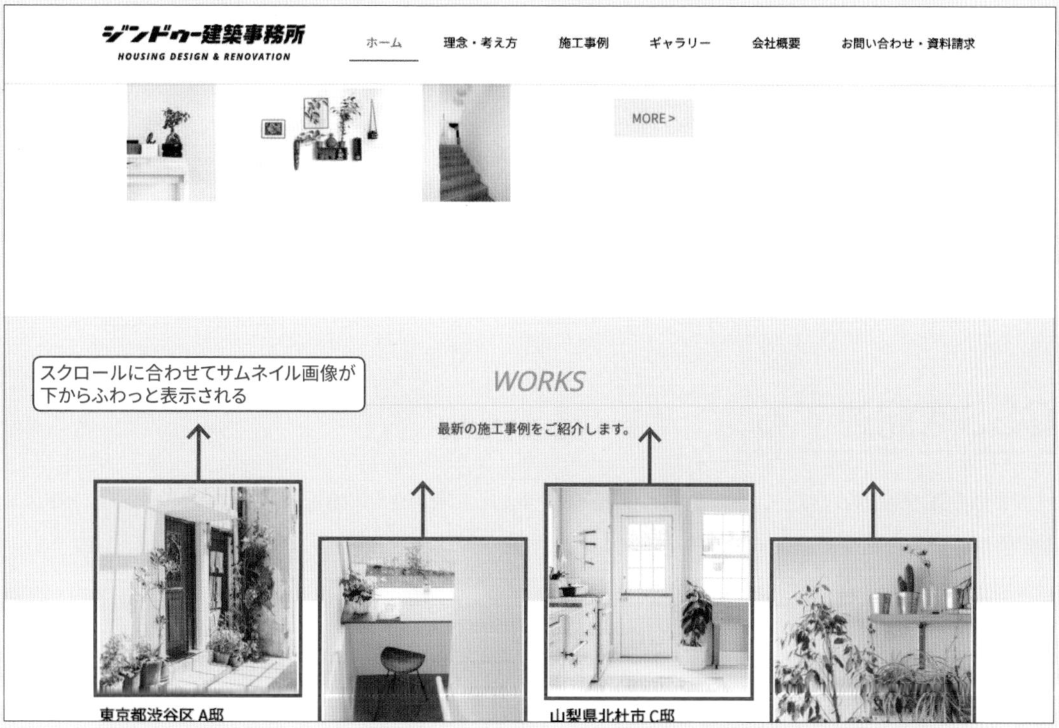

カスタムの仕組み

カスタムの仕組みを解説します。まずは該当する要素に対して、透明度を「0」、表示位置を「20px」下に移動する指定をしておきます。そしてスクロールが所定の位置に来たら、jQueryで透明度を「1」に変更し、表示位置を初期位置に戻す、という処理をします。

これにより、非表示から表示、20px下から上に移動、という動きがつき、ここにトランジションを施すことでふわっと表示したように見えます。

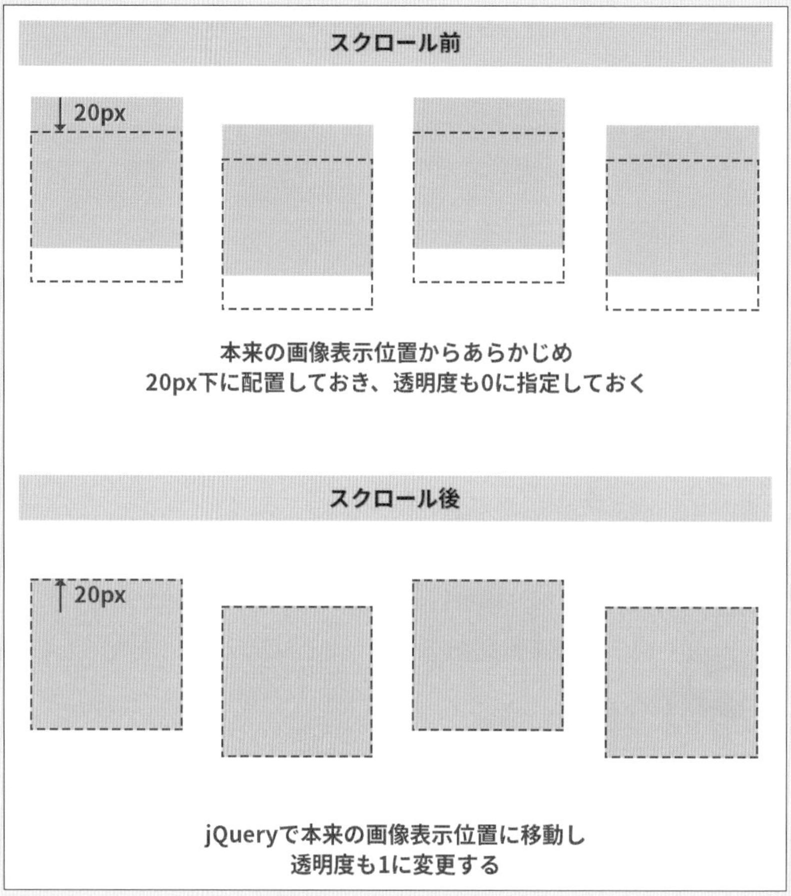

スクロール前
20px
本来の画像表示位置からあらかじめ
20px下に配置しておき、透明度も0に指定しておく
スクロール後
20px
jQueryで本来の画像表示位置に移動し
透明度も1に変更する

CSSを記述する

まずはCSSを記述します。ここでは、CHAPTER3で入力したセレクタに追記する形で進めます。WORKSエリアのimg要素を囲っている「.cc-imagewrapper」というclassに記述を追加します。

1 「ヘッダー編集」から、P.88手順6で記述した右の記述を探してください。

変更前コード[CSS]

```
/* 拡大時のはみ出しを非表示 */
#cc-m-10784879519 .cc-imagewrapper {
  overflow: hidden;
}
```

2 このセレクタに指定を追加します。コメントも追加しておきましょう。

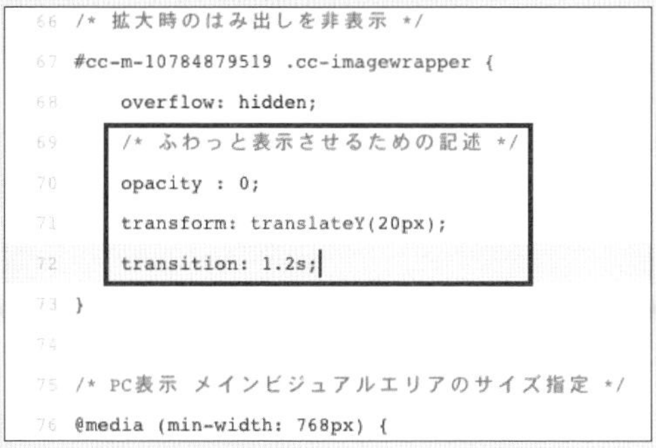

変更後コード［CSS］

```
/* 拡大時のはみ出しを非表示 */
#cc-m-10784879519 .cc-imagewrapper {
  overflow: hidden;
  /* ふわっと表示させるための記述 */
  opacity : 0;
  transform: translateY(20px);
  transition: 1.2s;
}
```

3 閲覧画面で確認します。画像が非表示になっていればOKです。

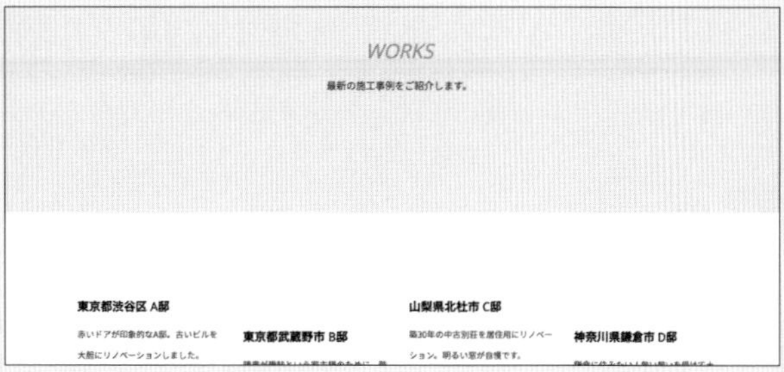

jQueryのコードを記述する

続いてjQueryのコードを入力します。

1 先ほど作成した<script>要素の下に<script>要素を追加し、以下のように記述します。

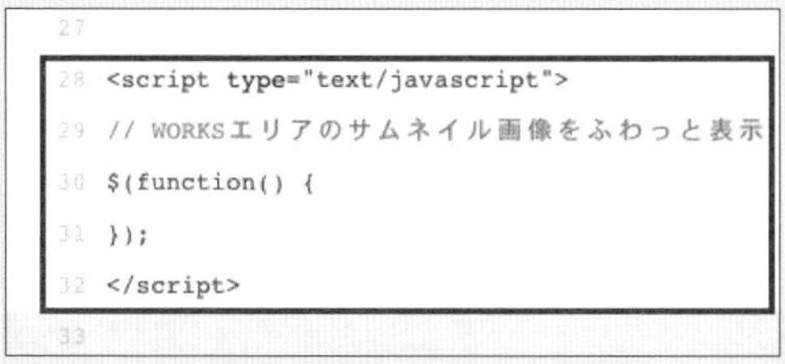

変更後コード［HTML＋JavaScript］

```
<script type="text/javascript">
// WORKSエリアのサムネイル画像をふわっと表示
$(function() {
});
</script>
```

2 jQueryで行いたい処理を記述します。各行の意味はコメントで記載しています。

変更後コード［JavaScript］

```
<script type="text/javascript">
// WORKSエリアのサムネイル画像をふわっと表示
$(function(){
  $(window).scroll(function (){    // ウィンドウがスクロールしたとき
    $('#cc-m-10784879519 .cc-imagewrapper').each(function(){     // 所定の要素に以下の処理をする
      var imageWorks = $(this).offset().top;     // 要素の高さ
      var scroll = $(window).scrollTop();     // スクロール位置（ディスプレイ上端）
```

```
    var windowHeight = $(window).height();    // ウィンドウの高さ
    if (scroll > imageWorks - windowHeight + 200){  // 上記を組み合わせた計算式の値より
    scrollが上回ったら
      $(this).css('opacity','1');    // cssでopacityの値を変更する
      $(this).css('transform','translateY(0)');    // cssでtransformの値を変更する
    }
  });
 });
});
</script>
```

Point

if文の中に「200」という数字で表示させるタイミングを指定しています。この数字はディスプレイの下端からの距離を表すため、この数値を変更すると表示させるタイミングを変えることができます。

3 閲覧画面で確認してみましょう。スクロールしていったときに4枚の画像がふわっと表示されれば完成です。

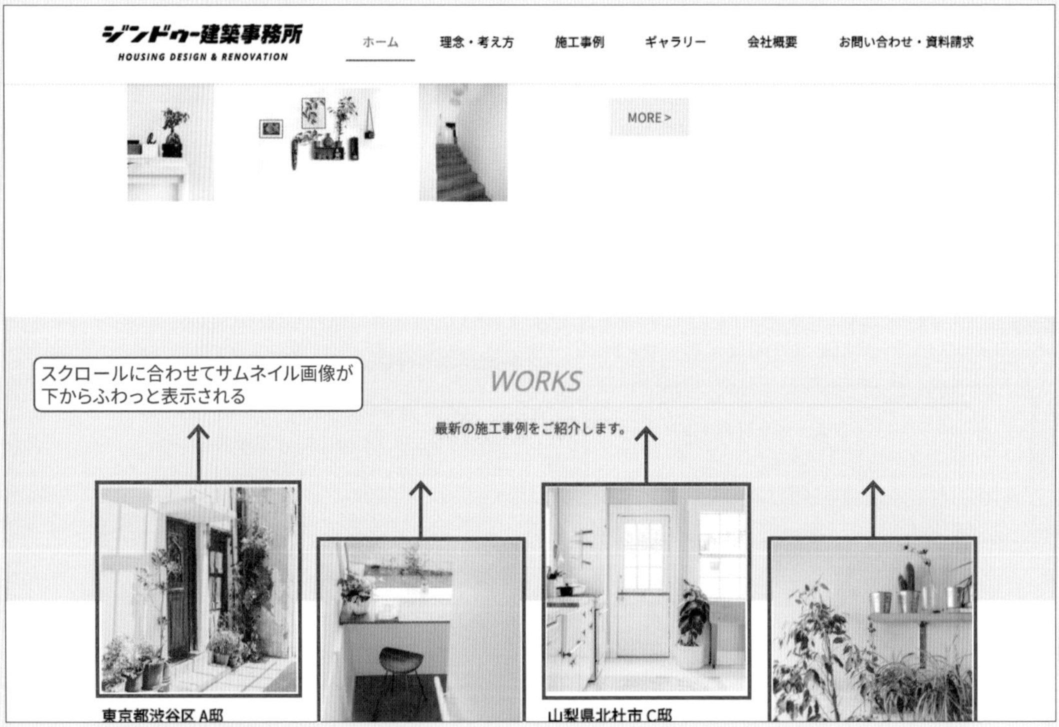

これでjQueryを使ったカスタマイズは完成です。このように、jQueryを使えば、ジンドゥークリエイターの生成するHTMLの構造に変化を加えたり、要素に動きをつけることができるため、カスタマイズの自由度が高まったことが実感できるはずです。アイデア次第ではさらに凝ったカスタマイズもできますので、ぜひいろいろと試してみてください。

CHAPTER 05

スマートフォン表示の最適化

この章では、ここまでに作成したウェブサイトをスマートフォン表示に最適化する手法を紹介します。ジンドゥークリエイター特有の仕様や振る舞いを確認しながら、スマートフォンでも見やすいウェブサイトに仕上げる方法を身につけましょう。

SECTION

01 ジンドゥークリエイターの仕様を確認する

カスタマイズをするうえで、ジンドゥークリエイターがどのような仕組みでスマートフォン表示を生成しているかを知っておく必要があります。ここではまず、スマートフォン表示の主な仕様や、戸惑いやすいポイントをいくつか紹介します。

標準レイアウトはすべてレスポンシブデザイン

スマートフォン表示は自動で生成される

ジンドゥークリエイターの標準レイアウトは、すべてレスポンシブデザインとなっているため、基本的には特に何もしなくてもスマートフォンに最適化された状態で表示されます。ただ、この表示は自動で生成されるため、デザインがイメージに合わなかったり、バランスが崩れてしまっていることがあります。

また、PC表示の際に施したCSSカスタマイズによって表示が崩れていることもあります。ウェブサイトの制作はPCで行うというデザイナーの方は多いと思いますが、必ずスマートフォンでも表示を確認し、意図しない表示になっている箇所がないかを確認しましょう。

▼Before

追加したCSSによってスマートフォンでの表示が崩れることがある

完成イメージの確認

実際のカスタマイズに入る前に、まずはスマートフォン表示での完成図を確認します。先に掲載した図は、ここまでで作成したウェブサイトをそのままスマートフォンで表示したものです。「Before」の状態では、メインビジュアルをはじめ、さまざまな箇所の表示が崩れていますが、これを「After」の状態になるよう調整するのがこの章のゴールです。

▼After

自動生成時の仕様を確認する

カラムは縦に並んで表示される

ここからは主な仕様を見ていきましょう。まずは「カラム」の表示です。カラムはPC表示においてはコンテンツエリアを横に分割するための機能ですが、スマートフォンでは左のカラムから順に縦に並んで表示されます。

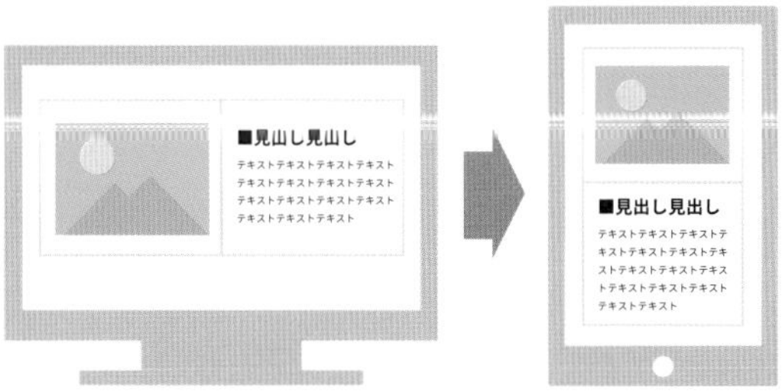

PC 表示　　スマートフォン表示

余白はすべて同じサイズにリサイズされる

戸惑いやすい仕様の代表例として「余白」コンテンツがあります。余白はPC表示時には5pxや100pxなど任意の値の余白を挿入できますが、スマートフォン表示では一律30pxにリサイズされます。そのため、「ここに100pxの余白を入れたはずなのに反映されていない！」ということが起こります。これはエラーではなくジンドゥークリエイターの仕様となりますので注意してください。

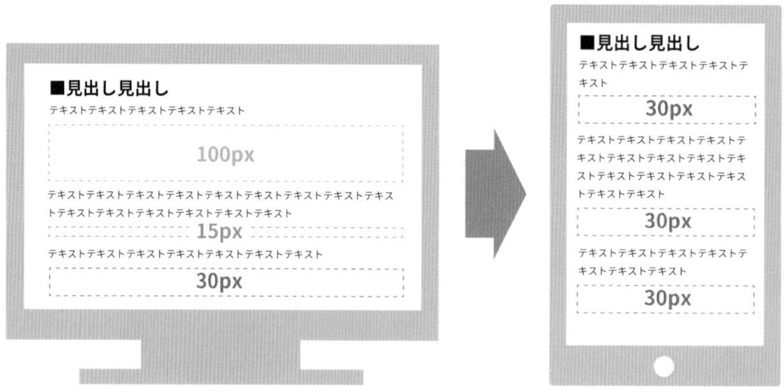

Point

スマートフォン表示において、余白が一律の値になってしまう仕様は、はじめてジンドゥークリエイターを使用するときには非常に戸惑うポイントです。デザイナーにとって余白は重要な要素なので、自分でコントロールしたいからです。

しかし、ジンドゥーというサービスは元々「ウェブの専門家でなくてもウェブサイトを作れる」というのがコアなコンセプトであり、専門家でない人にとっては余白のコントロールは難しいものです。特にPCに比べて小さな画面で閲覧するスマートフォンで、仮に数百pxもの余白を入れてしまったら、画面は真っ白になってしまいます。そういった事態を防ぐという意味において、この仕様は概ねうまく機能しています。専門家の方はCSSを活用して、この仕様とうまく付き合っていきましょう。

カラム内の画像のサイズに注意

次に注意したいのがカラム内の画像のサイズです。カラムを使用してコンテンツエリアを分割した際、カラム内にアップロードした画像は、その列の幅を最大値としてそれ以上大きくならない、という仕様があります。

たとえば、TOKYOレイアウトのPC表示時のコンテンツエリア幅は1000pxなので、これを4分割すると1つのカラムの幅は250pxになります（各カラムにpaddingなどが設定されるため、厳密にはもう少し小さくなります）。このカラムに配置した画像は、PC表示時には当然250pxで表示されますが、これをスマートフォンで表示したときにも、同じく250pxで表示されます。

Point

先にカラム外にアップロードした画像をドラッグ&ドロップでカラム内に移動した場合は、スマートフォン表示での横幅の制限はかかりません。

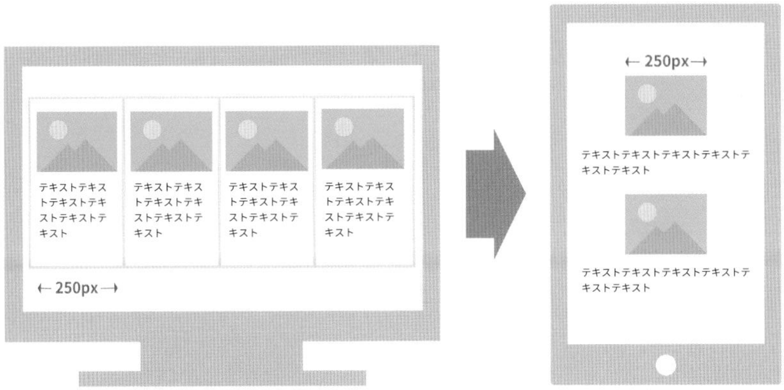

PC 表示　　スマートフォン表示

先述のように、スマートフォン表示ではカラムは縦に並びますので、カラムの幅は300px以上となることがほとんどです。たとえば画像を画面の幅いっぱいに表示したい場合、画像が小さくて幅が足りないということになりますので、その際にはCSSでの調整が必要です。

ボタンは左右中央の区別なく全幅で表示される

ボタンの表示にも特徴があります。PC表示ではボタンの表示位置を左、右、中央の3つから選択できますが、スマートフォン表示ではすべて全幅で表示されます。これは、マウスで操作するPCと違い、指でタップするスマートフォンにおいて、タップできる領域を大きくするための配慮です。ボタンの揃えや大きさなどにこだわりがある場合は、CSSで調整します。

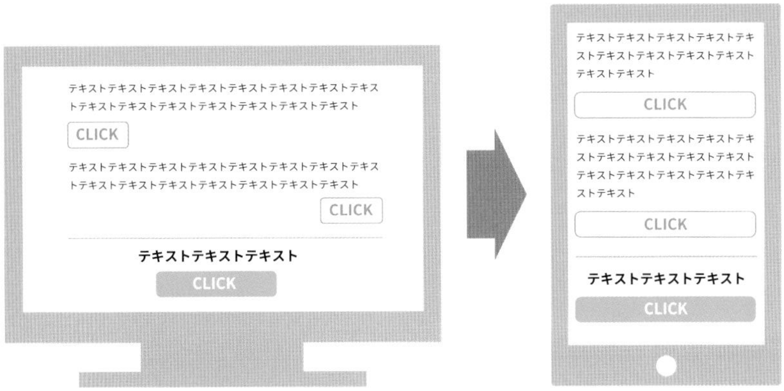

PC 表示　　スマートフォン表示

SECTION

02 CSSでスマートフォン表示を整える

仕組みがある程度理解できたら、ここからはコードを書きながら表示を整えていきます。前節で紹介した仕様や振る舞いを思い出しながら、実際のウェブサイトでどのように対策するのか、しっかりと覚えていきましょう。

制作の下準備

デベロッパーツールをスマートフォン表示に

表示の確認には、実際のスマートフォンを使用してもかまいませんが、作業の効率化のためにデベロッパーツール上でのスマートフォン表示機能を活用するとよいでしょう。

閲覧画面を開いた状態で、デベロッパーツールの表示をスマートフォン表示にしておきます。

メインビジュアルを成形する

jQueryで追加した要素を非表示にする

それでは、上から順番に成形していきます。まず、メインビジュアル上に重なって表示されているロゴとメニュー（ここではファーストビューメニューと呼びます）です。これは、CHAPTER4でjQueryを使ってメインビジュアル上に配置したコンテンツですが、スマートフォンのデザインには不要なので、displayプロパティを使用して非表示にしましょう。

1 P.107の手順1～4で入力した「ファーストビューメニューの指定」の箇所に、スマートフォン表示のみに適用する記述を入力するため、メディアクエリを入力します。

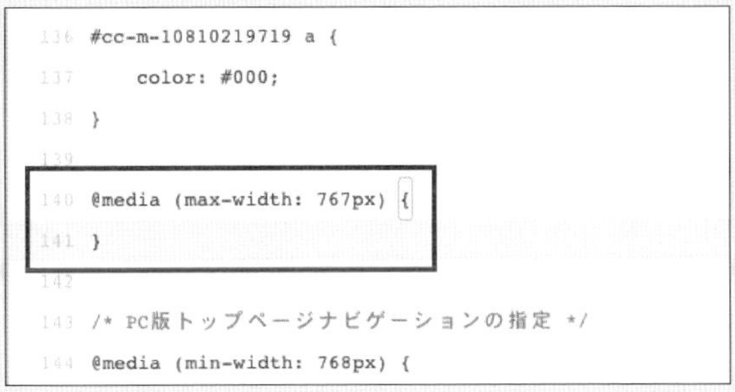

```
#cc-m-10810219719 a {
    color: #000;
}

@media (max-width: 767px) {
}

/* PC版トップページナビゲーションの指定 */
@media (min-width: 768px) {
```

変更後コード［CSS］

```
/* ファーストビューメニューの指定 */
#cc-m-10810219719 {
    …
}

#cc-m-10810219719 a {
  color: #000;
}

@media (max-width: 767px) {
}
```

2 ファーストビューメニューそのものを非表示としたいので、displayプロパティで右のように入力します。

変更後コード［CSS］

```
/* ファーストビューメニューの指定 */
#cc-m-10810219719 {
    …
}

#cc-m-10810219719 a {
  color: #000;
}

@media (max-width: 767px) {
  #cc-m-10810219719 {
    display: none;
  }
}
```

3 閲覧画面でファーストビューメニューが非表示となったことを確認します。

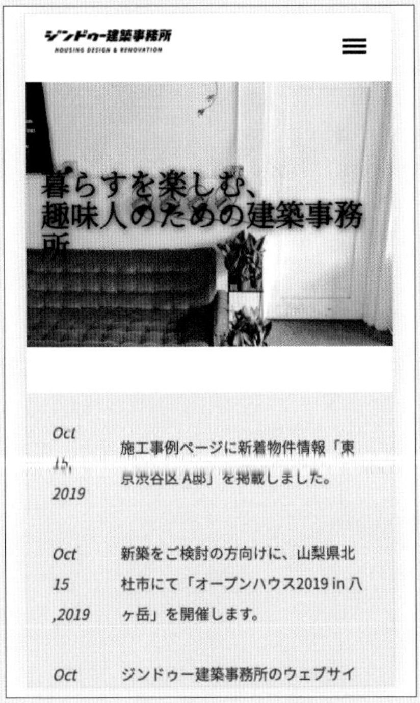
ジンドゥー建築事務所
HOUSING DESIGN & RENOVATION
暮らすを楽しむ、
趣味人のための建築事務所
Oct 15, 2019
施工事例ページに新着物件情報「東京渋谷区A邸」を掲載しました。
Oct 15 ,2019
新築をご検討の方向けに、山梨県北杜市にて「オープンハウス2019 in 八ヶ岳」を開催します。
Oct
ジンドゥー建築事務所のウェブサイ

メインビジュアルのサイズを調整する

次にメインビジュアルのサイズを調整します。

1 「PC表示 メインビジュアルエリアのサイズ指定」の箇所のコメントを、「メインビジュアルエリアのサイズ指定」などに書き換え、メディアクエリの手前に同じセレクタを入力します。

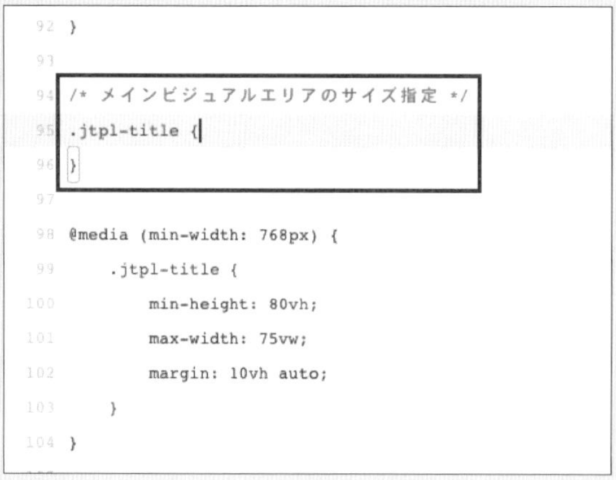

変更後コード[CSS]

```css
/* メインビジュアルエリアのサイズ指定 */
.jtpl-title {
}

@media (min-width: 768px) {
  .jtpl-title {
    min-height: 80vh;
    max-width: 75vw;
    margin: 10vh auto;
  }
}
```

2 右の値を設定します。細かい部分のサイズはお好みで調整してください。

Point

CHAPTER3でも解説したとおり、本来はスマートフォン表示時の記述からはじめたほうが、レイアウト側のCSSとの整合性が高く競合も起こりにくいです。ここでは学習用にPC表示用のスタイルを先に記述したため、やや変則的な記述順になっています。

変更後コード[CSS]

```css
/* メインビジュアルエリアのサイズ指定 */
.jtpl-title {
  min-height: 70vh;
  max-width: 80vw;
  margin: 10vh auto 4vh;
}

@media (min-width: 768px) {
  .jtpl-title {
    min-height: 80vh;
    max-width: 75vw;
    margin: 10vh auto;
  }
}
```

3 閲覧画面で表示を確認し、画像の周りに余白が表示されていればOKです。

ホームページタイトルの表示を整える

続いてホームページタイトルの表示を整えます。PC版と同じように、シャドウを削除し、縦書きに変更します。

1 「ホームページタイトルの指定」の箇所を確認するとメディアクエリが記述してあり、PC表示のみに適用されるようになっています。これはCHAPTER3でCSSカスタマイズを行った際に、デベロッパーツールで取得したセレクタです。しかし、スマートフォン表示でも同じ位置に同じデザインで表示させたいので、このメディアクエリは不要です。削除しましょう。

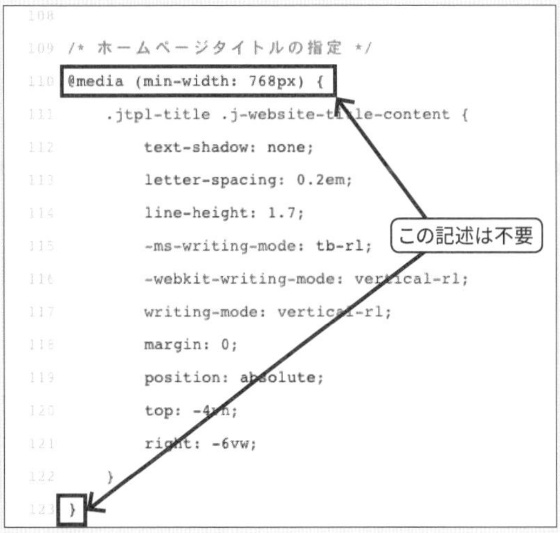

変更後コード[CSS]

```
/* ホームページタイトルの指定 */
.jtpl-title .j-website-title-content {
  text-shadow: none;
  letter-spacing: 0.2em;
  line-height: 1.7;
  -ms-writing-mode: tb-rl;
  -webkit-writing-mode: vertical-rl;
  writing-mode: vertical-rl;
  margin: 0;
  position: absolute;
  top: -4vh;
  right: -6vw;
}
```

2 閲覧画面でホームページタイトルが縦書きで表示されていることを確認します。

3 フォントサイズが大きいので調整します。デベロッパーツールでどの指定が適用されているかを確認すると、スマートフォン表示のみ「30px」の指定が!importantで記述されています。

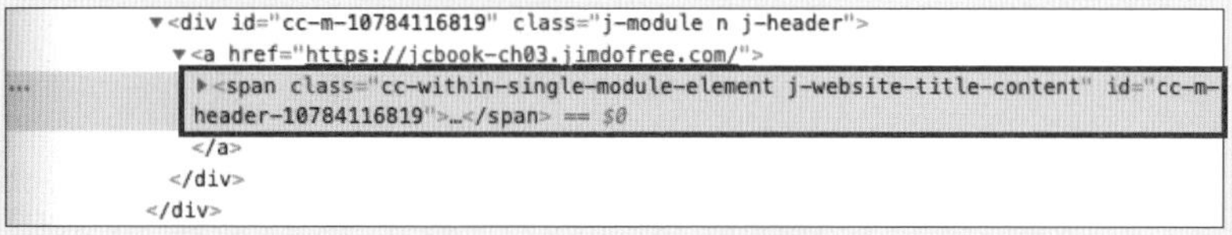

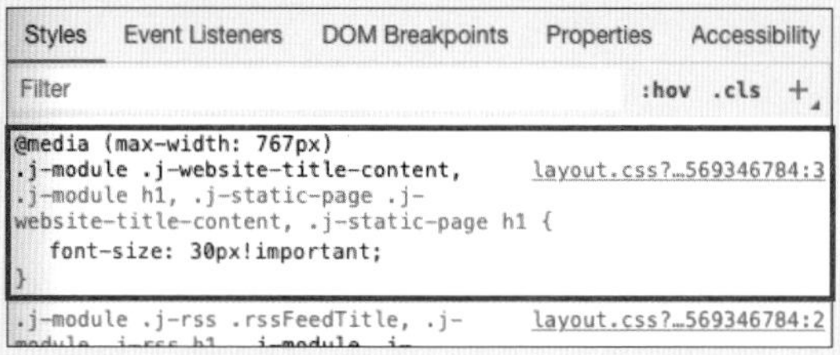

4 このフォントサイズの指定を上書きするため、右のように入力します。

変更後コード［CSS］

```css
/* ホームページタイトルの指定 */
.jtpl-title .j-website-title-content {
...
}

@media (max-width: 767px) {
  .j-module .j-website-title-content {
    font-size: 24px !important;
  }
}
```

5 保存したら閲覧画面で確認します。フォントサイズが小さく調整できていればOKです。

COLUMN **完成されたCSSに書き足す難しさ**

CSSに習熟した方であれば、メディアクエリをつけたり消したりと、行きあたりばったりのコードを記述しているように感じるでしょう。これは実際そのとおりで、標準レイアウトはそれ単体で完結しており、その完成されたCSSからidやクラスを拾い出して上書きをしていくため、どうしてもこのようにパッチを当てるようなコードになります。

これは、CSSを一(いち)から設計できない標準レイアウトカスタマイズの最大の弱点といえますが、慣れれば最低限のコードだけでウェブサイトを完成させることができます。もっとわかりやすくCSSを自分で設計したいという方は、このあとの章から解説する「独自レイアウト」での制作をお勧めします。

お知らせエリアを成形する

td要素の表示方法を調整する

続いてお知らせエリアの表示を調整します。そのままでも見られなくはないですが、年月日が縦に並んでいるなど、あまり美しい見た目ではありません。tableのtd要素の表示方法を調整して、見やすく成形しましょう。

Oct
15,
2019
施工事例ページに新着物件情報「東京渋谷区A邸」を掲載しました。
Oct
15
,2019
新築をご検討の方向けに、山梨県北杜市にて「オープンハウス2019 in 八ヶ岳」を開催します。
Oct
15
,2019
ジンドゥー建築事務所のウェブサイトをリニューアルしました。制作にはジンドゥーを使用しています。

1 「新着情報エリアの指定」の箇所に、メディアクエリを入力し「#cc-m-10784347519 table td」をセレクタとして入力します。

変更後コード[CSS]

```
/* 新着情報エリアの指定 */
#cc-m-10784347519  {
  background-color: #f2efec;
  margin: 0 -100%;
  padding: 10px 100%;
}

@media (max-width: 767px) {
  #cc-m-10784347519 table td {
  }
}
```

2 displayプロパティでblockを指定します。これでtd要素が縦並びになります。

変更後コード[CSS]

```
/* 新着情報エリアの指定 */
#cc-m-10784347519  {
  background-color: #f2efec;
  margin: 0 -100%;
  padding: 10px 100%;
}

@media (max-width: 767px) {
  #cc-m-10784347519 table td {
    display: block;
  }
}
```

3 さらに、1つ目のtd要素に対してのみ点線で下線を入れます。右のように記述します。

変更後コード[CSS]

```
/* 新着情報エリアの指定 */
#cc-m-10784347519  {
  background-color: #f2efec;
  margin: 0 -100%;
  padding: 10px 100%;
}

@media (max-width: 767px) {
  #cc-m-10784347519 table td {
    display: block;
  }
  #cc-m-10784347519 table td:first-child {
    padding-bottom: 8px;
    border-bottom: 1px dashed #ccc;
  }
}
```

4 閲覧画面で確認します。以下のような表示になっていればOKです。

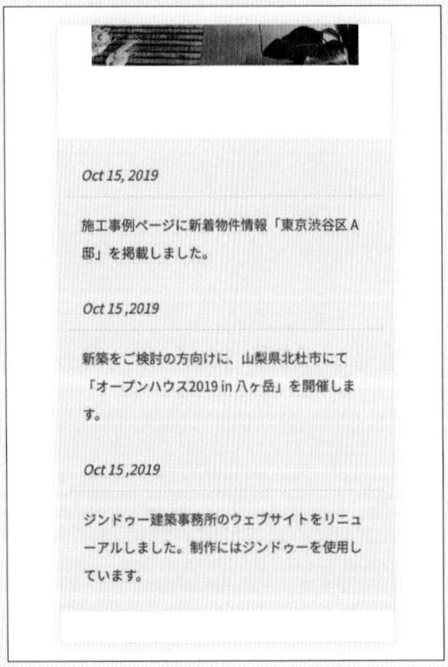
Oct 15, 2019
施工事例ページに新着物件情報「東京渋谷区A邸」を掲載しました。
Oct 15,2019
新築をご検討の方向けに、山梨県北杜市にて「オープンハウス2019 in 八ヶ岳」を開催します。
Oct 15,2019
ジンドゥー建築事務所のウェブサイトをリニューアルしました。制作にはジンドゥーを使用しています。

CONCEPTエリアを成形する

左のカラムを下に表示する

次は、CONCEPTエリアを成形します。スマートフォン表示では、カラムは左から順に縦に並んで表示されるため、「見出し・テキスト・ボタン」→「画像」の順に表示されています。これを「画像」→「見出し・テキスト・ボタン」の順番に変更しましょう。

CONCEPT
ジンドゥー建築事務所は、「湖畔を望む家に住みたい」「朽ち果てた山奥の小屋を再生したい」など、あなたのわがままを叶える建築事務所です。
大手ハウスメーカーや工務店では検討すらしてもらえない、そんな無理難題もぜひ私たちにご相談ください。難しい注文ほどやりがいを感じるスタッフが、あなたのわがままをお待ちしています。
MORE >

flexboxで並び順を変更する

こういったときにはflexboxを使用するのが便利です。ジンドゥークリエイターのカラムはfloatで実装されていますが、これをflexboxに変更すれば、内包する要素の並び順の変更などにも柔軟に対応することができます。

1 デベロッパーツールで、CONCEPTエリアを包んでいるカラムのidを取得します。どのdivかわからない、という方はdivに付与されている「.j-hgrid」というクラスを目印にすると探しやすいでしょう。

```
▶<div id="cc-m-10784347519" class="j-module n j-table ">…</div>
▶<div id="cc-m-10784351219" class="j-module n j-spacing ">…</div>
▼<div id="cc-m-10784352719" class="j-module n j-hgrid "> == $0
  ▼<div class="cc-m-hgrid-column" style="width: 49%;">
    ▼<div id="cc-matrix-2988535019">
```

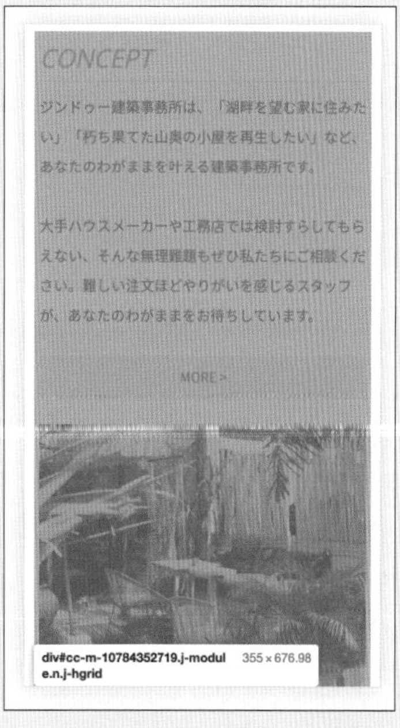
CONCEPT
ジンドゥー建築事務所は、「湖畔を望む家に住みたい」「朽ち果てた山奥の小屋を再生したい」など、あなたのわがままを叶える建築事務所です。
大手ハウスメーカーや工務店では検討すらしてもらえない、そんな無理難題もぜひ私たちにご相談ください。難しい注文ほどやりがいを感じるスタッフが、あなたのわがままをお待ちしています。
MORE >
div#cc-m-10784352719.j-module.n.j-hgrid 355 × 676.98

2 idが取得できたら「ヘッダー編集」にCSSを入力します。この指定はスマートフォン表示のみに適用したいので、メディアクエリに続けてセレクタを入力します。コメントも忘れずに記載しておきましょう。

```
/* CONCEPTエリアの表示順を変更 */
@media (max-width: 767px) {
    #cc-m-10784352719 {
    }
}

/*]]>*/
</style>
```

変更後コード[CSS]

```
/* CONCEPTエリアの表示順を変更 */
@media (max-width: 767px) {
  #cc-m-10784352719 {
  }
}
```

3 displayプロパティでflexを指定し、並び順を「column-reverse」にします。これで、縦方向に逆順で表示されます。

変更後コード[CSS]

```
/* CONCEPTエリアの表示順を変更 */
@media (max-width: 767px) {
  #cc-m-10784352719 {
    display: flex;
    flex-direction: column-reverse;
  }
}
```

4 閲覧画面で確認します。画像が上に表示されていればOKです。

GALLERYエリアを成形する

画像ギャラリーの表示を調整する

続いてGALLERYエリアの表示を整えます。このままでも見られなくはないですが、「フォトギャラリー」の仕様で、各画像はfloatで左詰めに表示されています。端末のサイズによっては右側に大きな余白が空いてしまうことがあるので、ここでもflexboxを使用して表示位置を整えます。

1 ギャラリーを包んでいるdiv要素のidを取得します。目印は「.cc-m-gallery-container」というクラスです。このクラスがついているdiv要素のidを取得しましょう。「#cc-m-gallery-○○○」というidです。

```
▼<div id="cc-matrix-2988644219">
  ▼<div id="cc-m-10784628119" class="j-module n j-gallery ">
    ▶<div class="cc-m-gallery-container ccgalerie clearover" id="cc-m-gallery-10784628119">…</div>
      ::after
    </div>
```

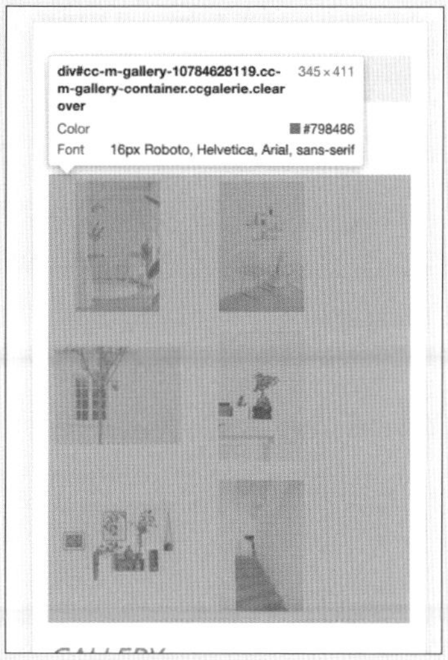

2 メディアクエリを記述し、取得したidを入力します。

```
/* GALLERYエリアの画像表示を調整 */
@media (max-width: 767px) {
    #cc-m-gallery-10784628119 {
    }
}
```

変更後コード[CSS]

```
/* GALLERYエリアの画像表示を調整 */
@media (max-width: 767px) {
  #cc-m-gallery-10784628119 {
  }
}
```

3 displayプロパティでflexを指定し、justify-contentとflex-wrapを右のように指定します。

変更後コード[CSS]

```
/* GALLERYエリアの画像表示を調整 */
@media (max-width: 767px) {
  #cc-m-gallery-10784628119 {
    display: flex;
    justify-content: space-around;
    flex-wrap: wrap;
  }
}
```

4 これで端末のサイズを問わず、左右の余白が均等に表示されます。

MORE >
GALLERY
私たちがこれまでにお手伝いした住宅の写真を掲載
してします。家にいながらにして光と風を感じられ

WORKSエリアを成形する

見出し下部の余白を小さくする

最後にWORKSエリアの成形です。まず、見出しと画像の間に空いている余白を小さくします。PC表示では5pxの余白を入れましたが、スマートフォン表示では一律30pxで表示されてしまうため、想定よりも大きく余白が空いてしまっています。これを調整します。

WORKS
最新の施工事例をご紹介します。
この余白を小さくする
東京都渋谷区 A邸
赤いドアが印象的なA邸。古いビルを大胆にリノベーションしました。
Detail >

1 「ヘッダー編集」の「4つの事例を上に移動」の箇所に、メディアクエリを入力します。

変更後コード[CSS]

```
/* 4つの事例を上に移動 */
#cc-m-10784879519 {
  margin-top: -130px;
}

@media (max-width: 767px) {
  #cc-m-10784879519 {
  }
}
```

2 margin-topの値を入力します。値はバランスを見ながら適宜、調整してください。ここでは「-170px」とします。

変更後コード[CSS]

```
/* 4つの事例を上に移動 */
#cc-m-10784879519 {
  margin-top: -130px;
}

@media (max-width: 767px) {
  #cc-m-10784879519 {
    margin-top: -170px;
  }
}
```

3 余白が小さくなりました。

WORKS
最新の施工事例をご紹介します。
東京都渋谷区 A邸
赤いドアが印象的なA邸。古いビルを大胆にリノベーションしました。
Detail >

Point

ブラウザをリロードすると、jQueryの影響で画像が非表示になってしまうことがあります。少しスクロールすれば表示されるので、画像が消えてしまった！ という場合はスクロールしてください。

画像のサイズを調整する

次にサムネイル画像のサイズを調整します。カラム内の画像は、PC表示時のカラムの幅に合わせて幅が設定されるため、スマートフォンでの表示領域に対して小さく表示されてしまっています。これを幅いっぱいに拡大しましょう。

WORKS
最新の施工事例をご紹介します。
画像の幅を広げる
東京都渋谷区 A邸
赤いドアが印象的なA邸。古いビルを大胆にリノベーションしました。
Detail >

1 「ヘッダー編集」のサムネイル画像に関する記述のあとに、img要素をセレクタにしてメディアクエリと合わせて入力します。

変更後コード［CSS］

```
/* 拡大時のはみ出しを非表示 */
#cc-m-10784879519 .cc-imagewrapper {
  overflow: hidden;
  /* ふわっと表示させるための記述 */
  opacity : 0;
  transform: translateY(20px);
  transition: 1.2s;
}

/* スマートフォン表示時に画像の幅を拡大 */
@media (max-width: 767px) {
  #cc-m-10784879519 .cc-imagewrapper img {
  }
}
```

2 このセレクタにwidth: 100%を指定します。

変更後コード[CSS]

```
/* スマートフォン表示時に画像の幅を拡大 */
@media (max-width: 767px) {
  #cc-m-10784879519 .cc-imagewrapper img {
    width: 100%;
  }
}
```

3 これでサムネイル画像が幅いっぱいに拡大されました。

WORKS
最新の施工事例をご紹介します。
東京都渋谷区 A邸
赤いドアが印象的なA邸。古いビルを大胆にリノベーションしました。

ボタンのデザインを整える

ここまで来ればあともう一歩です。最後にボタンのデザインを整えましょう。各事例へリンクするボタンは、PC表示時にはカラムの右下に表示していましたが、スマートフォン表示では中央に表示されます。枠なしのデザインとしたため、表示領域が小さく、タップできることがわかりにくいです。これを調整しましょう。

東京都渋谷区 A邸
赤いドアが印象的なA邸。古いビルを大胆にリノベーションしました。
Detail >
タップできることがわかりにくい

1 ボタンの表示を指定しているセレクタをデベロッパーツールで探します。a要素に付与されているクラス「.j-calltoaction-link-style-2」をセレクタとして、スタイルが指定されていました。「Styles」パネルからこのセレクタをまるごとコピーします。

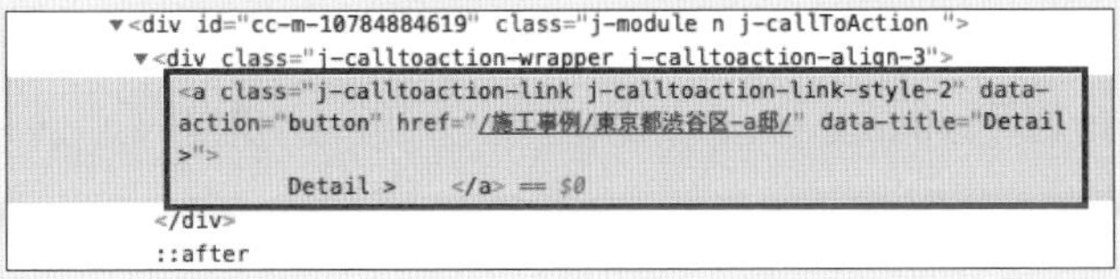

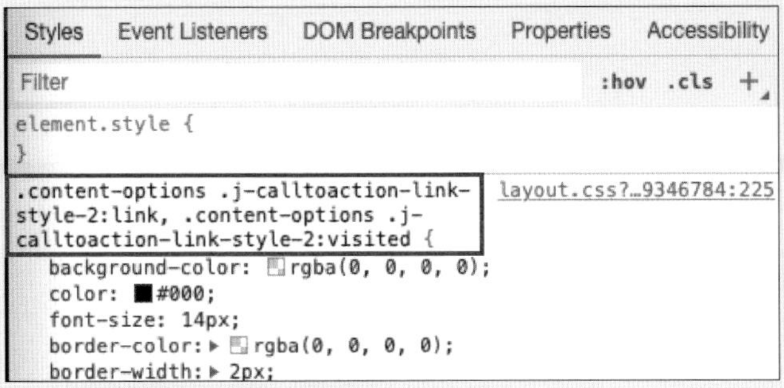

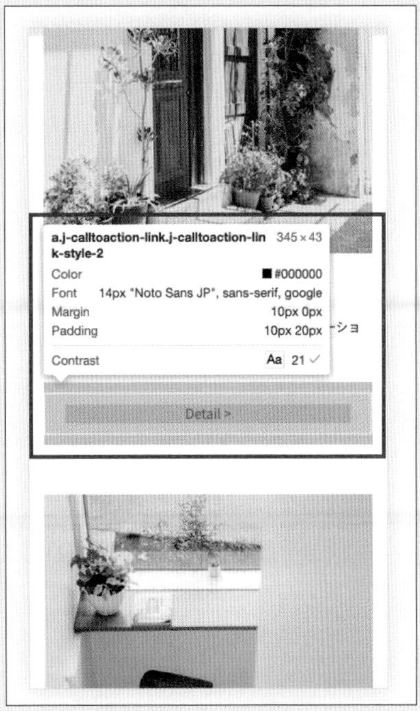

2 メディアクエリを入力し、コピーしたセレクタを「ヘッダー編集」にペーストします。

変更後コード[CSS]

```
/* スマートフォン表示時に画像の幅を拡大 */
@media (max-width: 767px) {
  #cc-m-10784879519 .cc-imagewrapper img {
    width: 100%;
  }
}

/* スマートフォン表示時のボタンのスタイルを指定 */
@media (max-width: 767px) {
  .content-options .j-calltoaction-link-style-2:link, .content-options .
  j-calltoaction-link-style-2:visited {
  }
}
```

3 任意の値でボーダーを設定します。ここでは「1px solid #333」とします。

変更後コード[CSS]

```
/* スマートフォン表示時に画像の幅を拡大 */
@media (max-width: 767px) {
  #cc-m-10784879519 .cc-imagewrapper img {
    width: 100%;
  }
}
```

```
/* スマートフォン表示時のボタンのスタイルを指定 */
@media (max-width: 767px) {
  .content-options .j-calltoaction-link-style-2:link, .content-options .
j-calltoaction-link-style-2:visited {
    border: 1px solid #333;
  }
}
```

4 閲覧画面で確認し、ボタンに枠線がついていればOKです。

東京都渋谷区 A邸
赤いドアが印象的なA邸。古いビルを大胆にリノベーションしました。
Detail >

これでスマートフォンへの最適化が完了し、標準レイアウトのカスタマイズは完成です。

ここで紹介した手法はごく基本的なものばかりで、これらはカスタマイズの入り口にすぎません。アイデア次第でまだまだいろいろな表現が可能です。また、これらをうまく活用することで、制作にかかる工数を大幅に削減することができるので、ウェブの本質である「コンテンツの作成」により多くの時間をかけることができます。

「ジンドゥークリエイター＝簡易的なウェブサイトを作るもの」ではなく、こんなに本格的なウェブサイトが作れるんだ！ という可能性を感じていただけたら嬉しく思います。ぜひ、本書をきっかけにジンドゥークリエイターのカスタマイズを身につけ、簡単で自由なウェブサイト制作を楽しんでください。皆さまの素敵なジンドゥーサイトに出会えることを楽しみにしております。

CHAPTER 06

独自レイアウトの基礎知識

この章では、ジンドゥークリエイターのもうひとつのテンプレートである「独自レイアウト」について解説していきます。これから独自レイアウトをはじめるにあたって、まずは基本的な考え方や仕組みからしっかりと理解していきましょう。

SECTION

01 独自レイアウトとは

ジンドゥークリエイターには、あらかじめ用意されたテンプレートから選ぶ「標準レイアウト」と、独自にオリジナルのテンプレートを作成できる「独自レイアウト」の2つがあります。標準レイアウトと独自レイアウトは、それぞれ別な構造と仕組みを持つテンプレートです。

独自レイアウトと標準レイアウトの違い

独自レイアウトでの制作に入る前に、まずは独自レイアウトが、標準レイアウトとどのように違うのかを理解していきましょう。双方を使ってみると、標準レイアウトでできることが独自レイアウトではできなかったり、またその逆もあることに気がつきます。

基本的に、独自レイアウトの編集画面に記述されたコードは、独自レイアウトでのみ機能します。また、独自レイアウトでアップロードされたファイルについても、この章で後述する「絶対URLによるファイル指定」の場合を除き、標準レイアウトに影響を与えることはありません。

▼機能面で比較した標準レイアウトと独自レイアウトの違い

項目	標準レイアウト	独自レイアウト
ロゴ、ホームページタイトル	・選ぶレイアウトによって配置場所や表示が限定される ・スタイルは［スタイル］機能で手軽に調整できる	・HTMLとCSSで自由な場所に配置できる ・スタイルはHTMLとCSSで設定する
ナビゲーション	・選ぶレイアウトによって配置場所、配置数、展開方式が限定される ・スタイルは［スタイル］機能で手軽に調整できる	・HTMLとCSSで自由な場所に複数配置できる ・展開方式やスタイルはHTML、CSS、JavaScriptなどで設定する
メインコンテンツエリア、サイドバー	・選ぶレイアウトによってカラムレイアウトや表示幅が限定される	・HTMLとCSSでカラムレイアウトや表示幅を設定できる ・スタイルはHTMLとCSSで設定する
フォント、リンク色、水平線	・スタイルは［スタイル］機能で手軽に調整できる	・スタイルは［フォント設定］機能、あるいはCSSで設定する
ボタン	・スタイルは［スタイル］機能で手軽に調整できる	・スタイルはCSSで設定する
背景	・［背景］機能で手軽に変更できる	・［背景］機能、あるいはCSSで設定する
スマートフォン表示	・すべてのレイアウトがレスポンシブウェブデザインに対応している	・パソコン版表示とスマートフォン表示がある ・コーディングでレスポンシブウェブデザインに対応可能
新規ページ作成時のメインコンテンツエリア	・［コンテンツを追加］機能でコンテンツの追加ができる ・定形ページが利用できる	・［コンテンツを追加］機能でのコンテンツの追加のみ可能
HTML・CSS・JavaScript	・［ヘッダー編集］やコンテンツの［ウィジェット／HTML］のエディタに記述できる	・［ヘッダー編集］やコンテンツの［ウィジェット／HTML］のエディタに記述できる ・専用の［HTML］［CSS］のエディタがある ・ファイルアップロードができる

COLUMN 独自レイアウトと標準レイアウトの関係性

独自レイアウトを使うことは、標準レイアウトとは別にオリジナルのテンプレートを作るということです。2019年12月現在、標準レイアウトには40種類のテンプレートがありますが、いうなれば独自レイアウトは、41個目のレイアウトを自分で作成することです。

作成された独自レイアウトは、上書きで変更されない限りその内容を失うことはなく、ジンドゥークリエイターの［管理メニュー］内にオリジナルのテンプレートとして保管され続けます。独自レイアウトを作成したあとでも標準レイアウトを選び直すことができますし、保管済みの独自レイアウトに戻すことも、また可能です。

ただし、同一のウェブサイト内において、保管できる独自レイアウトは一つだけの仕様になっています。

独自レイアウトを選ぶメリット

これまでの章で解説したように、標準レイアウトであっても、さまざまなカスタマイズによってデザイン性を高めることができます。では、独自レイアウトを選ぶメリットは、一体どこにあるのでしょうか？　それをひとことで言うならば、「自由度の高さ」になります。

独自レイアウトは、標準レイアウトとは違って、白紙の状態に近いテンプレートです。HTMLやCSSによって、枠組みやパーツなどを細部にわたって一から組み上げることができるため、文字どおり「独自」のテンプレートを作成することが可能になります。このことは、独自レイアウトで制作することの大きなメリットと言えます。

一方で、標準レイアウトの場合には、ロゴやナビゲーション、メインビジュアルなどの配置場所が、各レイアウトのHTMLによって決まっています。そのため、ある程度レイアウト側に合わせたデザインを考慮する必要があります。言い方を変えると、標準レイアウトではそのレイアウトで実現できるデザインを考え、作成するということになります。もしあなたが標準レイアウトでさまざまなバリエーションのデザインを作ろうとしたときには、それぞれのテンプレートの特徴をあらかじめ知っておく必要性を、きっと感じるはずです。

制作者の肌感覚として述べるならば、テンプレートに合わせてデザインをカスタマイズするのが標準レイアウト、デザインに合わせてコーディングできるのが独自レイアウトになります。

制作現場におけるジンドゥークリエイターでの制作

実際の制作現場では、カンプデータなどによってデザインの素案を作成しながら、クライアントに提案するケースがあるでしょう。そのようなとき、独自レイアウトであれば、提案デザインに合わせて自由にコーディングできるので、クライアントの要望にも柔軟に対応しやすくなります。

標準レイアウト、独自レイアウトのどちらにも、それを選ぶメリットはあります。コーディング量を最小限に抑えて効率的に制作したい場合は、標準レイアウトがよい選択となりますし、ジンドゥークリエイターの枠に縛られず、自由度の高いウェブデザインを実現したい場合には、独自レイアウトでの制作をオススメします。

独自レイアウトによるウェブサイト制作の流れ

ジンドゥークリエイターの独自レイアウトでは、HTMLとCSSそれぞれに専用エディタが用意されています。この専用エディタにコードを記述することによって、オリジナルのテンプレートを作成することができます。独自レイアウトを使ってウェブサイトを制作する流れは、以下のとおりです。

▼独自レイアウトによるウェブサイトの制作フロー

1 画像編集ソフトウェア等を使って、デザイン（カンプデータ）を制作する

▼

2 ソースコードエディタで、コーディングする

▼

3 独自レイアウトの［ファイル］画面で、画像やJavaScriptファイルをジンドゥークリエイターにアップロードする

▼

4 ソースコードエディタで作成した<body>部分のHTMLとCSSを、独自レイアウトの［HTML］［CSS］のエディタに貼り付ける。このとき、HTMLコードをジンドゥークリエイターの仕様（独自タグ）に置き換える

▼

5 ソースコードエディタで作成したCSSを、独自レイアウトのエディタに貼り付ける

▼

6 ソースコードエディタで作成した<head>部分から、必要なコードを［ヘッダー編集］のエディタに貼り付ける

▼

7 プレビューでデザインを確認しながらコードを修正し、整える

▼

8 ジンドゥークリエイターの基本操作で、ウェブページ内のコンテンツを制作する

上記は制作フローの一例ですが、ジンドゥークリエイターでの作業は3以降の流れの部分になります。フローに含まれているソースコードエディタでのコーディングについては、必須ではありません。ソースコードエディタを一切使わずに、はじめからジンドゥークリエイターのエディタで直接コーディングしながら制作することも十分可能です。

Point

第2章でも解説したように、ジンドゥークリエイターでは一般的なテンプレートのことを「レイアウト」と呼びますが、独自レイアウトの章においては解説の場面によってあえて「テンプレート」と表現している箇所があります。独自レイアウトの解説においては「テンプレート」という表現を、ジンドゥークリエイターで言うところの「レイアウト」と、まったく同じ意味で使用しています。

SECTION

02 独自レイアウトの編集画面

次に、独自レイアウトの編集画面について解説します。独自レイアウトをはじめるための細かな手順については第７章でも解説しますので、ここでは、独自レイアウトの編集画面の仕様がどのようになっているかを理解しましょう。

独自レイアウトの編集画面の開き方

それではまず、独自レイアウトの編集画面の開き方から解説します。

独自レイアウトの編集画面を開く

独自レイアウトの編集画面は、[管理メニュー]→[デザイン]→[独自レイアウト] の順にクリックすることで、開くことができます。

1 画面左上の [管理メニュー] をクリックします。

2 [デザイン] をクリックします。

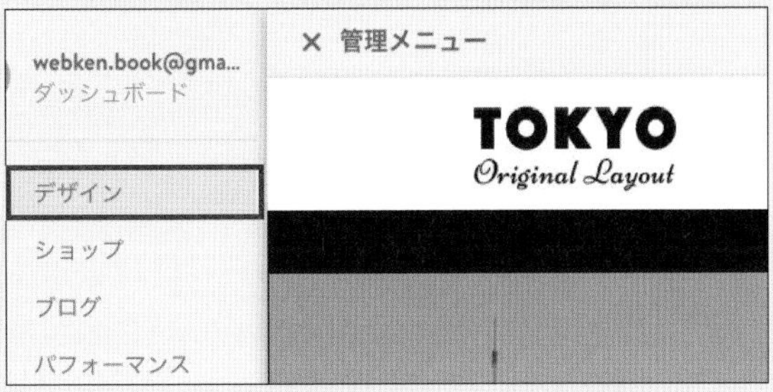

3 [独自レイアウト] をクリックします。

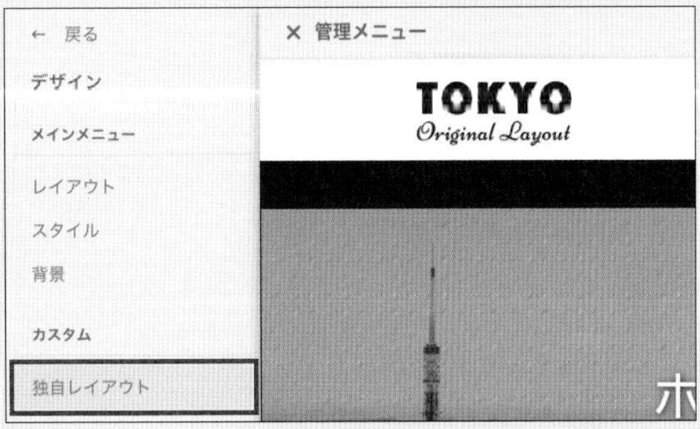

4 これで、独自レイアウトの編集画面を開くことができました。

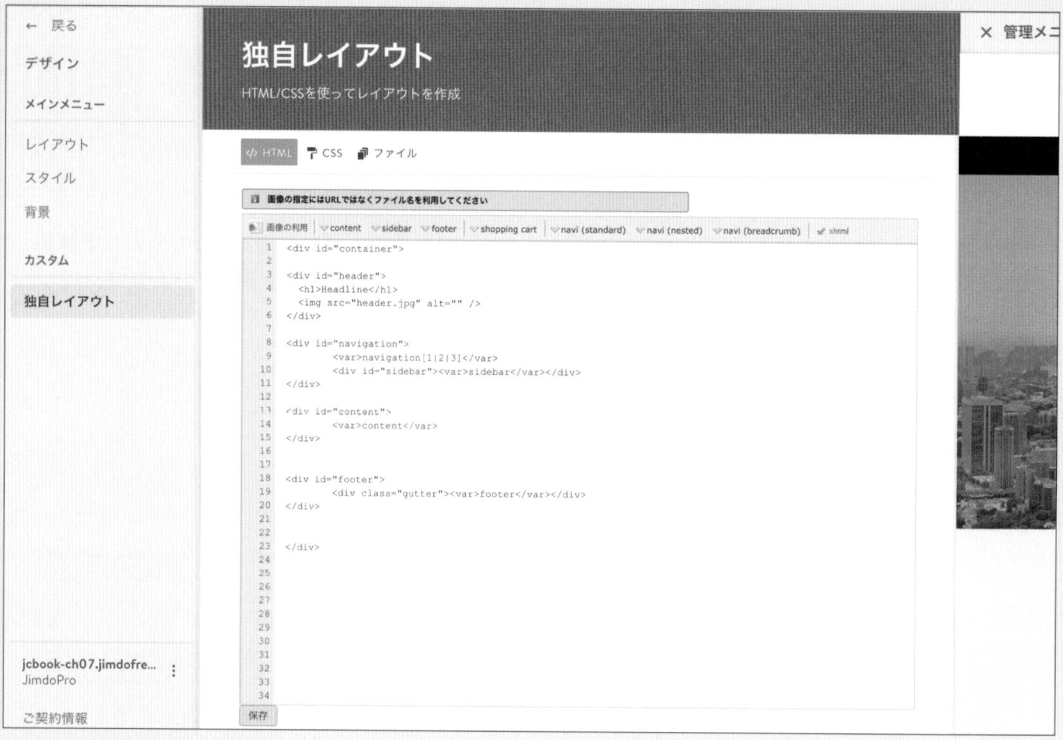

3つの編集画面の仕様

開いた独自レイアウトの編集画面を見ると、[HTML] [CSS] [ファイル] の3つの画面で構成されていることがわかります。それぞれの名称がタブになっていて、クリックすると画面を切り替えることができます。

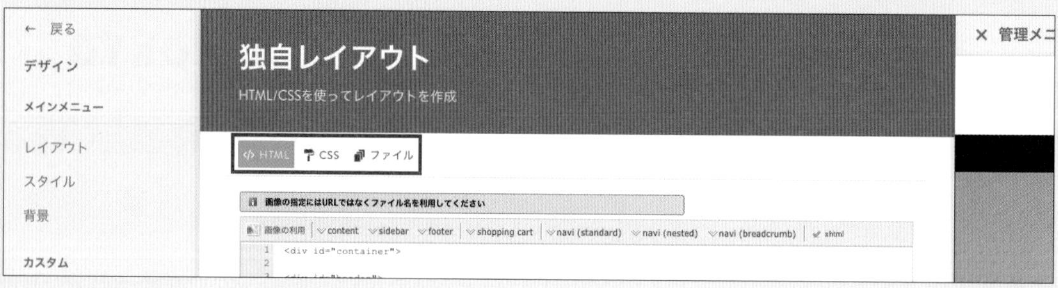

[HTML] 画面の仕様

独自レイアウトでは、HTMLコードを [HTML] 画面のエディタに記述します。FTPソフトによるHTMLファイルのアップロードはできません。[HTML] 画面の仕様は、以下のようになっています。

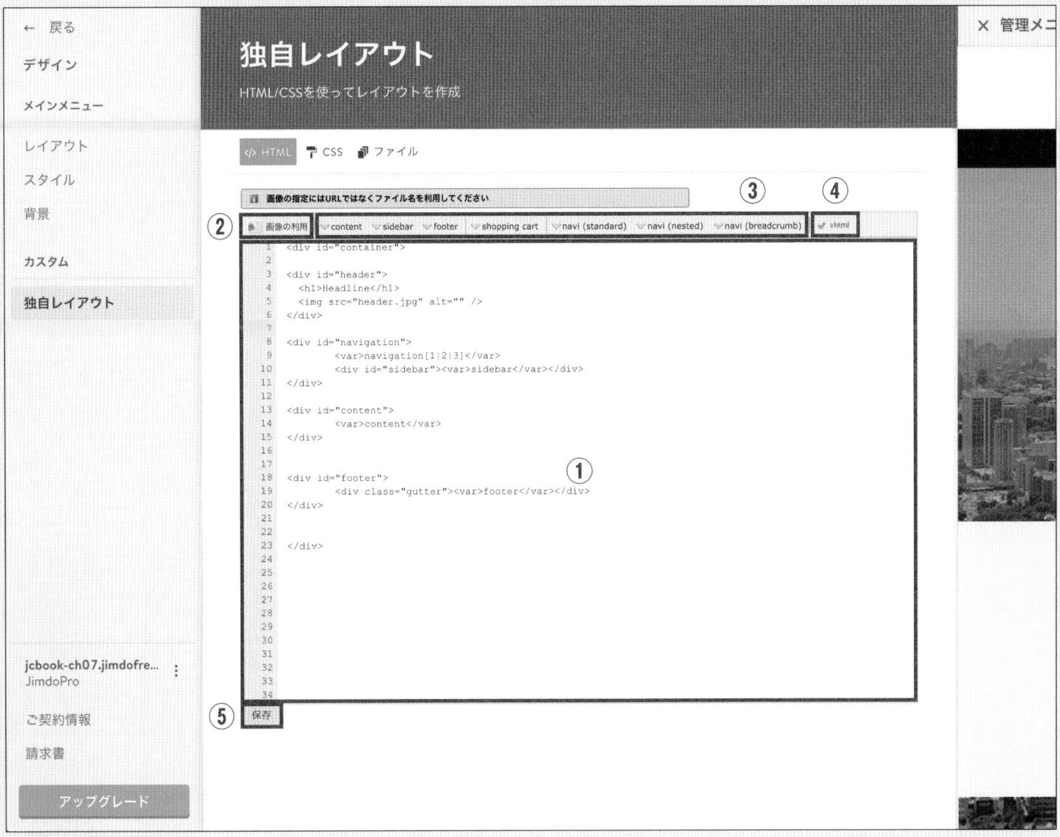

①HTMLエディタ	ここにHTMLコードを記述します。
②画像の利用	クリックすると、指定した場所に [ファイル] 画面でアップロード済みの画像をタグで挿入したり、範囲指定したHTMLを画像タグに置き換えることができます。
③独自タグ	クリックすると、エディタ内の指定した場所に独自タグを挿入したり、範囲指定したHTMLを独自タグに置き換えることができます。
④構文チェック	HTMLエディタに記述されたコードが、正しいかをチェックできます。構文エラーのHTMLが記述されている場合には、保存できません。ただし [構文チェック] では、独自タグの整合性チェックは行われません。 ※ [構文チェック] は本書の解説では使用しません。
⑤保存	エディタ内のコードを更新した場合には、[保存] をクリックして内容を確定します。このとき構文エラーがあったり、独自レイアウトのルールに適合しないHTMLの場合には、保存できずにエラーメッセージが表示されます。画面を閉じる (あるいは次の画面に遷移する) 前に保存されなかったコードは、破棄されます。

[CSS] 画面の仕様

独自レイアウトでは、CSSコードを[CSS]画面のエディタに記述します。FTPソフトによるCSSファイルのアップロードはできません。[CSS]画面の仕様は、以下のようになっています。

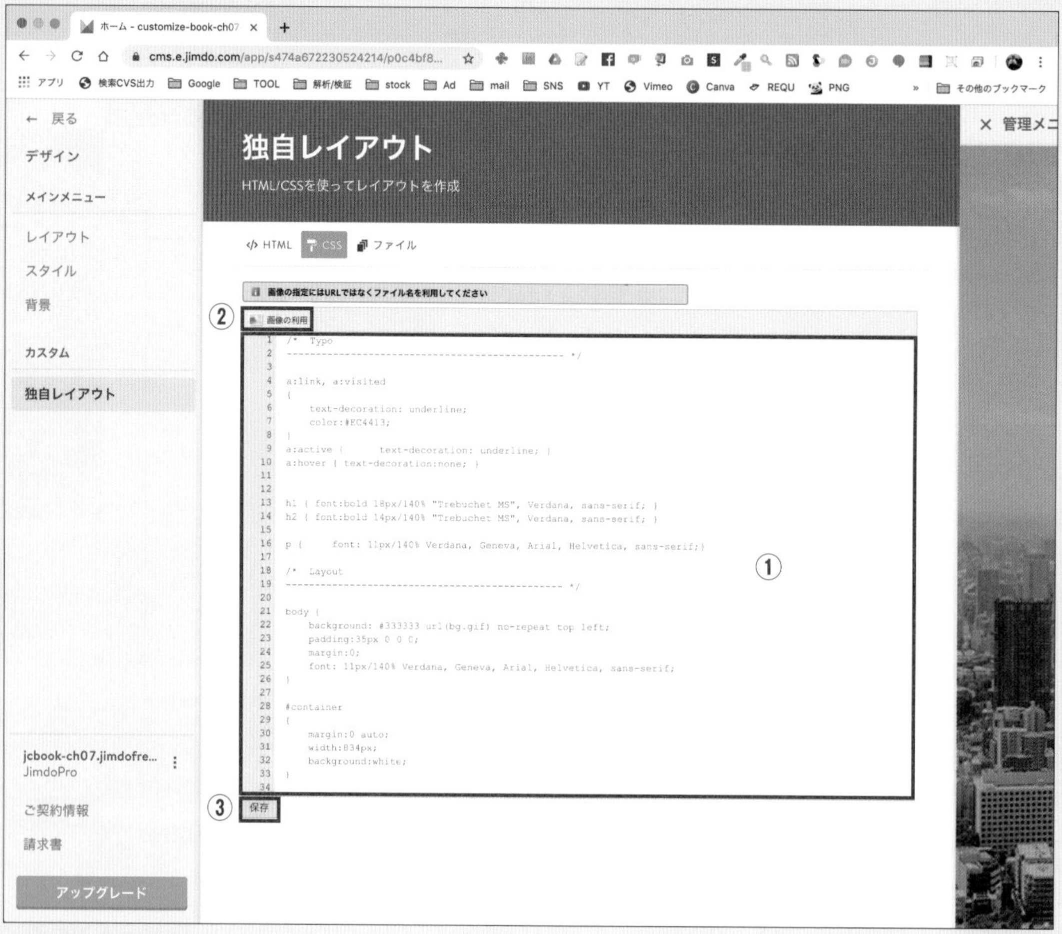

①CSSエディタ	ここにCSSコードを記述します。
②画像の利用	クリックすると、指定した場所に[ファイル]画面でアップロード済みの画像をコードで挿入したり、範囲指定したCSSを画像のコードに置き換えることができます。
③保存	コードを更新した場合に[保存]をクリックして、内容を確定します。ここの[保存]は、[HTML]画面の[保存]と連動しています。

[ファイル] 画面の仕様

独自レイアウトで使用する画像やJavaScriptなどのファイルは、[ファイル] 画面でアップロードします。[ファイル] 画面の仕様は、以下のようになっています。

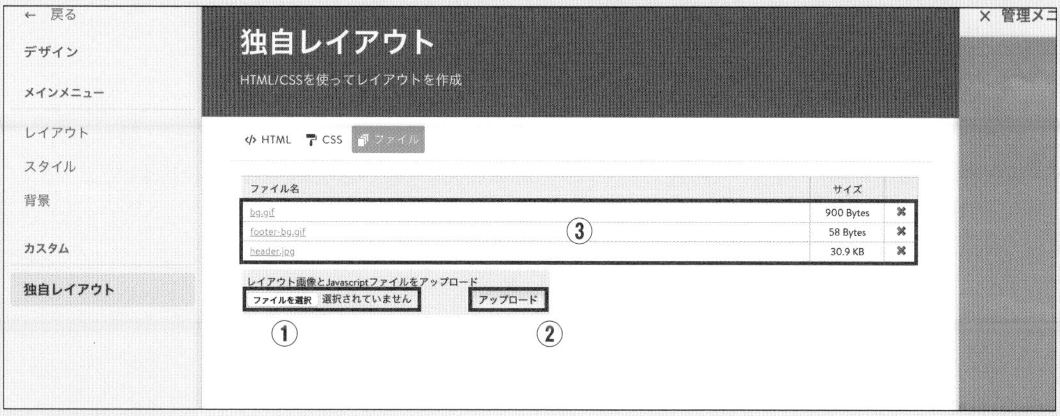

①ファイルを選択	クリックして、PC内にある画像やJavaScriptなどのファイルを選択します。
②アップロード	クリックして、選択したファイルをアップロードします。
③ファイル一覧	アップロードされたファイルが、一覧で確認できます。新しいファイルがアップロードされるごとに、ここの一覧にファイル名が追加されます。同名ファイルの場合には、上書きで保存されます。不要なファイルは、ファイル名が表示された行の右端の×(バツ) 印をクリックすることによって、削除できます。

Point

ファイル一覧に表示された画像ファイル名にマウスポインターを乗せると、ファイル画面内で画像プレビューが立ち上がります。このとき、画像サイズが大きく画面からはみ出すような場合には、画像の一部だけが表示されます。マウスhoverだけでどのような画像かを確認できるので、とても便利です。

SECTION

03 独自レイアウトのコーディング

独自レイアウトの編集画面に備わっているエディタには、コーディングのルールがあります。独自タグの使用や、画像ファイルの指定方法など、いくつかの大事な決まり事がありますので、ここでは独自レイアウトのコーディングルールについて、しっかりと理解しておきましょう。

HTML画面でのコーディング

独自レイアウトの[HTML]画面での、コーディングルールについて解説します。

[HTML]エディタのHTMLはすべてのページに影響を与える

[HTML]のエディタは、1つのウェブサイトに1つだけ用意されていて、ここに書き込んだものはすべてのページに影響を与えます。通常のウェブサイトのように、ページごとにHTMLを書き分けることはできません。ページごとにスタイルの変化を持たせたい場合には、CSSでコントロールします。

<body>～</body>の中身を記述する

[HTML]画面のエディタに記述するHTMLコードは、通常のHTMLファイルでいうと<body>タグの中身にあたる部分です。[HTML]のエディタには<body>タグの中身だけを書き込めばよいので、<body>タグそのものを記述する必要はありません。

独自タグを使用する

独自レイアウトでは、通常のHTMLのほかに、ジンドゥークリエイターの基本操作による編集データを出力するための「独自タグ」を使用します。独自タグは、独自レイアウトのコーディングルールに従って、適切に[HTML]のエディタ内に記述されなければなりません。

たとえば、メインコンテンツを表示させるための独自タグは`<var>content</var>`です。独自レイアウトでは、「メインコンテンツの独自タグを必ず1箇所にだけ設置しなければならない」というルールがあるので、このタグが[HTML]のエディタ内に1つもない、あるいは複数存在する場合にはエラーになります。

もしも、BracketsやDreamweaverなどのソースコードエディタで、事前にコーディングしてから独自レイアウトの[HTML]のエディタに書き写すような場合には、必要箇所をすべて独自タグに置き換える必要があります。[HTML]エディタには、独自タグをワンクリックで指定箇所に挿入できるボタンが用意されています。

▼ジンドゥークリエイターにおける独自タグのルール

独自タグ	記述ルール
<var>content</var>	・メインコンテンツを出力するための独自タグ ・必ず1箇所だけに設置しなければならない ・複数の設置は不可
<var>sidebar</var>	・サイドバーコンテンツを出力するための独自タグ ・必ず1箇所だけに設置しなければならない ・複数の設置は不可
<var>footer</var>	・フッターコンテンツを出力するための独自タグ ・必ず1箇所だけに設置しなければならない ・複数の設置は不可
<var>shoppingcart</var>	・ショッピングカートのカートボタンを出力するための独自タグ ・設置は必須ではないため、必要な場合のみ任意で1箇所に設置する ※本書の独自レイアウト解説では使用しません
<var levels="1,2,3" expand="false" variant="standard" edit="1">navigation</var> <var levels="1,2,3" expand="true" variant="nested" edit="1">navigation</var> <var variant="breadcrumb" edit="0"> navigation</var>	・ナビゲーションを出力するための独自タグ ・3タイプあるナビゲーションのいずれかを1箇所以上に設置しなければならない ・ナビゲーションの独自タグは、いずれのタイプも複数の設置が可能

ナビゲーションの独自タグ

ナビゲーションの独自タグ`<var>navigation</var>`は、部分的に値を書き換えて使用することができます。

▼ナビゲーションの独自タグ <var>navigation</var> の値

属性	値	記述ルール
levels	1,2,3	・1～3階層までのメニューのいずれを表示させるかを数値で記述する 例）1階層だけを表示する場合　levels="1" ・複数の階層を指定する場合は「,（半角カンマ）」で区切る
expand	false	展開していない状態（子階層は親階層が表示されるまで隠れている）
	true	展開している状態（親階層の表示に関係なく子階層が表示されている） ドロップダウンナビゲーションの場合は、こちらの値を選ぶ
variant	standard	スタンダードタイプのナビゲーション
	nested	ドロップダウンに対応したナビゲーション
	breadcrumb	パンくずリストのナビゲーション（選んだ場合、levels、expand、edit の値は固定され変更不可となる）
edit	-	編集に関する指定

画像ファイルの指定はファイル名のみ

［HTML］のエディタで、アップロード済みの画像ファイルをタグによって指定する場合には、ファイル名だけを記述します。このときパスの記述は不要です。たとえば「logo.png」という画像ファイルを［HTML］のエディタで指定する場合には、`<img src="logo.png" alt="ロゴマーク"/>`のように記述します。

［HTML］エディタには、画像ファイルのタグをワンクリックで指定箇所に挿入できる［画像の利用］ボタン（P.143参照）があります。

CSS画面でのコーディング

ここでは、独自レイアウトの[CSS]画面での、コーディングルールについて解説します。

[CSS]エディタのCSSはすべてのページに影響を与える

[CSS]のエディタは、1つのウェブサイトに1つだけ用意されていて、ここに書き込んだものはすべてのページに影響を与える仕様になっています。ページごとで表示にスタイルの変化を持たせたい場合には、HTMLのid属性やclass属性を指定してスタイルをコントロールします。

画像ファイルの指定はファイル名のみ

[CSS]のエディタで、アップロード済みの画像ファイルをコードによって指定する場合には、ファイル名だけを記述します。たとえば、「main-visual.jpg」という画像ファイルを[CSS]のエディタで背景画像として指定する場合には、`background-image:url(main-visual.jpg);`のように記述します。

[CSS]エディタには、画像指定のコードをワンクリックで指定箇所に挿入できる[画像の利用]ボタン(P.144参照)があります。

Point

独自レイアウトの[HTML][CSS]各エディタには行番号が表示されていますが、エディタの仕様上、行番号の上限は1000行までとなっています。これはあくまで行番号としての上限であり、コードの記述量の上限ではありません。ただし、1000行の上限を超えてコードを記述した場合には、行番号が1000行で固定されたまま記述だけが追加されていくため、そこから先の行番号とコードについては、正確に対応しない可能性が出てきます。独自レイアウトの行番号は、あくまで目安として利用してください。

このようなエディタの仕様から、本書の独自レイアウトの章では、行番号に対応した解説をしていません。また、独自レイアウトの章で解説する手順においては、解説以外にも空行の調整などを適宜行っているため、手順どおりに記述してもキャプチャ画像と実際のエディタの行番号が一致しないということは予想されます。独自レイアウトの解説においてキャプチャされた画像の行番号については、「その付近である」という認識で読み進めてください。

SECTION

04 独自レイアウト専用の機能

独自レイアウトには、標準レイアウトにはない専用機能も備わっています。独自レイアウトでは、基本的にHTMLでレイアウトを構築してCSSスタイルを指定するため、必ずしもこれらの機能を使う必要はありませんが、こうした機能も知っておくと制作の幅が広がります。

標準レイアウトのデザインメニューの違い

独自レイアウトを選ぶと、[管理メニュー]の中にある[デザイン]メニューが、独自レイアウト専用のものに置き替わります。標準レイアウトのメニューと見比べると、メニュー項目の違いがわかります。

標準レイアウトの[デザイン]メニュー

独自レイアウト適用時の[デザイン]メニュー

それぞれの[デザイン]メニューを見比べてみると、メニュー項目が微妙に違っています。標準レイアウトの[スタイル]は、独自レイアウトにはありません。代わりに[スマートフォン表示][サイト概要ページ][フォント設定][独自レイアウト(CSS)]といった標準レイアウトにはなかった[デザイン]メニューが、独自レイアウトにあるのがわかります。

独自レイアウト専用の[デザイン]メニュー

それでは、独自レイアウト専用のメニューについて、ひとつずつ見ていきましょう。独自レイアウトの場合には、これらの標準機能を使って、デザインや表示のスタイルを設定することもできます。もちろんこれらを使わずに、すべてをCSSでコントロールしてもかまいません。

スマートフォン表示

独自レイアウトだけで使うことができる、ジンドゥークリエイターの簡易的なスマートフォン表示機能です。[スマートフォン表示][パソコン版で表示]を、ボタンによって切り替え表示できます。レスポンシブウェブデザインなどでコーディングする場合には、本機能はオフにします。

サイト概要ページ

ジンドゥークリエイターのPRO、BUSINESSプランのみで利用できる機能です。[スマートフォン表示]でのウェブサイト表示時に、ショップの電話番号や営業時間など、もっとも重要な情報を最初に伝えることが可能になります。

フォント設定

文章、見出しのフォントや、リンクや水平線の色を設定することができます。ここで設定した内容は、ジンドゥークリエイターによってCSSファイルとして保存され、<head>部分で読み込まれます。

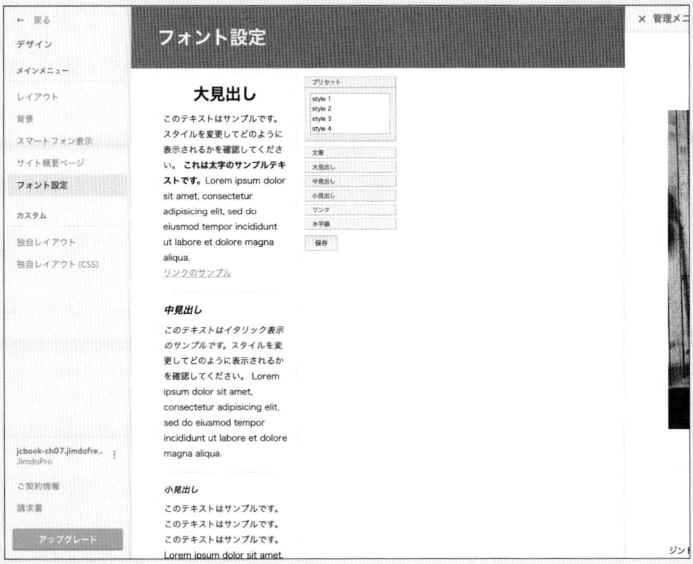

独自レイアウト（CSS）

スマートフォン表示（簡易スマホ表示）専用のCSSのエディタです。独自レイアウトでスマートフォン表示を使用する場合には、スマートフォン表示だけに影響を与えるCSSを、ここでコーディングします。

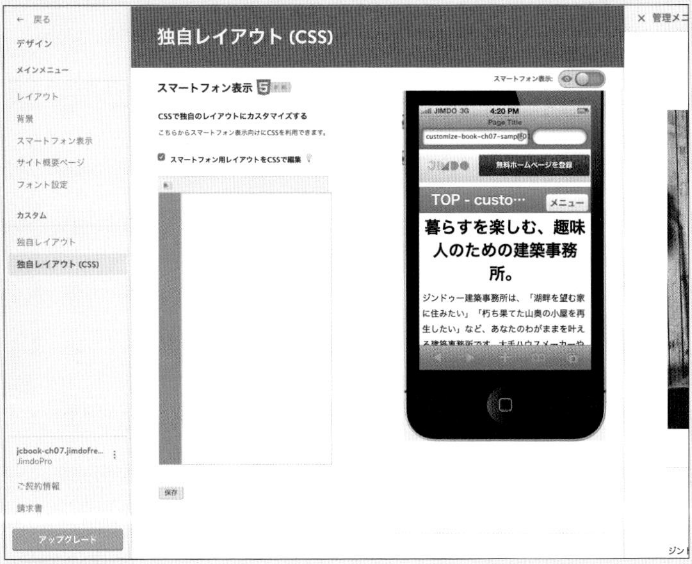

Point

独自レイアウト専用のメニューには、このほかに［ショップスタイル］というメニューがあります。［ショップスタイル］は、ジンドゥークリエイターのショップ機能を使っている場合にのみ表示されるメニューです。このメニューでは、［商品］コンテンツによって設置するショッピングカートや、購入フロー画面のスタイルが設定できます。

SECTION

05 独自レイアウト制作の注意点

独自レイアウトは、標準レイアウトよりも細かな設定ができる分、はじめての方にとっては戸惑うことも多いでしょう。ここでは、独自レイアウトの制作で、戸惑いやすいポイントをいくつか解説します。こうしたことも知っておくと、いざというときに迷わなくて済みます。

独自レイアウト編集画面の保存

独自レイアウトにおける編集内容の保存は、迷いやすいことのひとつです。「保存したはずなのに保存されていなかった」とならないように、独自レイアウトでの保存の仕組みを理解してください。

独自レイアウト編集画面における[保存]の仕組み

独自レイアウト編集画面の[保存]は、[HTML][CSS]それぞれの画面にありますが、どちらかのボタンをクリックすると、[HTML][CSS]の編集内容すべてが同時に保存される仕組みになっています。これはつまり[HTML][CSS]どちらの画面の[保存]も、連動したボタンであるということを意味しています。

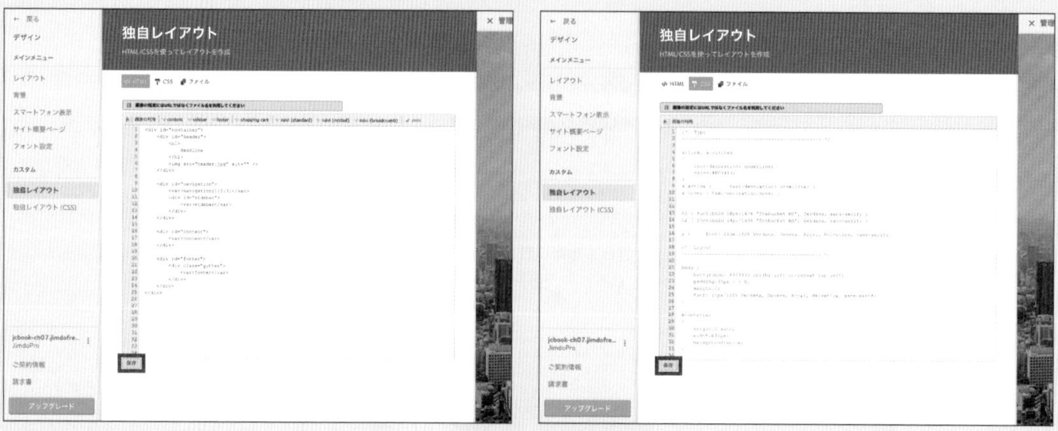

HTML画面とCSS画面の[保存]は連動しているので、どちらの画面の[保存]をクリックしても、HTMLとCSSの両方が保存される

保存時のエラーメッセージ

[保存]をクリックするとき、HTMLの内容にエラーがあると、エラーメッセージが表示されます。エラーメッセージが表示された場合には、該当のエラー箇所を修正するまで保存を完了できません。そのような場合には、エラーメッセージを参考にしながら適切な修正を施したあとで、再度[保存]をクリックして、内容を保存してください。

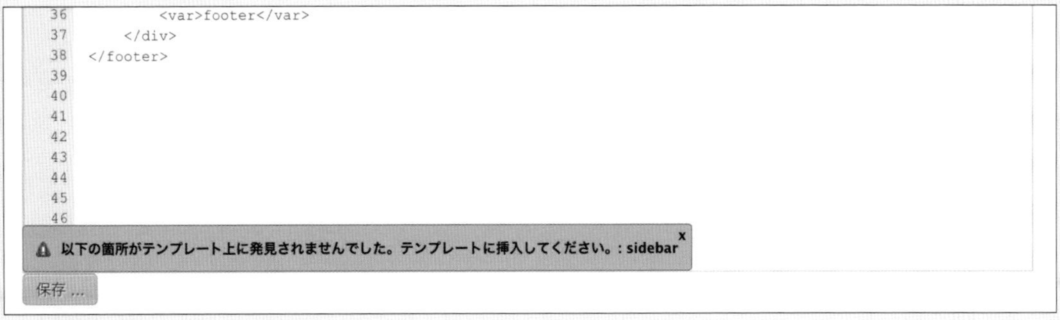

<var>footer</var>
</div>
</footer>
以下の箇所がテンプレート上に発見されませんでした。テンプレートに挿入してください。: sidebar
保存 ...

独自タグが正しく使われていないため保存できない場合のエラーメッセージ

HTML構文エラーの場合

HTML構文エラーの場合、エラーメッセージの中にある[自動修正]をクリックして修正することもできます。しかし、これはあくまで機械的に行う補正機能にすぎません。自動修正をする場合には、[自動修正]をクリックしたあとに表示されたHTMLが、きちんと意図した修正になっているかを確認してください。

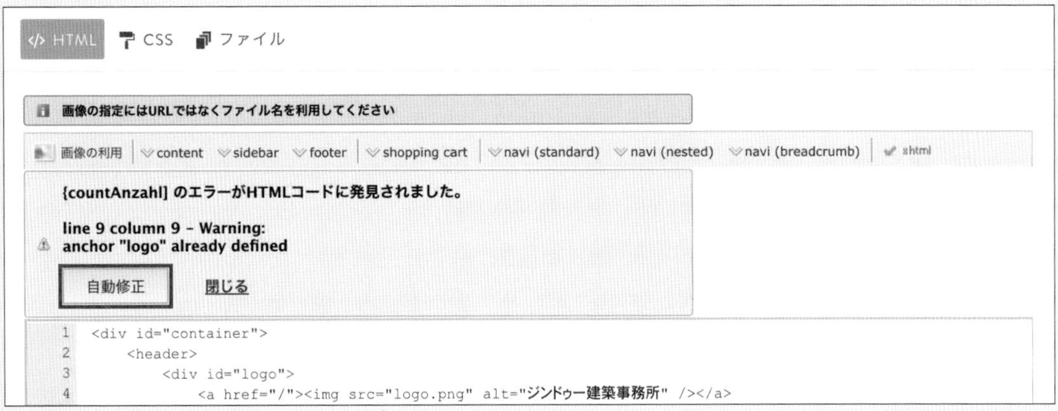

HTMLの構文エラーによって保存できない場合のエラーメッセージ

正しく保存された場合には必ずメッセージが表示される

正しく保存された場合には、「設定は保存されました」という保存完了のメッセージが必ず表示されます。

正しく保存された場合のメッセージ

もっとも注意しなければならないのは、万一、正しく保存されなかった場合であっても、「保存されていません」といったエラーメッセージは一切表示されないという点です。

もし[保存]をクリックしても、「設定は保存されました」のメッセージが表示されずに無反応の場合には保存の失敗です。そのような場合には、一旦更新したHTMLとCSSをテキストファイルなどにバックアップしてから、正しく保存できたことを確認できるまで[保存]をやり直してください。

また、独自レイアウトの編集画面を閉じる(あるいは他の画面に遷移する)前に保存していなかった内容も、更新されずに破棄されてしまいます。このときも、エラーメッセージは出ませんので注意してください。独自レイアウトの編集画面を終了する前には、必ず[HTML][CSS]いずれかの画面の[保存]をクリックしておきましょう。独自レイアウトのコーディングでは、常に最新の内容をこまめに保存することをオススメします。

Point

HTMLとCSSの編集作業を同時に進行しているときに、[CSS]画面で[保存]をクリックしても「設定は保存されました」のメッセージが表示されないことがあります。この場合の原因としては、[HTML]の画面側で記述エラーが生じているために[保存]がクリックできないことが考えられます。そのようなときは、タブで[HTML]画面に切り替えてから、エラーメッセージが出ていないかを確認してみてください。もしも[HTML]画面にエラーメッセージが表示されている場合は、該当箇所を適切に修正してから、再度[保存]をクリックして編集内容を保存します。

ファイルアップロードに関する注意事項

ここでは、独自レイアウトの[ファイル]画面でアップロードするファイルについて、注意点を解説します。

アップロードできるファイルとできないファイル

独自レイアウトの[ファイル]画面では、アップロードできるファイルと、できないファイルがあります。これらの仕様は、ジンドゥークリエイターの契約プランに関係なく、どのプランにおいても同じです。

▼アップロードできるファイル

ファイル形式	補足	アップロードしたファイルの取り扱い
.jpg、.png、.gif	画像ファイル	[HTML][CSS]のエディタではファイル名で指定する
		[HTML][CSS]エディタ以外での読み込みは、絶対URL(パス)による指定が必要
.js	JavaScriptファイル	自動的にヘッダー部分に読み込まれる
.css	CSSファイル	絶対URL(パス)による指定が必要
.svg	2次元ベクター画像ファイル	絶対URL(パス)による指定が必要

▼アップロードできないファイルなど

内容	補足
512KBを超えるファイル	アップロードサイズ上限を超えているため、アップロードできない
Photoshop、Illustratorのデータ(.psd 、.aiファイル) PDFファイル テキストファイル(.txt、.rtfなど) HTMLファイル PHPファイル ZIPファイル	指定形式ではないファイルのため、アップロードできない
フォルダ	フォルダはすべてアップロードできない

Point

ユーザーが、FTPソフトなどによって直接ジンドゥークリエイターのサーバーにアクセスすることはできません。このことは標準レイアウトだけではなく、独自レイアウトにおいても、共通の仕様となっています。

アップロードしたファイルは自動整列で一覧できる

アップロードするファイルには、半角の英数字や記号でファイル名をつけることができます。ファイル名に大文字の英字が含まれる場合は、アップロード時に、すべて小文字に自動修正されます。日本語のファイル名でもアップロード自体はできますが、[HTML]のエディタでのファイル名による指定はエラーになってしまうなどの問題があるため、推奨できません。

ファイル一覧では、画像(.jpg、.png、.gif)、JavaScript、CSS、SVGのファイル形式ごとに整理され、さらに記号、数字、アルファベット順の並びで表示されます。厳密に言うと、これはファイル形式によって「img」「js」「CSS」「font」などのディレクトリに自動で振り分けられ格納された状態なのですが、ファイル一覧ではディレクトリによる分類での表示はなく、アップロードしたファイルの名前が一連の並びだけで表示されます。

JavaScriptファイルをアップロードするときの注意点

[ファイル]画面でアップロードされたJavaScriptファイルは、自動でファイル一覧での並び順どおりにヘッダー部分に読み込まれるため、ファイル名によっては本来望ましい読み込み順にならないことがあります。JavaScriptファイルのアップロードでは、並びを意識しながらファイルネーミングをしましょう。

絶対URLによるファイル指定

[ファイル]画面でアップロードしたファイルは、絶対URLを取得して指定することも可能です。

絶対URLの取得方法

アップロード済みのファイルは、ファイル名がリンクになった状態で、ファイル一覧に表示されます。このファイル名を右クリックして、右クリックメニューから[リンクのアドレスをコピー]をクリックします。これでファイルの絶対URLが取得できます。

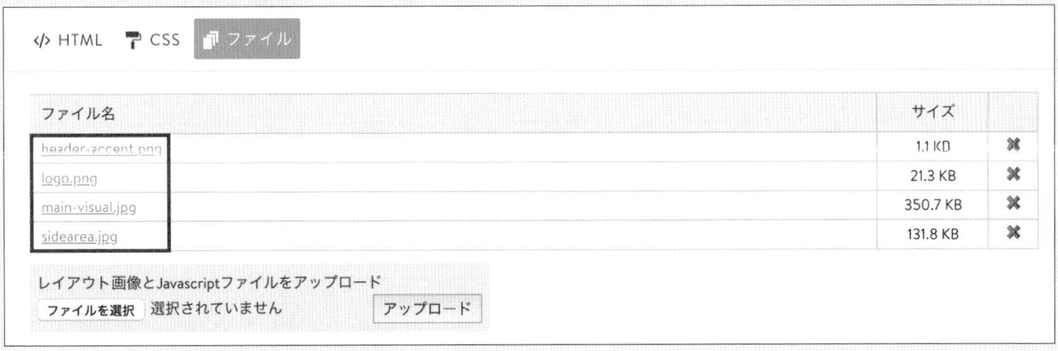

Point

そのほか［ファイル］画面でアップロードしたファイルの絶対URLは、ファイル名をクリックして開いた新規のブラウザタブのアドレスバーから、URLをコピーすることでも取得できます。

同名のファイルは上書きをアップロードされる

すでにアップロードされたファイルと、同じファイル名のファイルをアップロードした場合、そのファイルは同じ名前で上書き保存されます。このとき、絶対URLは上書きによって新しく割り振られるので注意しましょう。同名ファイルの再アップロードでは、上書き後のファイル名が同じであっても、絶対URLが必ず変更されていますので注意が必要です。

COLUMN 絶対URLは積極的に使用しないこと

［ファイル］画面でアップロードした画像のURLは固定ではないため、絶対URLを使用すると、リンク切れが起こりやすくなります。特に同名ファイルを再アップロードする場合には、対応する絶対URLで指定した箇所も必ず修正しておかなければなりません。

こうしたことによる人為的ミスや、今後の維持管理を考慮したうえでの修正作業を減らすためには、なるべく［HTML］［CSS］のエディタでファイル名での画像指定をしておくほうが安全です。ファイル名で指定された画像などのファイルであれば、たとえ［ファイル］で再アップロードしても、パスの接続は引き続き維持されます。

2012年に、一度だけジンドゥーのシステム変更によってURLが変更されたことがありました。それ以降、予告なく絶対URLが変更されるようなことは起こっていませんが、可能性としては視野に入れておくほうがよいでしょう。基本的に独自レイアウトでの絶対URLの使用については、ジンドゥーも推奨してはいません。

本書では、明確な意図を持ったうえで絶対URL指定による解説箇所がありますが、制作現場の実務においては、必要性とリスクを十分考慮したうえで適宜判断してください。制作現場の実務でリスクを最小に抑えたい場合には、絶対URLでの指定が必要なファイルのみ、外部サーバーでの保管に切り替えるなどの方法を優先してください。

独自レイアウトでは使えない標準機能

独自レイアウトを選ぶと、標準レイアウトで使えていたはずの一部の標準機能が使えなくなります。

その代表的なものが「定形ページ」です。定形ページは、新規ページ作成の際にいくつかの雛形から選んだページレイアウトを、ワンクリックでページに挿入できる便利な機能ですが、独自レイアウトを選んだ時点でこの機能は使えなくなります。このことも、事前に知っておくとよいでしょう。

「定形ページ」では、ページのタイプに合わせていくつかのページレイアウトの雛形が用意されている

COLUMN 独自レイアウトによる制作のコツ

ある程度、独自レイアウトの制作に慣れてくると、わざわざほかにソースコードエディタを使わなくても、独自レイアウトのエディタだけでデザインを完成させることも十分可能になるでしょう。はじめからジンドゥークリエイターでHTMLやCSSをコーディングすれば、ほかで書いたコードをジンドゥーの独自レイアウトに置き換える必要はありませんし、むしろそのほうが無駄がないと言えます。

そのほかに独自レイアウトの制作効率を上げるコツとして、複数のブラウザを一気に立ち上げて編集するという手法を紹介します。ジンドゥークリエイターの場合、同一のウェブサイトであれば、ログイン状態を保ったまま、いくつものブラウザタブで編集画面を開くことができます。必要な編集画面をタブに並べて同時に作業すれば、作業効率が一気に上がります。

たとえば、[独自レイアウト][ヘッダー編集]のそれぞれの画面を別のタブで開き、あとは「ページコンテンツを編集する画面」と「プレビュー専用画面」という具合に、全部で4つのタブを同時に開いて作業することも可能です。いちいち[管理メニュー]のメニューボタンを何度もクリックして画面切り替えをすることなく、タブの切り替えだけで瞬時に編集したい画面に入ることができます。

▼コーディングする場合のタブ展開例

タブ1 [独自レイアウト] 画面

タブ2 [ヘッダー編集] 画面

タブ3 ページコンテンツを編集する画面

タブ4 プレビュー専用画面

独自レイアウトの機能にはリアルタイムプレビューのようなものはありませんが、プレビュー専用のタブでその都度ページをリロードすれば、新しいデザインが反映されます。編集画面とプレビュー画面をタブで交互に切り替えることで、デザインを確認しながらコーディングすることができます。

ジンドゥークリエイター（特に独自レイアウト）では、この画面遷移による画面切り替えの時間ロスが非常に大きいので、このように制作するウェブサイトに必要な画面を、ブラウザタブであらかじめ開いておく制作方法がオススメです。

CHAPTER 07

独自レイアウトでのウェブサイト制作 <基本編>

ここからは独自レイアウトでの制作について、実際の手順とともに解説していきます。本章では独自レイアウトによる制作の第一歩として、比較的簡易なウェブサイト制作について解説します。ここでは独自レイアウトでの制作手順と、基本的な操作を理解してください。

SECTION

01 独自レイアウトをはじめるための準備

それでは、独自レイアウトによる制作手順を解説していきます。本章においては、画像やソースコードなどの制作素材はありませんので、読み進めることで理解を深めてください。もし同様のウェブサイトを作成したい場合には、手持ちの画像素材を用意して進めてみてください。

この章で制作するウェブサイト

本章で制作するウェブサイトは、シングルカラムのシンプルなレイアウトです。標準レイアウトの「TOKYO」を独自レイアウトでのオリジナルデザインに仕上げていきます。

ここでの制作は、コーディングによるモバイル最適化などは行わず、ジンドゥークリエイターに標準装備されている「スマートフォン表示」によって簡易的なモバイル対応にとどめます。

ジンドゥークリエイターの標準レイアウト「TOKYO」を選択した状態

この章で制作する独自レイアウトのデザイン完成イメージ

Point

次章では、画像やソースコードなどのサンプル素材を使いながら、独自レイアウトによる本格的なウェブサイト制作を進めていきます。そこでは実際に手を動かしながら、独自レイアウトをマスターしてもらうことを目標としています。本章では画像などの制作素材を用意していませんが、次章に入る前の準備運動のつもりで読み進めてもらうと、独自レイアウトの理解がより一層深まるでしょう。

本章の制作で使用する画像素材

本章で使用する画像は、以下のとおりです。本章の解説と一緒に制作をする場合は、この一覧を参考に、なるべく同じサイズの画像ファイルを用意して進めてください。

▼使用する画像素材一覧

プレビュー	画像ファイル名	サイズ（幅×高さ）
ジンドゥー建築事務所 HOUSING DESIGN & RENOVATION	logo.png	700px×128px
	main-visual.jpg	2240px×1160px
	sidearea.jpg	2000px×680px
	header-accent.png	24px×24px
	contents-menu-housingdesign.jpg	700px×440px

	contents-menu-renovation.jpg	700px×440px
	contents-menu-contact.jpg	700px×440px
ジンドゥー建築事務所 HOUSING DESIGN & RENOVATION	logo-footer.png	700px×128px

Point

本章の制作で使用する画像素材は、Apple社の高精細ディスプレイ（Retinaディスプレイ）においても高画質で表示するために、実際の表示サイズの2倍の大きさで制作しています。

本章で解説するウェブサイトの制作フロー

まずは、独自レイアウトによってトップページのデザインと、コンテンツを完成させるまでの流れを解説します。トップページ以外のページについては、枠組みまでが出来上がった状態になります（コンテンツの作成はしません）。この章の解説を通して、ジンドゥークリエイターの「どこ」を「どのように」触れば「デザインが変わる」のかを理解していきましょう。

1 テンプレートを、標準レイアウトから独自レイアウトに切り替える

2 デフォルトのHTMLをHTML5に置き換えながら、枠組みをコーディングする

3 CSSで枠組みのスタイルを整える

4 HTMLとCSSで、ナビゲーションのスタイルを調整する

5 ジンドゥークリエイターの基本操作で、メインコンテンツを作成する

6 同様に、ジンドゥークリエイターの基本操作で、サイドバーのコンテンツを作成する

7 トップページ完成

独自レイアウトのデフォルトデザインを表示する

独自レイアウトで最初にするべき作業は、標準レイアウトから独自レイアウトへと、テンプレートを変更することです。ジンドゥークリエイターでは、必ず標準レイアウトによって新規のウェブサイトが作成されます。まずはこの標準レイアウトの状態から、独自レイアウトの状態にテンプレートを切り替えなくてはなりません。

「独自レイアウトに切り替える」ということは、つまり「これから独自レイアウトを使いますよ」と、ジンドゥークリエイターに対して明確に宣言することです。本書では、TOKYOレイアウトを選んでいる状態から、独自レイアウトに切り替えるという設定を例に解説していきますが、もともとのテンプレートがどの標準レイアウトであっても、切り替えの操作手順はまったく同じです。

標準レイアウトから独自レイアウトに切り替える

それでは、標準レイアウトを独自レイアウトに切り替えましょう。

1 編集画面の左上にある［管理メニュー］をクリックします。

2 管理メニューから［デザイン］をクリックします。

3 続いて［独自レイアウト］をクリックします。

4 これで、独自レイアウトの編集画面が開きました。そのまま、画面左下の［保存］をクリックします。正しく保存が完了すると、［保存］の上に「設定は保存されました」のメッセージが表示されます。

5 「このレイアウトを使いますか？」というメッセージとともに、レイアウト変更の確認ボタンが画面上部に表示されるので、［はい］をクリックします。

6 これで、テンプレートが独自レイアウトに切り変わりました。初期段階では、独自レイアウトのデフォルトデザインが表示されます。

独自レイアウトに引き継がれる内容とリセットされる内容

CHAPTER6でも述べたとおり、標準レイアウトと独自レイアウトは、それぞれがまったく別な構造と仕組みを持っています。ただし、これはジンドゥークリエイターのテンプレートを切り替えるたびに、ウェブサイトすべての内容が完全にリセットされるという意味ではありません。同一のウェブサイトにおいては、［管理メニュー］の［デザイン］以外の基本的な設定が、独自レイアウトに切り替えたあともそのまま引き継がれますし、各ページで作成されたコンテンツも同様に引き継がれます。

わかりやすく解説するために、同じウェブサイトでの標準レイアウトの場合と、独自レイアウトに切り替えた場合を見比べてみましょう。

TOKYOレイアウトの場合

独自レイアウトに切り替えた場合

いかがですか？ それぞれのテンプレートを並べてみると、メインコンテンツエリア、サイドバーエリア、ナビゲーションエリア、フッターエリアの内容がそのまま引き継がれていることがわかります。この引き継がれた内容が、独自タグによって出力されたコンテンツデータになります。

細部に目を向けると、コンテンツとして構成された［画像］［文章］［見出し］［水平線］［余白］［ボタン］や、ナビゲーションのメニュー（各ページ）が、どちらのテンプレートにもまったく同じ内容で存在していることがわかります。

ただし独自タグによって出力されるコンテンツデータは、あくまでコンテンツの中身としてのデータ部分だけですので、選んだテンプレートの［スタイル］によってデザインの見え方は変わることになります。標準レイアウトの機能である［スタイル］で設定されていたデザインスタイルについては、独自レイアウトにした時点ですべてリセットされてしまうので、独自レイアウトではCSSによって再度設定する必要があります。

Point

標準レイアウトから独自レイアウトに切り替えた場合、基本的に［管理メニュー］の［デザイン］メニューだけは、独自レイアウト専用のメニュー項目に変更され、設定もリセットされてしまいます。ただし［デザイン］の［背景］だけはちょっと特殊なメニューで、標準レイアウトで設定したものが、独自レイアウトにもそのまま引き継がれます。独自レイアウトのデフォルト状態で、TOKYOレイアウトの背景画像がそのまま見えているのはこのためです。

SECTION

02 ウェブサイトの枠組みを作る

ここから独自レイアウトのデザインを作り込んでいきます。まずはHTMLをコーディングして、ウェブサイトの枠組みを作ります。［HTML］画面のエディタに用意されているデフォルトのHTMLコードを、HTML5のタグに置き換えながらコーディングしていきます。

本章で制作するウェブサイトの枠組み

本章で制作するウェブサイトの枠組みは、シングルカラム（1カラム）レイアウトです。このレイアウト枠は、トップページだけではなくすべてのページにおいて共通です。

HTMLで枠組みをコーディングする

それではまず、HTMLからコーディングしていきましょう。ヘッダーエリア、ナビゲーションエリア、メインコンテンツエリア、フッターエリアのHTMLを、それぞれ<header><nav><main><footer>のタグに置き換えながら、ウェブサイトの枠組みを作ります。

画像の利用 | content | sidebar | footer | shopping cart | navi (standard) | navi (nested) | navi (breadcrumb) | xhtml

```
<div id="container">
    <div id="header">
        <h1>
            Headline
        </h1>
        <img src="header.jpg" alt="" />
    </div>

    <div id="navigation">
        <var>navigation[1|2|3]</var>
        <div id="sidebar">
            <var>sidebar</var>
        </div>
    </div>

    <div id="content">
        <var>content</var>
    </div>

    <div id="footer">
        <div class="gutter">
            <var>footer</var>
        </div>
    </div>
</div>
```

HTMLをコーディングする

枠組みのHTMLコーディングをします。

1 **[管理メニュー]→[デザイン]→[独自レイアウト]の順にクリックします。独自レイアウト編集画面トップの[HTML]画面が開きます。**

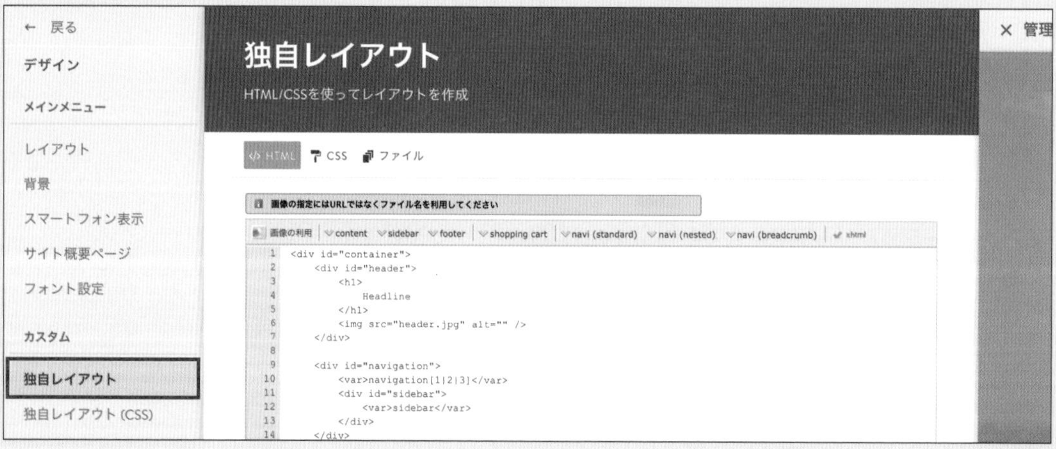

2 [HTML] エディタの<div id="header">の箇所を、<header>に書き換えます。

変更前コード [HTML]

```
<div id="header">
  <h1>
    Headline
  </h1>
  <img src="header.jpg" alt="" />
</div>
```

変更後コード [HTML]

```
<header>
  <h1>
    Headline
  </h1>
  <img src="header.jpg" alt="" />
</header>
```

3 同様に<div id="navigation">の箇所も、<nav>に書き換えます。デフォルトコードでは、サイドバーエリアの<div id="sidebar">〜</div>もこの中に含まれていますが、ここでは一旦そのままにして先に進めます。

変更前コード [HTML]

```
<div id="navigation">
 <var>navigation[1|2|3]</var>
  <div id="sidebar">
    <var>sidebar</var>
  </div>
</div>
```

変更後コード [HTML]

```
<nav>
  <var>navigation[1|2|3]</var>
  <div id="sidebar">
    <var>sidebar</var>
  </div>
</nav>
```

4 残りのコンテンツエリア<div id="content">の箇所とフッターエリア<div id="footer">の箇所も、それぞれ<main> <footer>に書き換えます。

変更前コード [HTML]

```
<div id="content">
  <var>content</var>
</div>

<div id="footer">
```

```
  <div class="gutter">
    <var>footer</var>
  </div>
</div>
```

変更後コード [HTML]

```
<main>
  <var>content</var>
</main>

<footer>
  <div class="gutter">
    <var>footer</var>
  </div>
</footer>
```

5 ナビゲーションエリアに含まれていたサイドバーエリアのコード<div id="sidebar">～</div>を、フッターエリアの<footer>タグ直下に移動します。これでナビゲーションエリアの<nav>には、<var>navigation[1|2|3]</var>だけが格納されている状態になります。

変更前コード [HTML]

```
<nav>
  <var>navigation[1|2|3]</var>
  <div id="sidebar">
    <var>sidebar</var>
  </div>
</nav>

<main>
  <var>content</var>
</main>

<footer>
  <div class="gutter">
    <var>footer</var>
  </div>
</footer>
```

変更後コード [HTML]

```
<nav>
  <var>navigation[1|2|3]</var>
</nav>

<main>
  <var>content</var>
</main>
```

```
<footer>
  <div id="sidebar">
    <var>sidebar</var>
  </div>

  <div class="gutter">
    <var>footer</var>
  </div>
</footer>
```

6 コード末尾の</div>を、main要素の直下に移動します。これでヘッダーエリア、ナビゲーションエリア、メインコンテンツエリアを取り囲む大枠の<div id="content">から、フッターエリアの<footer>を切り離すことができました。

変更前コード［HTML］

```
<div id="container">
  <header>
    <h1>
      Headline
    </h1>
    <img src="header.jpg" alt="" />
  </header>

  <nav>
    <var>navigation[1|2|3]</var>
  </nav>

  <main>
    <var>content</var>
  </main>

  <footer>
    <div id="sidebar">
      <var>sidebar</var>
    </div>

    <div class="gutter">
      <var>footer</var>
    </div>
  </footer>
</div>
```

変更後コード［HTML］

```
<div id="container">
  <header>
    <h1>
      Headline
```

```
    </h1>
    <img src="header.jpg" alt="" />
  </header>

  <nav>
    <var>navigation[1|2|3]</var>
  </nav>

  <main>
    <var>content</var>
  </main>
</div>

<footer>
  <div id="sidebar">
    <var>sidebar</var>
  </div>

  <div class="gutter">
    <var>footer</var>
  </div>
</footer>
```

7 <footer>に関するid属性とclass属性を、今回のデザインに合わせて両方ともid属性に書き換えておきます。

変更前コード［HTML］

```
<footer>
  <div id="sidebar">
    <var>sidebar</var>
  </div>

  <div class="gutter">
    <var>footer</var>
  </div>
</footer>
```

変更後コード［HTML］

```
<footer>
  <div id="side-area">
    <var>sidebar</var>
  </div>

  <div id="footer-area">
    <var>footer</var>
  </div>
</footer>
```

8 これで大枠のHTMLコードができました。ここで一度［保存］をクリックし、編集内容を保存しておきます。予期せぬ保存エラーを回避するためにも、編集したコードはなるべくこまめに保存していきます。
［保存］をクリックしたら、「設定は保存されました」のメッセージが表示されたことを確認します。

プレビューでデザインを確認する

ここまでのコーディングでデザインがどのように変わったかを、閲覧画面で確認してみましょう。

1 編集画面右上の［×］→［プレビュー］→［閲覧］の順にクリックし、閲覧画面を開きます。デザインを確認すると、レイアウトが2カラムからシングルカラムに変更されていて、上からヘッダーエリア、ナビゲーションエリア、メインコンテンツエリア、サイドバーエリア、フッターエリアの順に整列していることがわかります。

2 デザインが崩れていないことを確認したら、ふたたび編集画面に戻ってコーディングを続けます。ブラウザでは「編集画面」と「閲覧画面」の2つのタブが開いていますので、「編集画面」のブラウザタブをクリックして、画面左上の［編集画面に戻る］をクリックします。
編集画面に戻ったら［管理メニュー］→［デザイン］→［独自レイアウト］の順にクリックして、ふたたび独自レイアウトの編集画面を開きます。

CSSで枠組みのスタイルを整える

枠組みのHTMLができたので、次にCSSでスタイルを整えていきます。独自レイアウトのデフォルトCSSコードでは、記述スタイルに一貫性のない箇所がいくつか見られます。本章のCSSコーディングでは、そうした部分もきちんと整えていきます。同時にHTML5のタグやid属性、class属性を置き換えた箇所においても、しっかりと書き換えていきます。

CSSをコーディングする

レイアウト大枠のCSSコーディングをします。

1 独自レイアウト編集画面で［CSS］のタブをクリックして、［CSS］の画面を開きます。

2 [CSS] 画面が開いたら、「Layout」の名称でコメントアウトされた箇所までスクロールします。

画像の利用

```
h1 { font:bold 18px/140% "Trebuchet MS", Verdana, sans-serif; }
h2 { font:bold 14px/140% "Trebuchet MS", Verdana, sans-serif; }

p {     font: 11px/140% Verdana, Geneva, Arial, Helvetica, sans-serif;}

/*  Layout
----------------------------------------------- */

body {
    background: #333333 url(bg.gif) no-repeat top left;
    padding:35px 0 0 0;
    margin:0;
    font: 11px/140% Verdana, Geneva, Arial, Helvetica, sans-serif;
}

#container
{
    margin:0 auto;
    width:834px;
    background:white;
}
```

3 それではヘッダーエリア、ナビゲーションエリア、メインコンテンツエリアの幅から調整していきます。これらの要素を取り囲んでいる大枠となる#containerですが、デフォルトCSSでは834pxというタイトな幅になっています。まずは、これを広げるところからはじめていきましょう。
ついでに「{（波かっこ）」の表記スタイルやカラーコードも、ここで整えておきます。各セレクタの後ろと「:（コロン）」の後ろについては、可読性を上げるために半角スペースを1つだけ入れることで統一していきます。

変更前コード[CSS]

```
#container
{
  margin:0 auto;
  width:834px;
  background:white;
}
```

変更後コード[CSS]

```
#container {
  margin: 0 auto;
  width: 1130px;
  background: #FFF;
}
```

4 ［保存］をクリックして閲覧画面で確認すると、編集したCSSによってコンテンツ幅が広くなり、その分余白にあたる背景画像の部分が狭くなっていることがわかります。

CSS編集前（デフォルトCSS）の閲覧画面

CSS編集後の閲覧画面

背景を設定する

レイアウトの枠組みができたので、次に背景を変更します。現在はまだ、TOKYOレイアウトの背景画像がそのまま見えています。この背景を取り除いて、白ベタの背景に差し替えます。独自レイアウトの背景の設定方法は、CSSで変更する手法と、ジンドゥークリエイターの標準機能である［背景］によって変更する手法の二通りがあります。ここでは標準機能の［背景］を使って変更します。

ジンドゥークリエイターの［背景］を使う

ジンドゥークリエイターの標準機能である［背景］で、背景の設定をします。

1 ［デザイン］メニューの［背景］をクリックします。

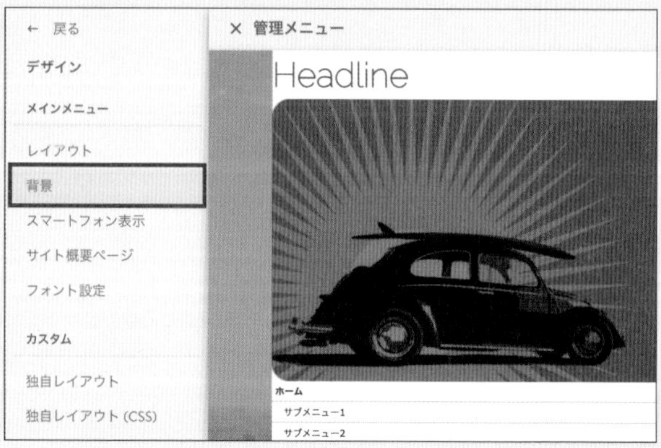

2 ［+］をクリックします。

3 ［カラー］をクリックします。

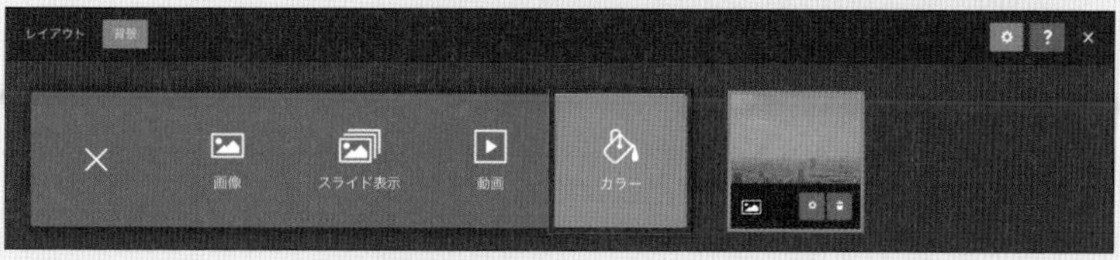

4 カラーピッカーを左上の隅までドラッグで移動するか、あるいはrgbを「255,255,255」と直接入力して値を変更します。

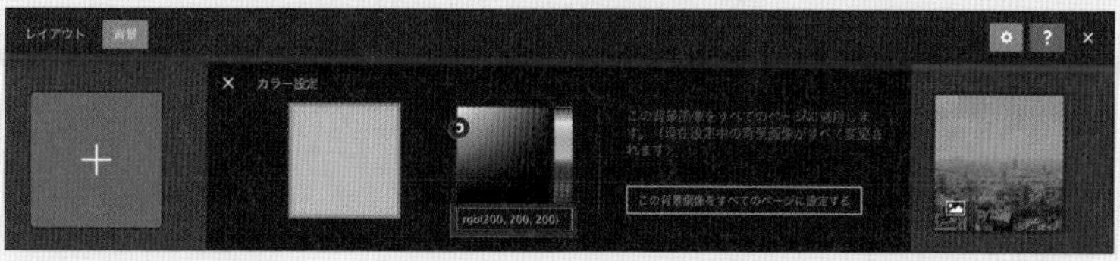

5 ［この背景画像をすべてのページに設定する］をクリックして、全ページに対しての背景色として設定します。

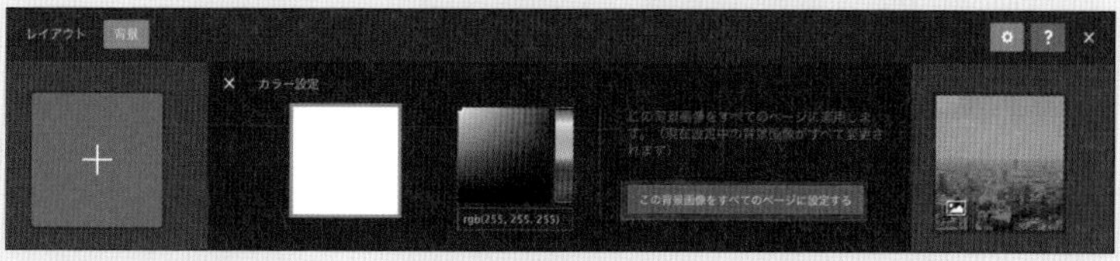

6 ［保存］をクリックして、設定を保存します。

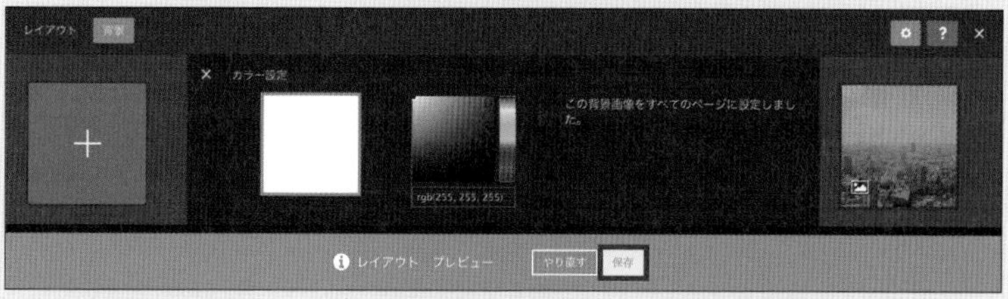

7 背景設定パネルの下に「保存しました」のメッセージが表示されたことを確認したら、編集画面右上の［×］をクリックして、［背景］の設定パネルを閉じます。

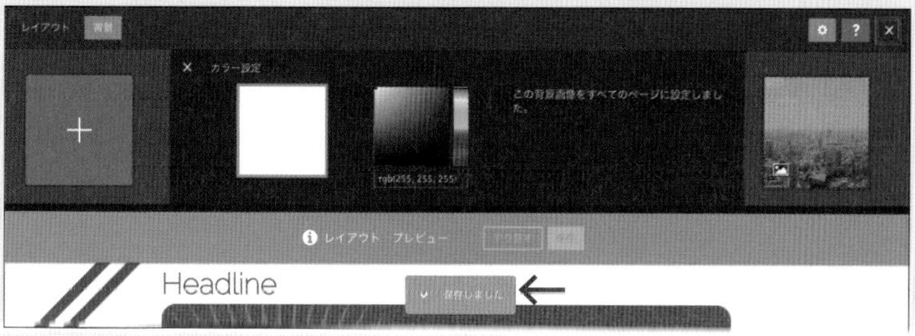

8 これで背景カラーを、白ベタに変更できました。

Headline
Jimdoで簡単ホームページ作成！
Jimdoで、世界でたったひとつ、あなただけのホームページをつくりましょう。
クリック＆タイプ操作で、画像やフォームなどのコンテンツ追加、編集が驚くほど簡単にできます。
さぁ、はじめましょう
このテキストは、サンプルのテキストです。これらのテキストを書き換えて、コンテンツを作成することも可能です。
おすすめ特集
株式会社サンプル名
〒123-4567
TEL/FAX : 03-1234-5678
E-mail: info@abc.jimdo

Point

実際のウェブ制作現場においては、「このような背景色の設定くらいならCSSで設定するほうが簡単だ」と思う方もいるでしょう。ただ、ジンドゥークリエイターでのデザイン制作依頼をされるクライアントの中には「ジンドゥーならではの編集性を、なるべく損なわないようにデザインしてほしい」と期待される方もいます。

もしもクライアント側からそのような要望があれば、そこはCSSなどの専門知識を持たなくても変更できるよう、あえてジンドゥークリエイターの標準機能を併用して作り込んでおくとクライアントは喜びます。

このことは、デザイナーが考える「引き渡し後のデザイン性の維持」という点においては必ずしも良いとは限りませんが、ジンドゥークリエイター本来の機能性も視野に入れおくと、さまざまなニーズに合わせた対応ができます。

[フォント設定] でフォントスタイルを設定する

次に、フォントの設定を行います。独自レイアウトの[デザイン]には[フォント設定]という設定メニューがありますので、本章ではこれを使ってフォントの基本設定を行います。

ただし[フォント設定]で設定できるのは、font-family、font-size、font-weight、line-height、colorなど一部のプロパティだけです。padding、margin、letter-spacingや、見出しの冒頭につけるアイコン画像、テキストリンクのアンダーラインなどの設定はできません。

基本のフォントスタイルを設定する

独自レイアウトの標準機能である［フォント設定］で、基本のフォントスタイルを設定します。

1 ［管理メニュー］→［デザイン］→［フォント設定］の順にクリックします。

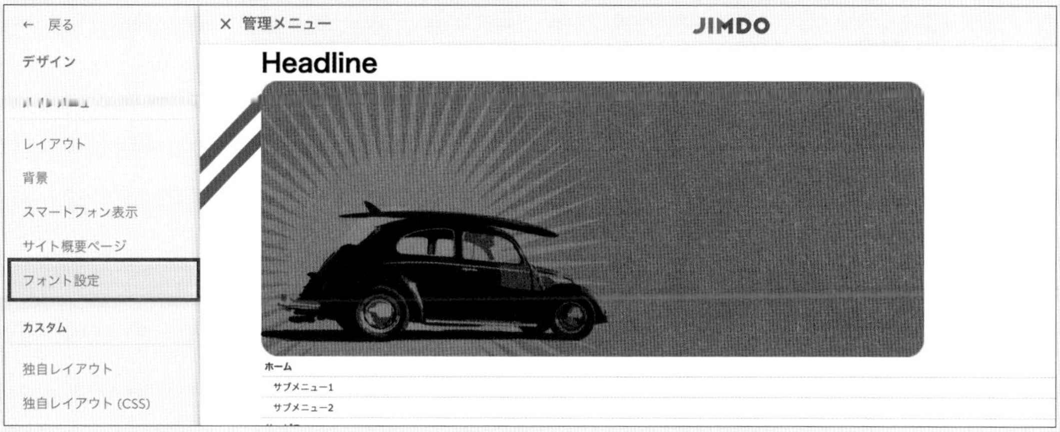

2 ［フォント設定］の画面が開きました。ここで、画面の各部を確認してみましょう。

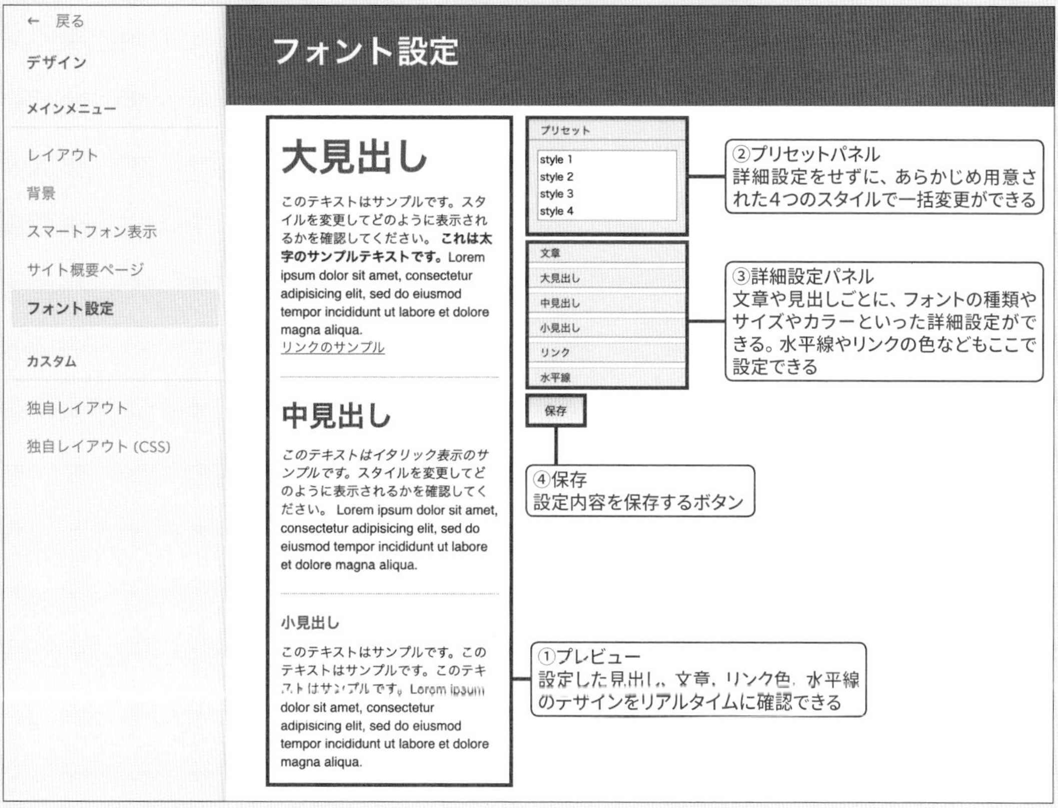

3 文章、見出し（大・中・小）、リンク、水平線を個別に設定します。［文章］［大見出し］といった名前がそれぞれボタンになっているので、クリックして項目ごとに設定をしていきます。
この章で制作するウェブサイトでは、文章と大見出し（h1）の`font-family`に“Noto Sans JP”を設定したいのですが、残念ながら独自レイアウトの［フォント設定］にはこのウェブフォントが用意されていません。ひとまずここでは、“ゴシック”に設定しておいて、あとから個別にGoogle Fontsでのウェブフォント設定をします。

文章
フォント：ゴシック
フォントサイズ：16px
行間隔：180％
カラー：#000000

大見出し（h1）
フォント：ゴシック
フォントサイズ：30px
スタイル：Bold,Nomal, センタリング
カラー：#000000

中見出し（h2）
フォント：Open Sans
フォントサイズ：18px
スタイル：Bold,Italic, 左寄せ
カラー：#000000

小見出し（h3）
フォント：Open Sans
フォントサイズ：16px
スタイル：Bold,Italic, 左寄せ
カラー：#333333

リンク
カラー：#737373

水平線
スタイル：罫線
カラー：#d6d6d6

上記の内容を設定したら、［保存］をクリックします。

Point

［フォント設定］で詳細な色を設定したい場合には、右端にある［カラーピッカー］のボタンをクリックします。カラーピッカーパネルが開いたら、中央のピッカーをドラッグして色を選択するか、あるいは16進数のカラーコードを入力することによって詳細な色を設定することができます。カラーコードを入力する場合は、冒頭の「#」は省略し、数字とアルファベットのみで入力します。

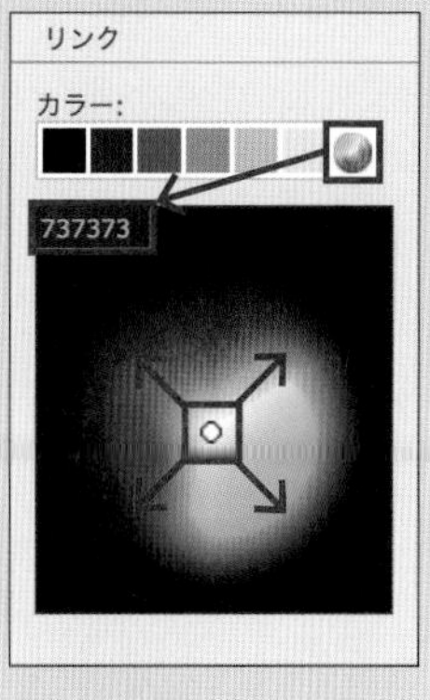
リンク
カラー：
737373

4 ［フォント設定］の［保存］をクリックすると、画面が切り替わり「フォントの変更を適用しますか？」というバーが画面上部に表示されます。［はい］をクリックして、フォントの設定を確定させます。

管理メニュー
JIMDO
アップグレード
プレビュー
フォントの変更を適用しますか？
はい
いいえ
戻る

5 ［フォント設定］ができました。［フォント設定］をしたのに、編集画面でフォントがうまく反映しないという場合は、ブラウザを一度リロードして設定を反映させてください。

さぁ、はじめましょう
このテキストは、サンプルのテキストです。これらのテキストを書き換えて、コンテンツを作成することも可能です。

設定したフォントがうまく反映せず文字サイズが小さい

さぁ、はじめましょう
このテキストは、サンプルのテキストです。これらのテキストを書き換えて、コンテンツを作成することも可能です。

ブラウザをリロードすると設定が正しく反映する

Point

中見出しと小見出しに指定したフォントの“Open Sans”は、欧文フォントであるため日本語の記述においては正しく表現されないことがあります。本章で制作するウェブサイトにおいては、中見出しと小見出しのテキストを、英文のみで入力することを前提として“Open Sans”を指定していますが、サンプルテキストの日本語が表示されている段階では、「Italicに指定したのに、Windowsでは斜体にならない」などの不都合な見え方になってしまうことがあります。こうしたことから本章で制作するウェブサイトでは、“Open Sans”の使用を用途が限定される中見出しと小見出しのみにとどめ、本文のテキストには自由度の高い日本語ウェブフォントの“Noto Sans JP”を使用しています。

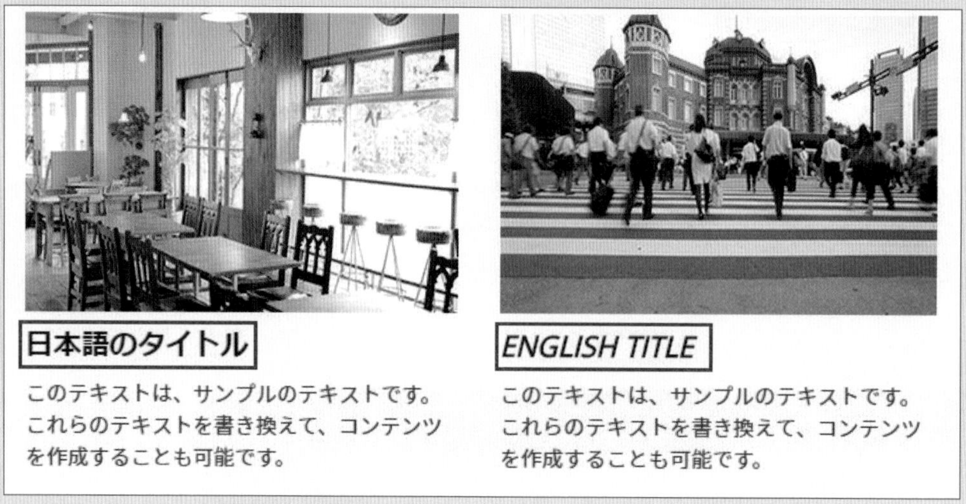
日本語のタイトル
このテキストは、サンプルのテキストです。これらのテキストを書き換えて、コンテンツを作成することも可能です。
ENGLISH TITLE
このテキストは、サンプルのテキストです。これらのテキストを書き換えて、コンテンツを作成することも可能です。

中見出しに“Open Sans”をItalicで指定し、WindowsのGoogle Chromeで閲覧した場合。英語タイトルでは正しく斜体になるが、日本語タイトルだとノーマルな状態に見えてしまう

CSSでフォントスタイルを設定する

続いてCSSで、さらに細かなフォント設定を行っていきます。文章と大見出しにはGoogle Fontsの“Noto Sans JP” を設定しますので、先にこのウェブフォントを使えるようにしておきましょう。同様に“Open Sans”も読み込めるようにしておきます。

“Open Sans”は、先ほどの［フォント設定］にも標準装備されていたので読み込まなくてもよいように思うかもしれませんが、本章で制作するウェブサイトでは“Open Sans”の`font-weight`にもう少しバリエーションがほしいので、ここでは“bold 700”と“bold 700 Italic”を追加しておきます。

Google Fontsを使う

それでは、Google Fontsを独自レイアウトで読み込む設定をしていきます。

1 https://fonts.google.com/ にアクセスして、Google Fontsのページを開きます。
「Search fonts」の検索ボックスに「noto」と入力して、“Noto Sans JP”を表示させたら、右肩の [+] をクリックして“Noto Sans JP”のウェブフォントを選択します。

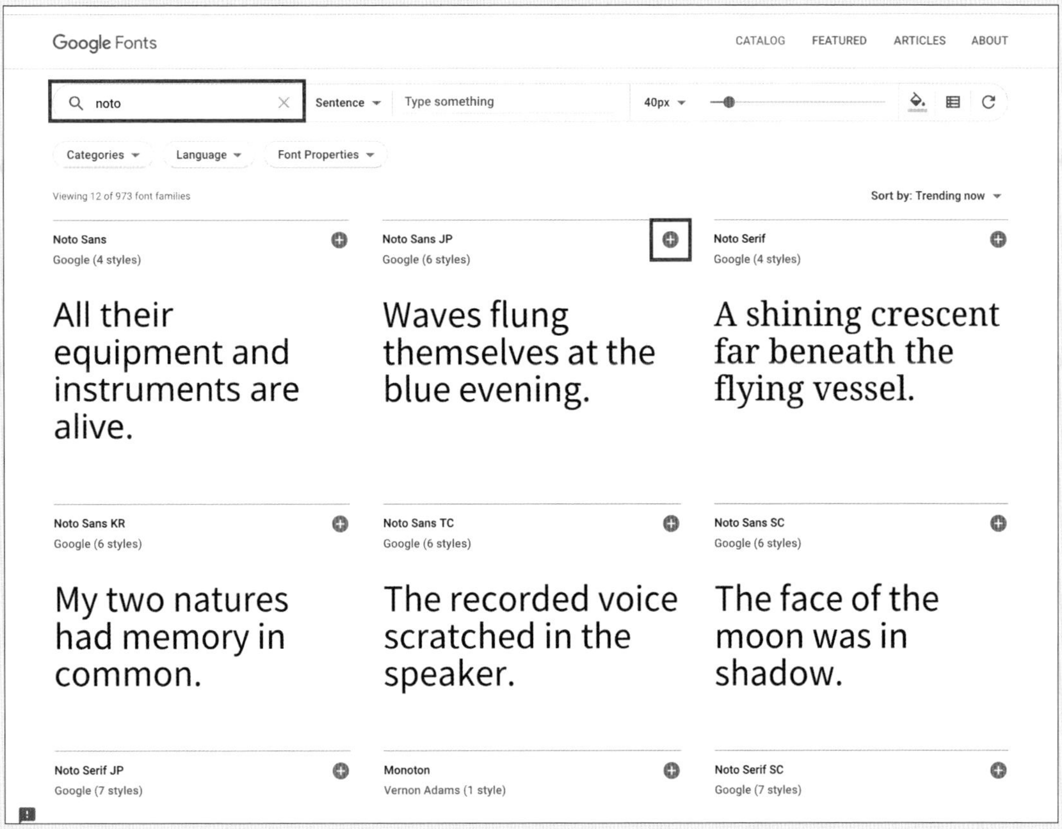

2 次に「Search fonts」の検索ボックスに「open」と入力し“Open Sans”を表示させたら、右肩の [+] をクリックして“Open Sans”のウェブフォントを選択します。

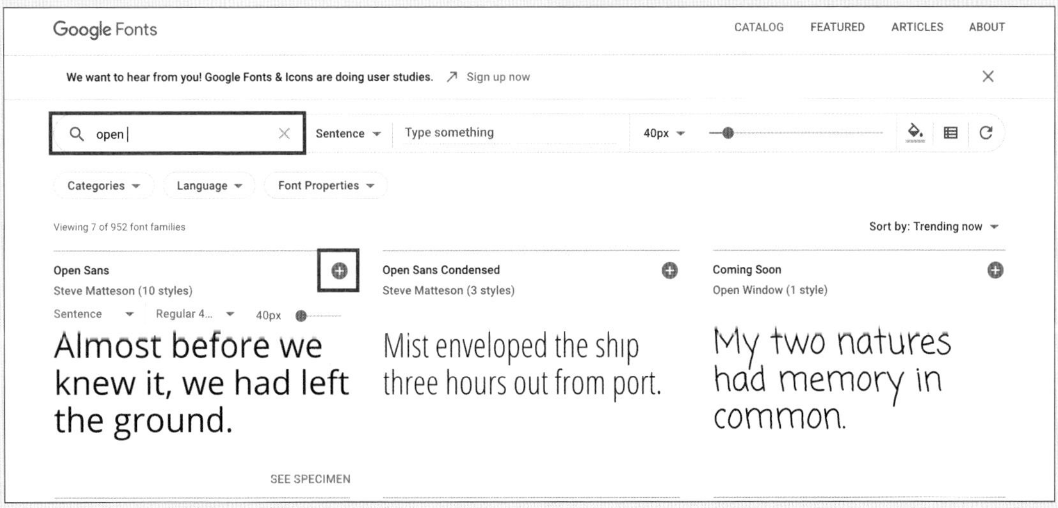

3 画面下部に表示された［2 Families Selected］をクリックします。

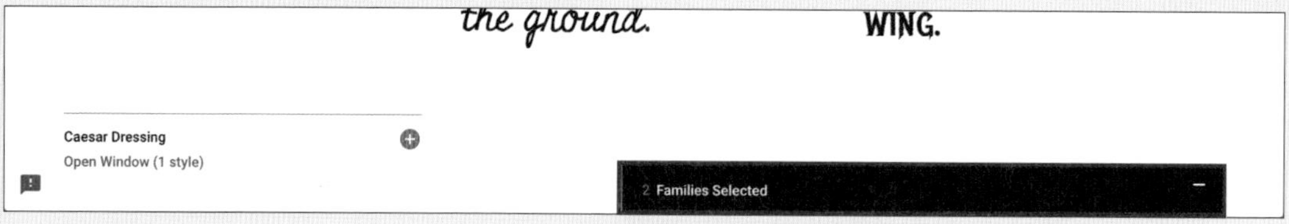

4 設定に関する画面が開くので、［CUSTOMIZE］タブをクリックして、画面を切り替えます。“Open Sans”の“bold 700”と“bold 700 Italic”のチェックボックスをクリックして、フォントのウエイトを追加します。

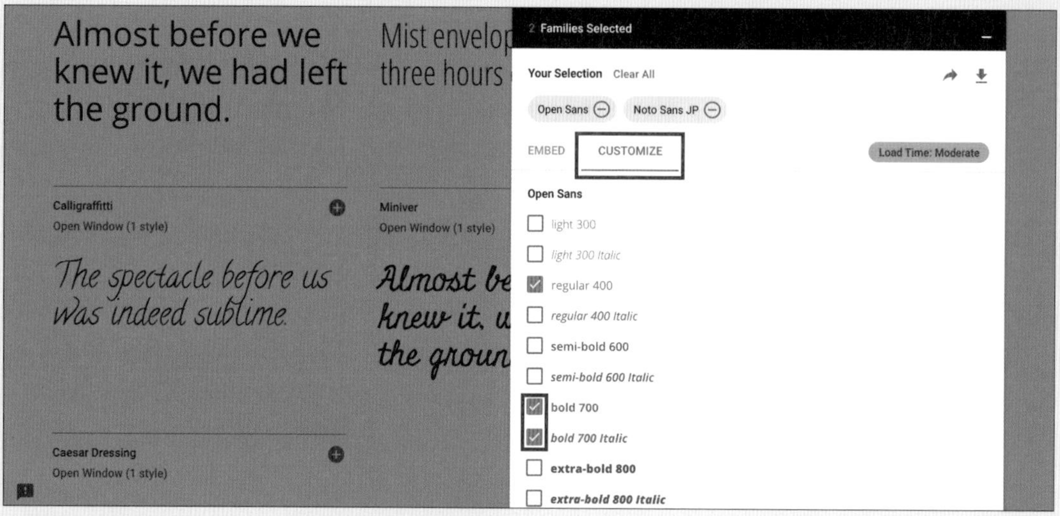

5 設定画面を下にスクロールして、“Noto Sans JP”の“bold 700”のチェックボックスをクリックし、フォントのウエイトを追加します。

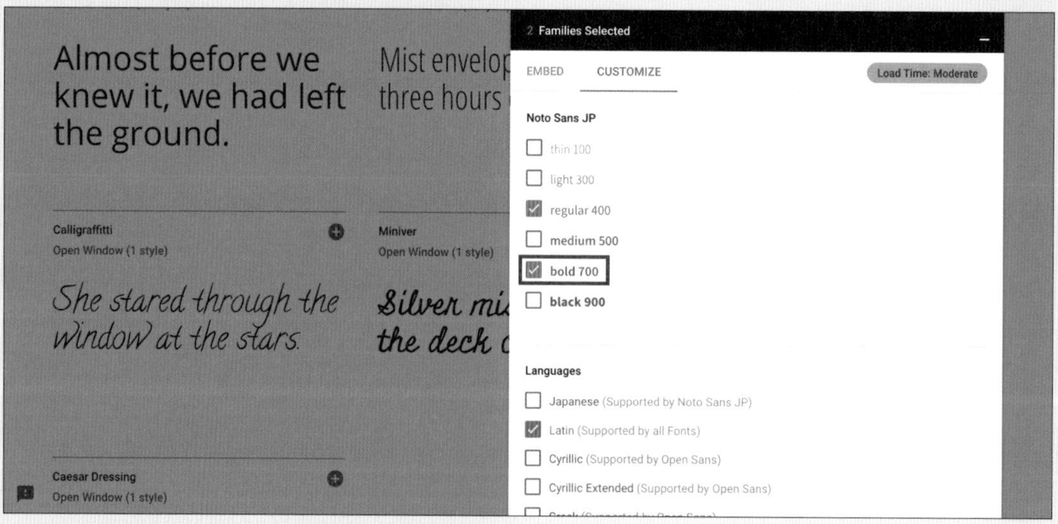

6 今度は［EMBED］タブをクリックして、元の画面に切り替えます。「Embed Font」の「STANDARD」欄に記載されたソースコードを、まるごとコピーします。Google Fonts を開いているブラウザのタブは、この時点ですぐ閉じずに、もう少しだけこのままにしておきます。

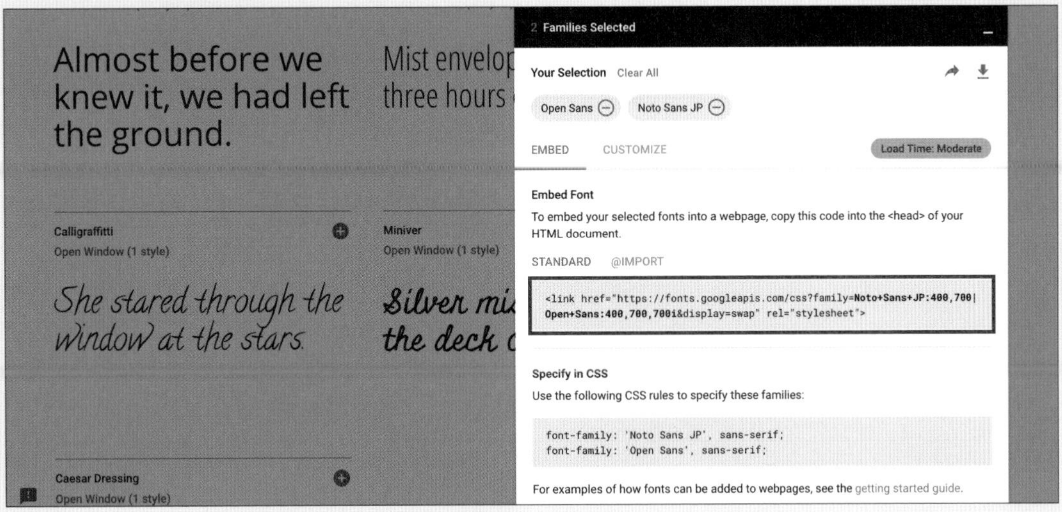

7 ［管理メニュー］→［基本設定］の順にクリックします。

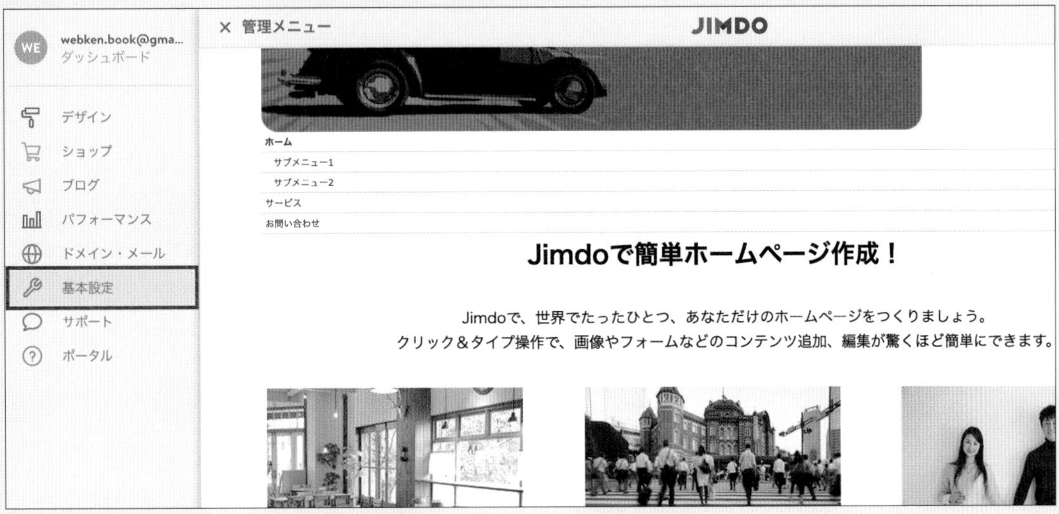

8 ［ヘッダー編集］をクリックして、［ホームページ全体］のヘッダー編集エディタを開きます。まず、［ヘッダー編集］にあらかじめ記載されているコードは不要なので、すべて削除します。次に、エディタの1行目に先ほどコピーしたソースコードを貼り付けます。

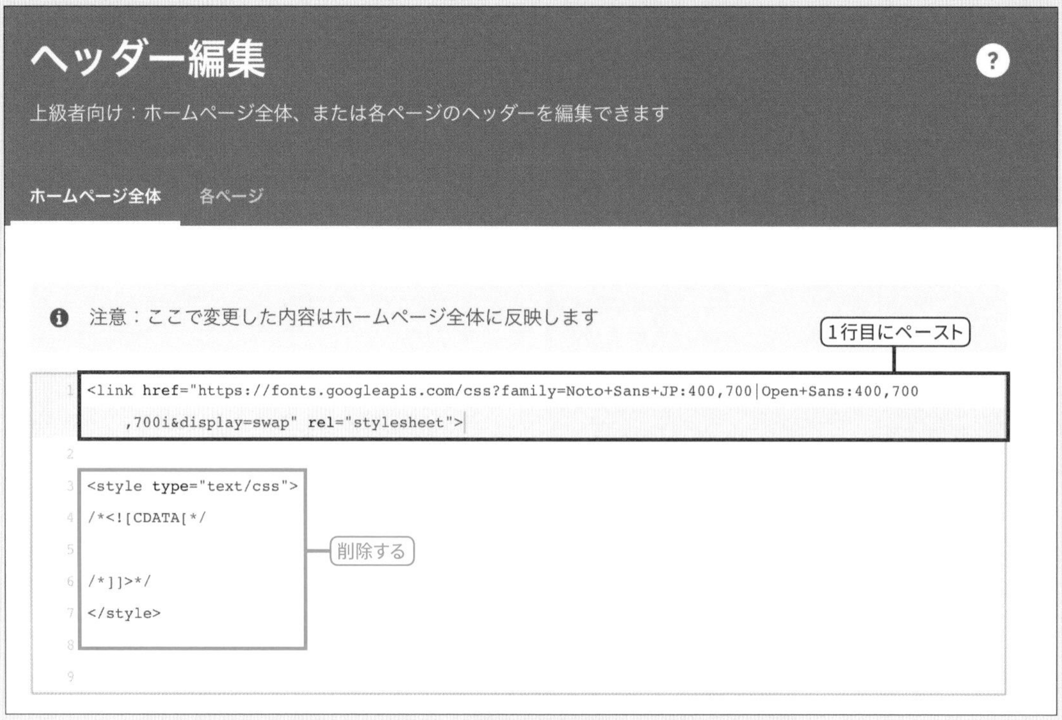

Point

はじめて［ヘッダー編集］を開くと、すでに<style type="text/css"> ～ </style>の空コードが記載されていますが、これは<head>部分でスタイル記述を行う場合のための補助的な記載にすぎません。今回のように［ヘッダー編集］でスタイル記述を行わない場合には、まったく不要なコードですので削除しておきましょう。

9 ［ヘッダー編集］の［保存］ボタンをクリックして、編集内容を保存します。これでGoogle Fontsの“Noto Sans JP”と、“Open Sans”が使えるようになりました。

CSSで文章と見出しのスタイルをコーディングする

文章と見出しに、CSSでスタイルを設定していきます。

1 [←戻る] をクリックします。

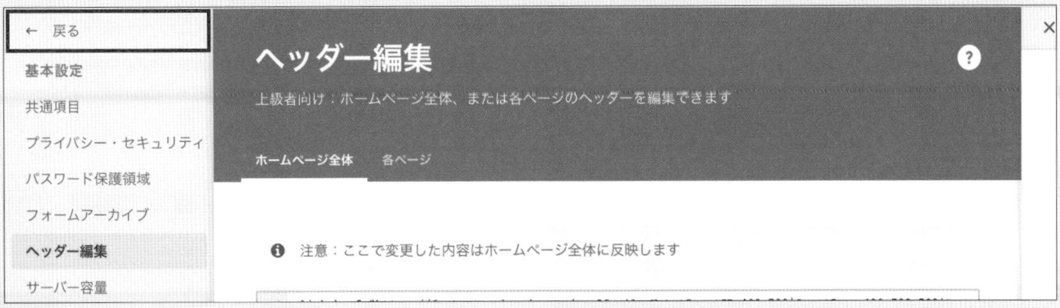

2 [デザイン] → [独自レイアウト] → [CSS] の順にクリックし、[CSS] の画面を開きます。

3 [CSS] 画面が開いたら、「Typo」の名称でコメントアウトされた箇所を表示します。まずは、デフォルトのpタグとh1、h2タグのCSSをすべて削除します。その後、同じ場所に全体の文章と、見出しのスタイルを設定するためのコードを記述します。

変更前コード [CSS]

```
h1 { font:bold 18px/140% "Trebuchet MS", Verdana, sans-serif; }
h2 { font:bold 14px/140% "Trebuchet MS", Verdana, sans-serif; }

p {    font: 11px/140% Verdana, Geneva, Arial, Helvetica, sans-serif;}
```

削除

変更後コード [CSS]

```
body, p, table, td, input, textarea {

}
```

```
h1 {

}
```

4 P.185の手順6で開いておいたGoogle Fonts の画面に戻り、「Specify in CSS」の欄に表示された "Noto Sans JP" のCSSをコピーします。

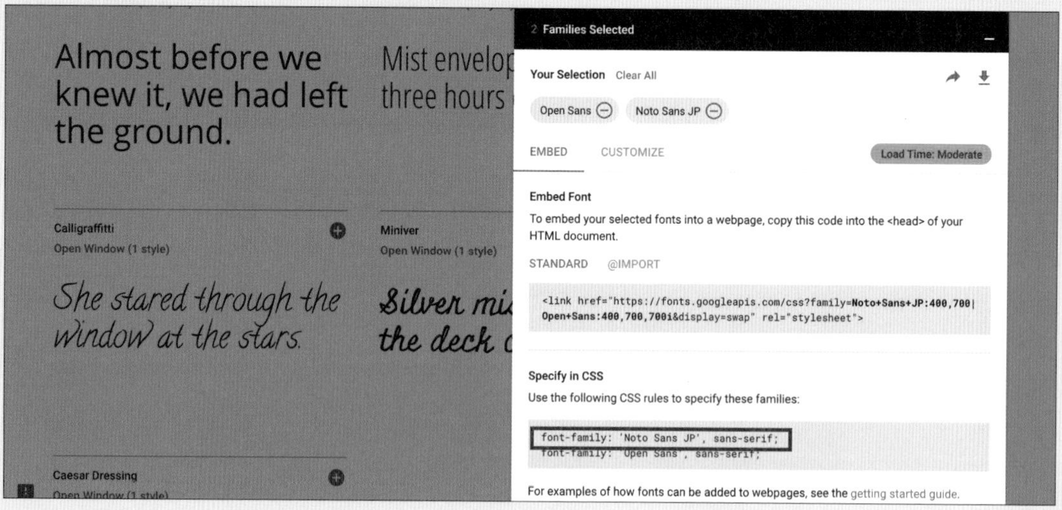

5 コピーしたコードを、文章と見出しのfont-familyとして貼り付けます。このとき貼り付けたコードには、書き加えたプロパティを最優先で使用するための!importantを付与しておきます。

変更前コード[CSS]

```
body, p, table, td, input, textarea {

}

h1 {

}
```

変更後コード[CSS]

```
body, p, table, td, input, textarea {
  font-family: 'Noto Sans JP', sans-serif !important;
}

h1 {
  font-family: 'Noto Sans JP', sans-serif !important;
}
```

6 ここまでコーディングしたら、[保存]をクリックして、編集内容を保存します。閲覧画面を開き、Google Chromeのデベロッパーツールで確認すると、文章と大見出し(h1)のfont-familyが設定できていることがわかります。Google Fontsの設定ができたことを確認したら、Google Fontsの画面を開いているブラウザタブは閉じます。

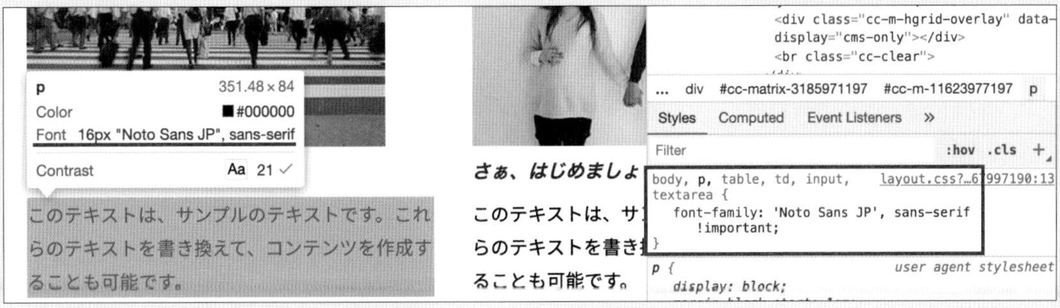

Google Chromeのデベロッパーツールで文章の箇所を確認してみると、きちんと"Noto Sans JP"が反映している

COLUMN 独自レイアウトのCSSで!importantを使わなければならない場面

ユーザーが独自レイアウトの[CSS]に記載したコードは、「layout.css?t="ランダムに割り当てられた数字"」のファイル名で、ジンドゥークリエイターのサーバー内に保存されます。そして独自レイアウトでは、ユーザーが編集したこのファイルのほかにも、別のいくつかのスタイルシートが順に読み込まれます。

そのようなCSSファイルのひとつに「font.css?t="ランダムに割り当てられた数字"」のファイル名のものがありますが、これは[フォント設定]による設定内容が出力されることで出来上がるファイルです。問題なことに、このファイルはユーザーがコーディングしたCSSのあとに読み込まれてしまうので、最終的にはユーザーレベルで編集するCSSよりも「font.css?t="ランダムに割り当てられた数字"」のファイルのほうが優先されてしまいます。その結果、ユーザーのCSSによるフォントスタイルは、上書きでキャンセルされてしまうことになります。

このような場合においては、たとえそれが[CSS]のエディタ内で唯一の記述であったとしても、ほかで指定されたスタイルよりもユーザースタイルを優先させるために、!importantを使わなければなりません。

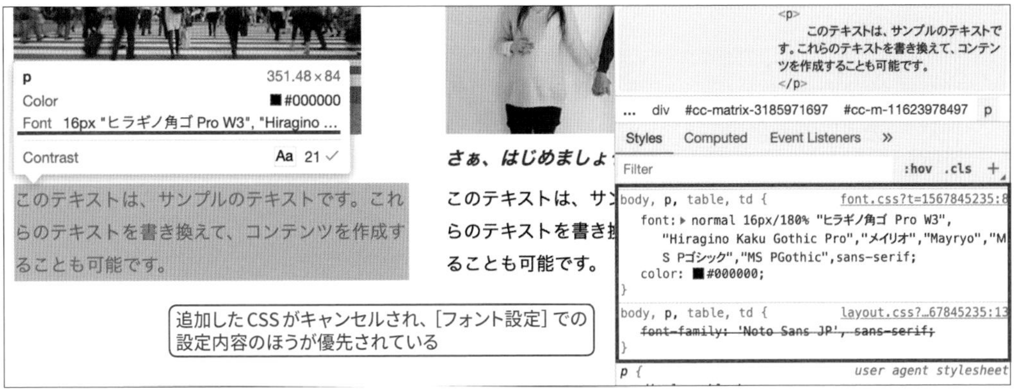

Googleデベロッパーツールで文章のフォントを検証してみた例。!importantを使わないと、「font.css」のCSSが優先されてしまう

参考までに、独自レイアウトの[フォント設定]によって出力されるファイルのCSSコードを、以下に掲載します。これらのスタイルを、ユーザーCSSによって上書きで編集したい場合には、そのプロパティの値に!importantの付与が必要になります。

```
body, p, table, td {
  font: normal 16px/180% "ヒラギノ角ゴ Pro W3", "Hiragino Kaku Gothic Pro",
  "メイリオ","Mayryo","ＭＳ Ｐゴシック","MS PGothic",sans-serif;
  color:#000000;
}
```

```
input, textarea {
  font: normal 16px/180% "ヒラギノ角ゴ Pro W3", "Hiragino Kaku Gothic Pro",
  "メイリオ","Mayryo","ＭＳ Ｐゴシック","MS PGothic",sans-serif;
}

h1 {
  font: normal normal bold 30px/140% "ヒラギノ角ゴ Pro W3", "Hiragino Kaku Gothic
  Pro","メイリオ","Mayryo","ＭＳ Ｐゴシック","MS PGothic",sans-serif;
  color: #000000;
  text-align: center;
}

h2 {
  font: italic normal bold 18px/140% "Open Sans", sans-serif;
  color: #000000;
}

h3 {
  font: italic normal bold 16px/140% "Open Sans", sans-serif;
  color: #333333;
}

a:link, a:visited {
  text-decoration: underline;
  color: #737373;
}

a:active, a:hover {
  text-decoration: none;
  color: #737373;
}

div.hr {
  border-bottom-style: solid;
  border-bottom-width: 1px;
  border-color: #d6d6d6;
  height: 1px;
}
```

※主要箇所の抜粋

これらのCSSに記載されたスタイルを上書きしなければならない場合には!importantを追加しなければなりません。

もしもコーディングの過程で、「正しいコードを書き加えたはずなのに、思ったようにデザインが反映しない」という場合には、Google Chromeのデベロッパーツールで設定箇所の状態を確認しながら、プロパティに!importantを追加してみてください。

7 さらに、見出しのスタイルをコーディングしていきます。先ほどのコーディングで、大見出し（h1）のfont-familyまでは設定できました。その他の中見出し（h2）と小見出し（h3）についても［フォント設定］でフォントの設定は完了していますので、ここではそれ以外の調整を行います。
本書で制作するウェブサイトでは、見出しの上下と字間に少し余裕をもたせたいので、それぞれの見出しにmarginとletter-spacingのコードを記述します。

変更前コード［CSS］

```
h1 {
  font-family: 'Noto Sans JP', sans-serif !important;
}
```

変更後コード［CSS］

```
h1 {
  font-family: 'Noto Sans JP', sans-serif !important;
  letter-spacing: 6px;
}

h2, h3 {
  margin: 5px 0 !important;
  letter-spacing: .5px;
}
```

8 中見出し（h2）は、画像を使って、冒頭に四角形のマークがつくように飾り付けをします。独自レイアウト編集画面のタブで［ファイル］の画面に切り替えたら、マークに使用する画像ファイル（ここでは「header-accent.png」）を選択して、［アップロード］をクリックします。

9 「このファイルはアップロードされました！」とメッセージが表示され、アップロードしたファイルが一覧に表示されます。このとき一覧から、アップロードしたファイルのファイル名をコピーしておきます（ファイルURLではなく、ファイル名の「header-accent.png」をコピーします）。

10 引き続き、独自レイアウト編集画面のタブで［CSS］をクリックして、［CSS］の画面を開きます。［CSS］エディタに、中見出し（h2）のCSSを追加します。画像URLの箇所には、先ほどコピーしておいたファイル名「header-accent.png」をペーストします。

変更前コード［CSS］

```
h1 {
  font-family: 'Noto Sans JP', sans-serif !important;
  letter-spacing: 6px;
}

h2, h3 {
  margin: 5px 0 !important;
  letter-spacing: .5px;
}
```

変更後コード［CSS］

```
h1 {
  font-family: 'Noto Sans JP', sans-serif !important;
  letter-spacing: 6px;
}

h2, h3 {
  margin: 5px 0 !important;
  letter-spacing: .5px;
}

h2 {
  background-image: url(header-accent.png);
  background-size: 12px;
  background-repeat: no-repeat;
  background-position: left;
  padding-left: 24px !important;
}
```

Point

独自レイアウトの［CSS］では、background-image のURLに画像ファイル名だけを記述すれば、画像ファイルを指定できます。独自レイアウトの［ファイル］にアップロード済みの画像ファイルであれば、パスの記述は必要ありません。

CSSでアンカーテキストのスタイルをコーディングする

アンカーテキストに、CSSでスタイルを設定していきます。

1 リンクのtext-decorationを設定します。デフォルト時のCSSでは、a:link、a:visited、a:activeがアンダーラインありの状態で、hover時にはアンダーラインが消えるようになっています。今回のデザインでは、a:link、a:visitedがアンダーラインなしの状態で、a:active、a:hover時にはアンダーラインがつくように設定します。このCSSについても!importantの付与が必要です。

変更前コード［CSS］

```
a:link, a:visited
{
  text-decoration: underline;
  color:#EC4413;
}
a:active {    text-decoration: underline; }
a:hover { text-decoration:none; }
```

変更後コード［CSS］

```
a:link, a:visited {
  text-decoration:none !important;
}
a:hover, a:active {
  text-decoration: underline !important;
}
```

2 これで主要なフォントスタイルの設定が完了しました。

［CSS］でのフォント設定が完了したので、見出しと文章のフォントが整っている

SECTION

03 ヘッダーエリアを作る

フォントの設定の次は、ファーストビューとなるヘッダーエリアを作り込んでいきます。ヘッダーエリアは、ロゴとメインビジュアルの2つの要素からできています。独自レイアウトの［ファイル］にアップロードした画像ファイルを、HTMLとCSSで設置していきます。

ロゴを設置する

まずは、ロゴを設置します。独自レイアウトのデフォルトデザインでは、ロゴ部分がh1タグによって括られたテキストになっています。今回のデザインでは、テキストを画像に置き換えてh1タグを外します。さらに、クリックすると常にトップページが開くよう、ロゴ画像にリンクを設定します。

タグ挿入ボタンを使って画像を挿入する

画像タグ挿入ボタンを使って、HTMLに画像タグを挿入します。

1 ［ファイル］の画面を開いて、ロゴ画像ファイル（ここでは「logo.png」）をアップロードします。

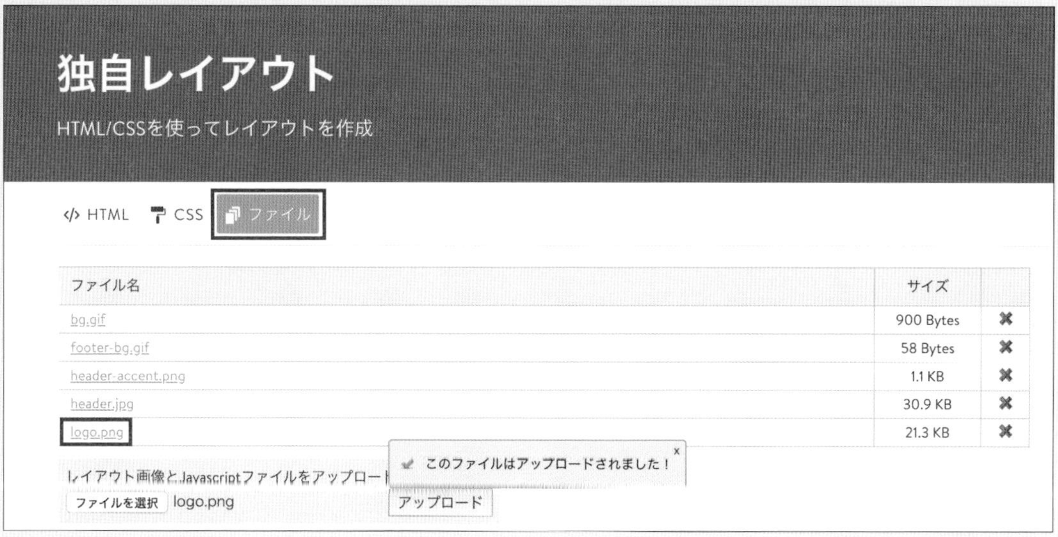

2 前のセクションでは、アップロードした画像ファイルを「ファイル名」の記述で指定する方法によってコーディングをしました。今度は、独自レイアウトのタグ挿入機能を使って、画像の指定をしてみましょう。
まず［HTML］のタブをクリックして［HTML］画面を開いたら、一度ブラウザをリロードします。その後、h1タグの中身の「Headline」の文字列をまるごと選択してから［画像の利用］をクリックします。

Point

［HTML］や［CSS］で画像を使用する場合において、直前に［ファイル］で画像ファイルをアップロードするということがあるかもしれません。しかし、アップロードしたばかりのファイルは、そのままでは［画像の利用］の一覧に反映しません。こうした仕様も「ジンドゥークリエイターならでは」ですが、この問題はブラウザを一度リロードすることで解消できます。

ブラウザをリロードすると、ファイルの再読み込みが行われるので、［画像の利用］一覧にすぐに反映させることができます。

［画像の利用］の一覧に画像が反映していないからといってもアップロードそのものができていないわけではありませんが、どうしてもすぐに［画像の利用］を使いたいという場合には、ブラウザのリロードを試してみてください。

もちろんSECTION02の見出しマークのように、［ファイル］から直接ファイル名をコピーして［HTML］や［CSS］のコード指定箇所にペーストする手法でも何ら問題ありませんし、実際に手慣れてくるとそのほうが効率的に作業できるはずです。

3 ［画像の利用］をクリックすると、選択可能な画像ファイルが一覧できます。手順 1 でアップロードしたロゴ画像ファイルをクリックします。

4 ロゴ画像ファイル（ここでは「logo.png」）が、タグで挿入されました。

5 [HTML]の<h1>タグを、<div id="logo">に書き換えます。代替テキストも入れておきます。

変更前コード[HTML]

```
<header>
  <h1>
    <img src="logo.png" alt="" />
  </h1>
  <img src="header.jpg" alt="" />
</header>
```

変更後コード[HTML]

```
<header>
  <div id="logo">
    <img src="logo.png" alt="ジンドゥー建築事務所" />
  </div>
  <img src="header.jpg" alt="" />
</header>
```

6 ロゴにリンクを設定します。トップページへのリンクとして、ルートディレクトリの「/（スラッシュ）」をURLに設定します。

変更前コード[HTML]

```
<header>
  <div id="logo">
    <img src="logo.png" alt="ジンドゥー建築事務所" />
  </div>
  <img src="header.jpg" alt="" />
</header>
```

変更後コード [HTML]

```
<header>
  <div id="logo">
    <a href="/"><img src="logo.png" alt="ジンドゥー建築事務所" /></a>
  </div>
  <img src="header.jpg" alt="" />
</header>
```

7 HTMLができたので、CSSもコーディングしておきましょう。[CSS] 画面に切り替えて、「Layout」の名称でコメントアウトされた箇所までスクロールします。ここのbodyタグに関してのコードはもう不要なので、削除しておきます。

8 <div id="header"> はheaderタグに置き換えているので、#headerに関するタグはまるごと削除します。そのあとで、同じ場所にロゴのスタイルを指定するCSSを追加していきます。

#container {
    width: 1130px;
    margin: 0 auto;
    background: #FFF;
}
#header
{
    padding:17px;
}
#header h1,
#header a
{
    padding:0;
    font-family:"Helvetica","Lucida Sans Unicode",Tahoma,Verdana,Arial,Helvetica,sans-serif;
    font-size:30px;
    font-weight:normal;
    text-decoration:none;
    line-height:1.3em;
    color:#666666;
    text-align:right;
}
#header a:hover { text-decoration:none; }
#navigation
{
削除

追加するコード[CSS]

```
header #logo {
  padding: 45px 10px;
}

header #logo img {
  width: 280px;
  margin: 0 auto;
}

header #logo a img:hover {
  opacity: .75;
}
```

9 [CSS] 画面の [保存] をクリックして、編集内容を保存します。閲覧画面で確認すると、ロゴの設置ができています。

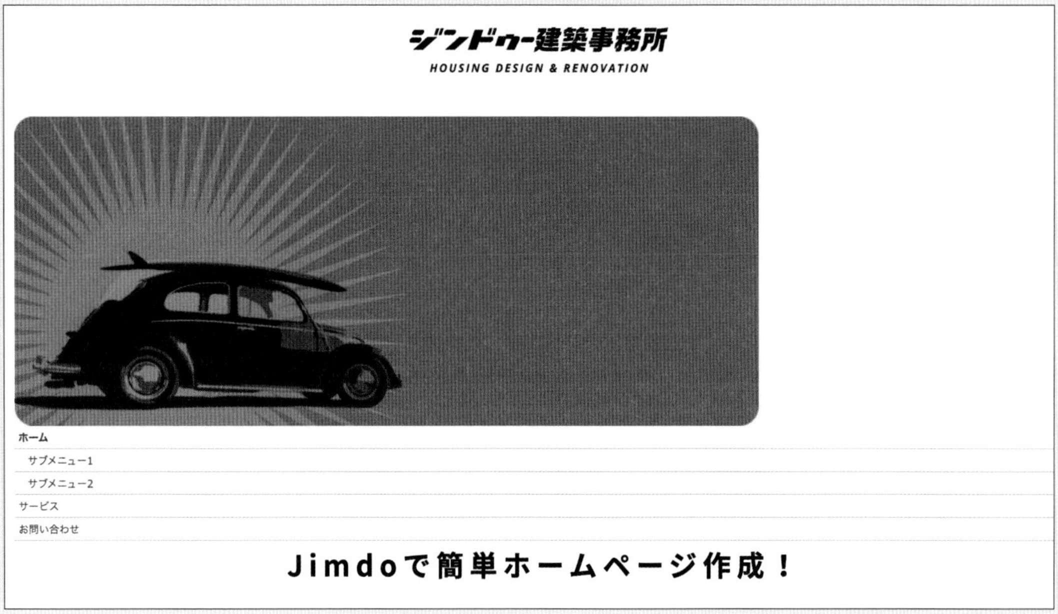

メインビジュアルを設置する

次に、メインビジュアルを設置します。

メインビジュアルのコーディングをする

HTMLとCSSで、ウェブサイトのメインビジュアルを設置します。

1 ［ファイル］の画面を開いて、メインビジュアルの画像ファイル（ここでは「main-visual.jpg」）をアップロードします。アップロードしたら、ファイル名をコピーしておきます。

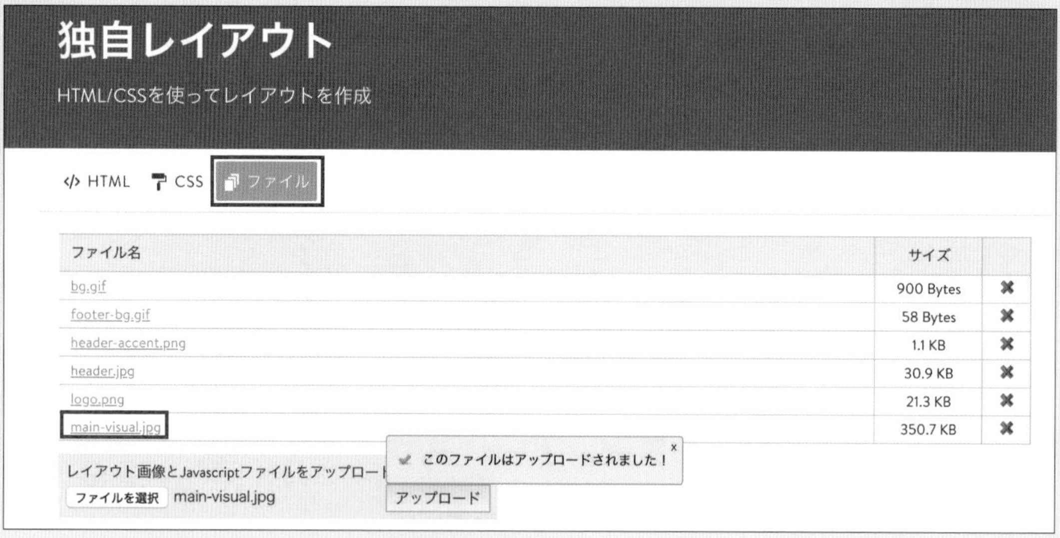

2 ［HTML］の画面に切り替えて、HTMLを編集します。メインビジュアルのデフォルト画像ファイルは「header.jpg」になっているので、これを、新しいメインビジュアルの画像ファイル「main-visual.jpg」に置き換え、代替テキストも入れておきます。そのあとで、<img>タグを<div id="main-visual">で囲みます。

変更前コード［HTML］

```
<header>
  <div id="logo">
    <a href="/"><img src="logo.png" alt="ジンドゥー建築事務所" /></a>
  </div>
  <img src="header.jpg" alt="" />
</header>
```

変更後コード［HTML］

```
<header>
  <div id="logo">
    <a href="/"><img src="logo.png" alt="ジンドゥー建築事務所" /></a>
  </div>

  <div id="main-visual">
    <img src="main-visual.jpg" alt="ジンドゥー建築事務所" />
  </div>
</header>
```

3 引き続き、[CSS] の画面に切り替えて、CSSを編集します。#navigationの直前に、メインビジュアルのCSSコードを追記します。

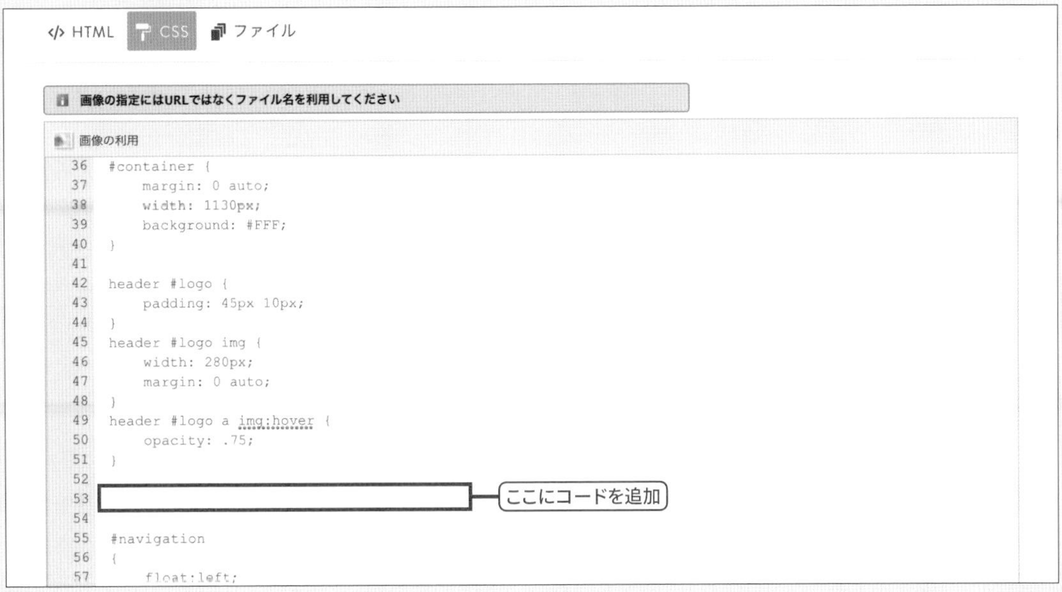
HTML
CSS
ファイル
画像の指定にはURLではなくファイル名を利用してください
画像の利用
36 #container {
37 margin: 0 auto;
38 width: 1130px;
39 background: #FFF;
40 }
41
42 header #logo {
43 padding: 45px 10px;
44 }
45 header #logo img {
46 width: 280px;
47 margin: 0 auto;
48 }
49 header #logo a img:hover {
50 opacity: .75;
51 }
52
53
54
55 #navigation
56 {
57 float:left;
ここにコードを追加

追加するコード [CSS]

```
header #main-visual {
  width: 1120px;
  margin: 0 auto;
}

header #main-visual img {
  width: 100%;
}
```

4 [CSS] 画面の [保存] をクリックして、編集内容を保存します。閲覧画面で確認すると、メインビジュアルの設置ができています。これでヘッダーエリアは完成です。

ジンドゥー建築事務所
HOUSING DESIGN & RENOVATION
ホーム
サブメニュー1
サブメニュー2
サービス
お問い合わせ
Jimdoで簡単ホームページ作成！
Jimdoで、世界でたったひとつ、あなただけのホームページをつくりましょう。

SECTION

04 ナビゲーションを作る

次に、ナビゲーションを作り込んでいきましょう。ナビゲーションは、独自タグによってデータが出力される部分です。ナビゲーションのメニューは、ジンドゥークリエイターの基本機能で行いますので、ここでは独自タグなどのHTMLとCSSをコーディングしていきます。

[ナビゲーションの編集]でページを用意する

このデザインで実装したいナビゲーションは、まず親階層のページだけが表示されていて、子階層を持つ親階層のページが表示されると、そこではじめて子階層のメニューが表示されるように展開するものです。

ジンドゥークリエイターでは3階層までのナビゲーション階層を組むことができますが、この章で制作するウェブサイトでは、3階層目のナビゲーションのメニューも同様の展開方法で考えています。孫階層のメニューを持つ場合には、子階層のページが表示されたときに、孫階層のメニューが現れるという展開方法になります。

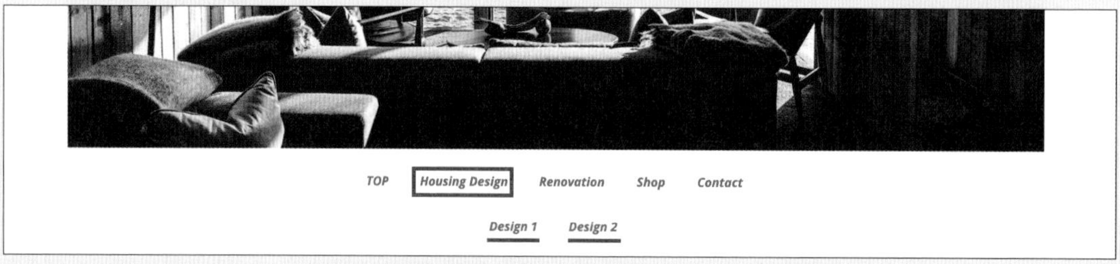

実装したいナビゲーションの展開方法（子階層を持つ親階層のページが開いたときに子階層のメニューが表示される）

本章で制作するウェブサイトのページ構成

本章で制作するウェブサイトは、2階層目までのシンプルなページ構成です。まずはページを、ジンドゥークリエイターの[ナビゲーションの編集]機能で用意していきます。

▼本章で制作するウェブサイトのページ構成図

1. Top
2. Housing Design
    - 1. Style 1
    - 2. Style 2
    - 3. Style 3
3. Renovation
4. Contact

[ナビゲーションの編集] でページを用意する

ページ構成図に基づいて、ジンドゥークリエイターの基本機能である[ナビゲーションの編集]によって、空(から)ページを作っていきます。

1 編集画面右上の[×]をクリックして、独自レイアウトの編集画面を閉じます。

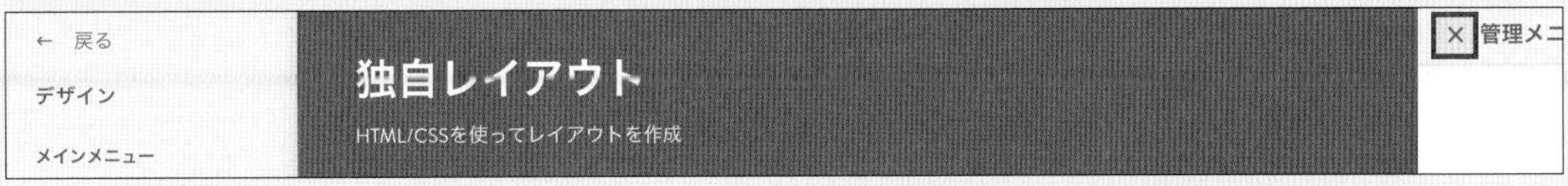

2 [ナビゲーションの編集] をクリックします。ウェブサイトのページ構成図に従って、ページを用意します。

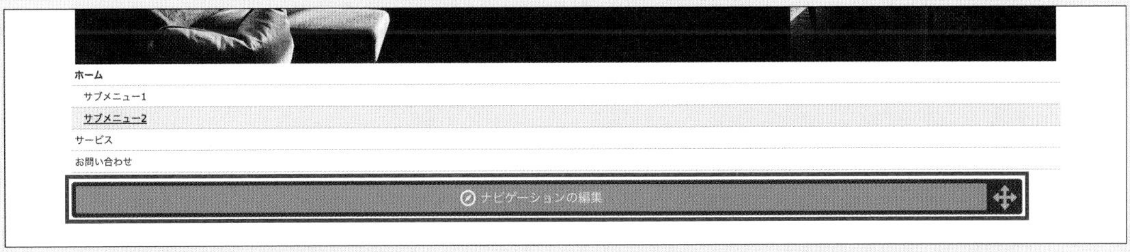

3 ナビゲーションのメニューができました。この時点のトップページでは、1階層目に設定したナビゲーションメニューだけが表示されています。

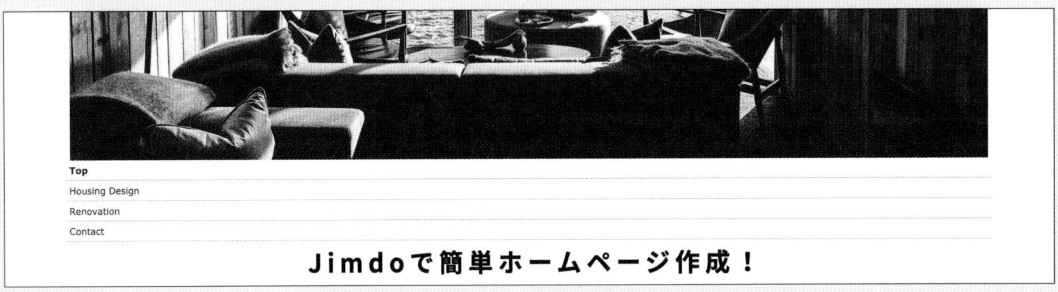

ナビゲーションをHTMLで階層ごとに表示させる

ナビゲーションのメニューが揃ったら、次は想定した展開方法で実装するためのコーディングをしていきます。

新しいナビゲーションの独自タグに置き替える

独自レイアウトは、これまで何度か独自タグの改変が行われてきましたが、なぜかデフォルトのHTMLコードでは`<var>navigation[1|2|3]</var>`という、古いタイプの独自タグが記述されています。これでも使えないことはないのですが、やはり少しでも多機能な新しい独自タグのほうがよいので、まずはこれを差し替えることからはじめます。

1 ［管理メニュー］→［デザイン］→［独自レイアウト］の順にクリックして［HTML］の画面を開いたら、<nav>～</nav>の中にある<var>navigation[1|2|3]</var>をドラッグで選択します。

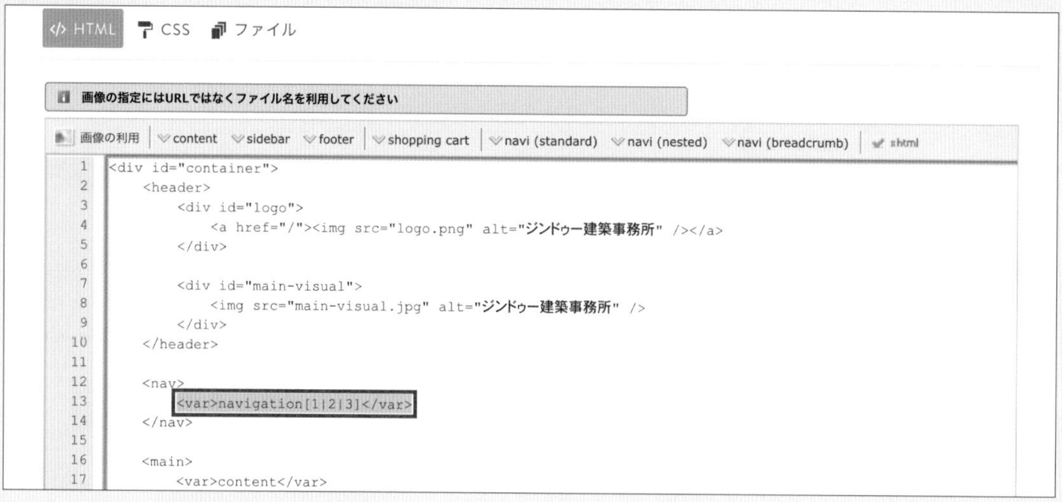

2 独自タグの［navi(standard)］をクリックします。独自タグが<var>navigation[1|2|3]</var>から<var levels="1,2,3" expand="false" variant="standard" edit="1">navigation</var>に置き替わりました。

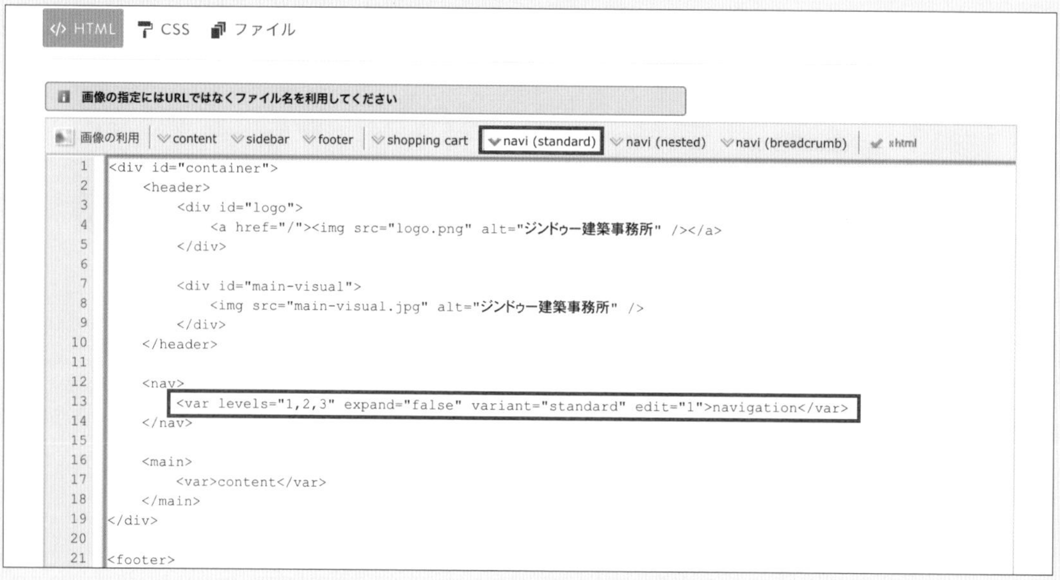

HTMLでナビゲーションを展開させるためのコーディングをする

次に、ナビゲーションのHTMLをコーディングします。まずは、1階層目に表示させるナビゲーションのHTMLからコーディングしていきます。

1 独自タグのlevelsの"1,2,3"を"1"に修正します。これでナビゲーションの表示を、1階層目のメニューだけに限定することができます。

変更前コード[HTML]

```
<nav>
  <var levels="1,2,3" expand="false" variant="standard" edit="1">navigation</var>
</nav>
```

変更後コード[HTML]

```
<nav>
  <var levels="1" expand="false" variant="standard" edit="1">navigation</var>
</nav>
```

2 独自タグに、1階層目を表示するナビゲーションとしてのid属性を割り当てます。

変更前コード[HTML]

```
<nav>
  <var levels="1" expand="false" variant="standard" edit="1">navigation</var>
</nav>
```

変更後コード[HTML]

```
<nav>
  <div id="nav-level-1">
    <var levels="1" expand="false" variant="standard" edit="1">navigation</var>
  </div>
</nav>
```

3 続いて、2階層目と3階層目を表示するナビゲーションについても、同様に設置します。先ほどコーディングした1階層目の<div id="nav-level-1">のコードをコピーして、その下に2回複製します。コードを複製したら、独自タグのlevelsを"1"から"2" "3"にそれぞれ修正します。同時に、id属性の"nav-level-1"も"nav-level-2" "nav-level-3"にそれぞれ修正します。

変更前コード[HTML]

```
<nav>
  <div id="nav-level-1">
    <var levels="1" expand="false" variant="standard" edit="1">navigation</var>
  </div>
</nav>
```

変更後コード[HTML]

```
<nav>
  <div id="nav-level-1">
    <var levels="1" expand="false" variant="standard" edit="1">navigation</var>
  </div>

  <div id="nav-level-2">
    <var levels="2" expand="false" variant="standard" edit="1">navigation</var>
  </div>
```

```
  <div id="nav-level-3">
    <var levels="3" expand="false" variant="standard" edit="1">navigation</var>
  </div>
</nav>
```

COLUMN 独自タグで出力されるナビゲーションのHTML

ユーザーが編集する独自レイアウトのHTMLコードは、独自タグを使っているおかげで全体がとてもシンプルに見えます。たとえばナビゲーションでは<var levels="1,2,3" expand="false" variant="standard" edit="1">navigation</var>という、たった1行の独自タグで記述するためスッキリとしています。

ただし、独自タグが吐き出すデータは通常のHTMLコードですので、ナビゲーションのHTMLも最終的には <ul> <li>で構成されるごく一般的なコードになります。つまり、ジンドゥークリエイターだからといって、実はそれほど特殊なコーディングがされているわけではありません。こうした仕組みがだんだんとわかってくると、独自レイアウトでの制作もより一層理解しやすくなるはずです。

ナビゲーションの独自タグによって出力されるHTMLの例

```
<div data-container="navigation">
  <div class="j-nav-variant-standard">
    <ul id="mainNav1" class="mainNav1">
      <li id="cc-nav-view-2206439097">
        <a href="/" class="current level_1"><span>Top</span></a>
      </li>
      <li id="cc-nav-view-2208277297">
        <a href="/housing-design/" class="level_1"><span>Housing Design</span></a>
      </li>
      <li id="cc-nav-view-2208278097">
        <a href="/renovation/" class="level_1"><span>Renovation</span></a>
      </li>
      <li id="cc-nav-view-2206439497">
        <a href="/contact/" class="level_1"><span>Contact</span></a>
      </li>
    </ul>
  </div>
</div>
```

ナビゲーションのスタイルを装飾する

ナビゲーションのHTMLができたので、CSSでスタイルを整えます。

CSSでナビゲーションのスタイルをコーディングする

CSSのデフォルトコードから不要なコードを削除して、必要なコードを追加していきます。

1 [CSS] の画面に切り替えて、「Navigation」の名称でコメントアウトされた箇所までスクロールします。

</> HTML　🎨 CSS　📁 ファイル

> ⓘ 画像の指定にはURLではなくファイル名を利用してください

📷 画像の利用

```
100
101    /*  Navigation
102    ------------------------------------------- */
103
104    ul.mainNav1,
105    ul.mainNav2
106    {
107        margin:0;
108        padding: 0;
109    }
110
```

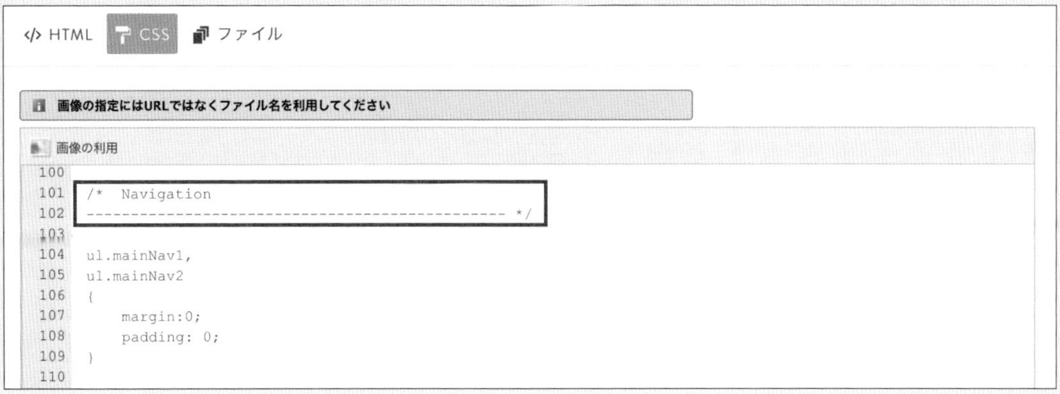

2 今回は、ナビゲーションの展開方法に合わせて一からCSSをコーディングするので、デフォルトCSSコードの「Navigation」のコメントアウトから下のコードはすべて不要です。これをまるごと削除します。

</> HTML　🎨 CSS　📁 ファイル

> ⓘ 画像の指定にはURLではなくファイル名を利用してください

📷 画像の利用

```
100
101    /*  Navigation
102    ------------------------------------------- */
103
104    ul.mainNav1,
105    ul.mainNav2
106    {
107        margin:0;
108        padding: 0;
109    }
110
111
112    ul.mainNav1 li,
113    ul.mainNav2 li
114    {
115        display: inline;
116        margin: 0;
117        padding: 0;
118    }
119
120
121    ul.mainNav1 li a,
122    ul.mainNav2 li a
123    {
124        font:normal 11px/140% Verdana, Geneva, Arial, Helvetica, sans-serif;
125        text-decoration: none;
126        display: block;
127        color:#333;
128        border-bottom:1px solid #CCC;
129    }
130
131
132    ul.mainNav1 li a { padding:4px 4px 4px 4px; }
133    ul.mainNav2 li a { padding:4px 4px 4px 14px; }
```

3 今度は、上にスクロールして#navigationの箇所を表示します。<div id="navigation">はnavタグに置き換えているので、このCSSコードは効いていません。やはりここの記載も不要なので、まるごと削除します。

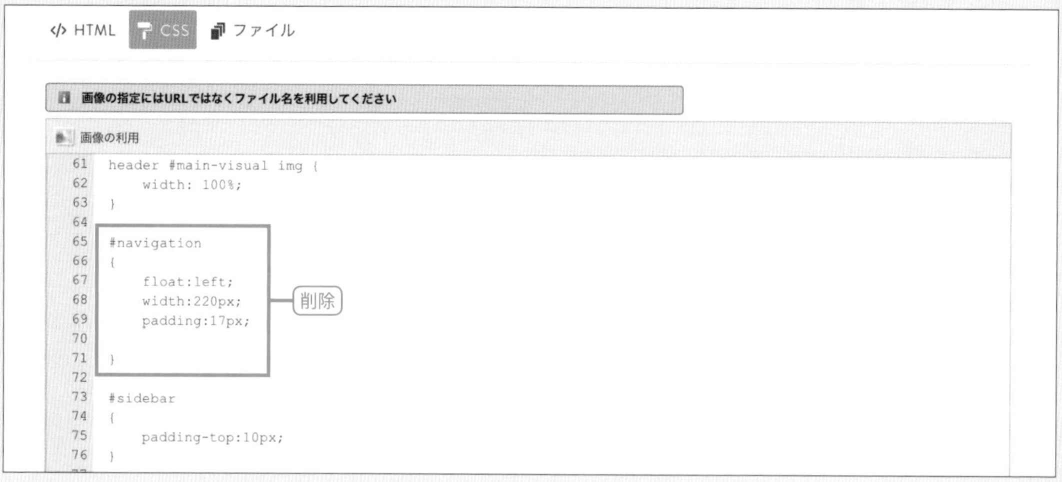

HTML
CSS
ファイル
画像の指定にはURLではなくファイル名を利用してください
画像の利用
header #main-visual img {
width: 100%;
}
#navigation
{
float:left;
width:220px;
padding:17px;
}
#sidebar
{
padding-top:10px;
}
削除

4 #navigationに関するデフォルトコードをすべて削除したら、同じ場所に新しいナビゲーションのCSSコードを追記していきます。ここでは、ナビゲーションの独自タグによって最終的に出力されるHTMLに合わせて、スタイルを整えるための以下のCSSコードを追加します。

追加するコード［CSS］

```
nav {
  box-sizing: border-box;
  margin-bottom: 55px;
  padding: 20px 40px;
  width: 100%;
  border-bottom: 1px solid #D6D6D6;
}

nav ul {
  display: flex;
  margin: 0;
  padding: 0;
  list-style: none;
  justify-content: center;
}

nav ul li {
  padding: 0 18px;
}

nav ul li a {
  font-weight: 700;
  font-style: italic;
  font-size: 14px;
  font-family: 'Open Sans', sans-serif;
```

```
}

nav #nav-level-2 ul, nav #nav-level-3 ul {
  margin-top: 20px;
}
```

6
7
8

5 [保存] をクリックし閲覧画面で確認します。子階層を持つメニュー(ここでは「Housing Design」)をクリックすると、1階層目の下に2階層目のナビゲーションメニューが表示されます。これで、ナビゲーションのスタイルが整いました。

SECTION

05 フッターを作る

次に、フッターを整えましょう。本章で解説しているサンプルサイトのフッターは、サイドバーエリアとフッターエリアの2つの要素で構成されています。ここでは、サイドバーエリアに背景画像を設定し、フッター全体の余白も調整します。

サンプルサイトのフッター構造について

サイドバーエリアは<var>sidebar</var>、フッターエリアは<var>footer</var>の独自タグによって出力されるコンテンツを格納する場所です。本章で制作するウェブサイトでは、この2つの要素を合わせて「フッター」と称しています。

サイドバーエリアのスタイルを整える

それでは、まずサイドバーエリアのスタイルから整えていきます。サイドバーエリアには、背景画像の設置と余白を調整するためのCSSを書き加えていきます。

サイドバーエリアのHTMLは、ここまでの流れで出来上がっていますので、あとはCSSで枠組みの見栄えを整えればOKです。ここではサイドバーエリアのCSSコーディングのみを行い、中身のコンテンツ作成については、次のセクションで解説します。

CSSでサイドバーエリアのスタイルをコーディングする

CSSで、サイドバーエリアのスタイルを整えます。

1 [CSS] の画面を開いて、#sidebarの箇所までスクロールします。<div id="sidebar">は、前のセクションで<div id="side-area">に置き換えています。#sidebarに関するコードは不要なので、まるごと削除します。

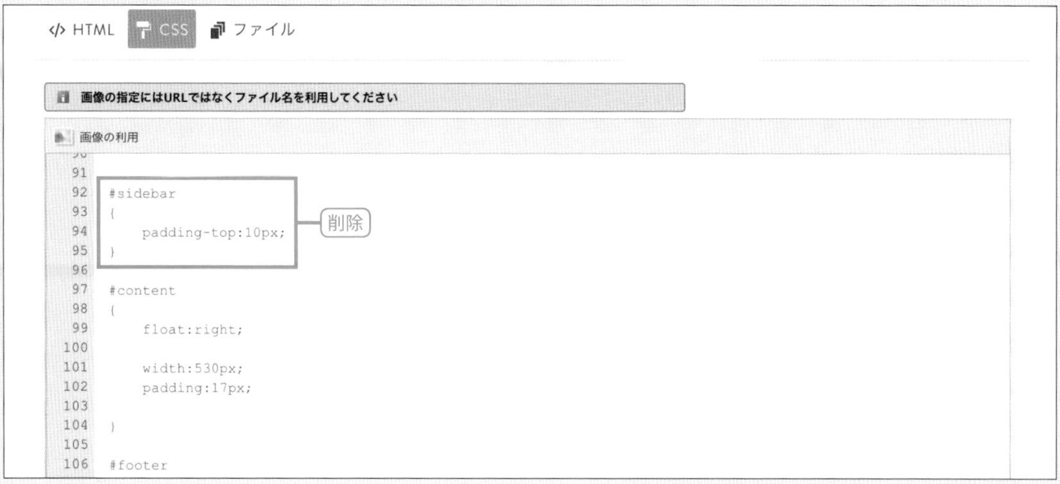

2 [ファイル] の画面を開いて、サイドバーエリアの背景画像ファイル (ここでは「sidearea.jpg」) をアップロードします。アップロードできたら、ファイル名をコピーしておきます。

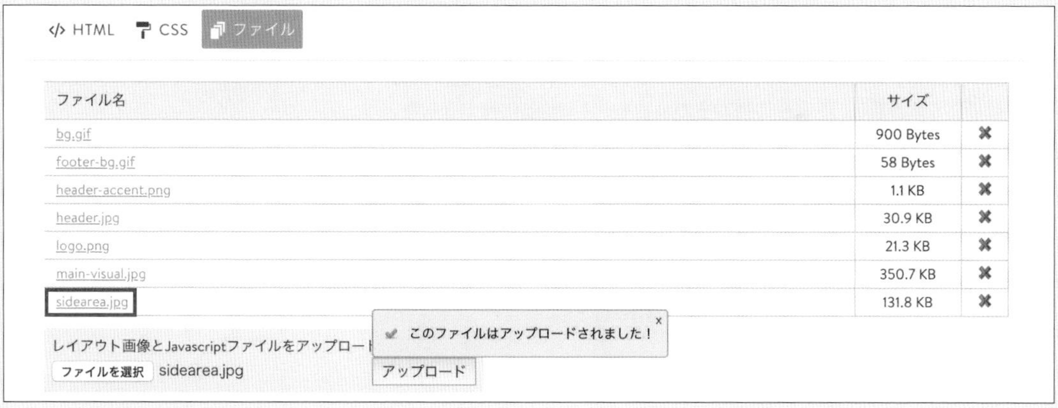

3 [CSS] の画面に戻り、#contentの直下にサイドバーエリアを装飾するCSSをコーディングします。画像のURLの記述箇所には、先ほどコピーした画像ファイル名（ここでは「sidearea.jpg」）をペーストします。

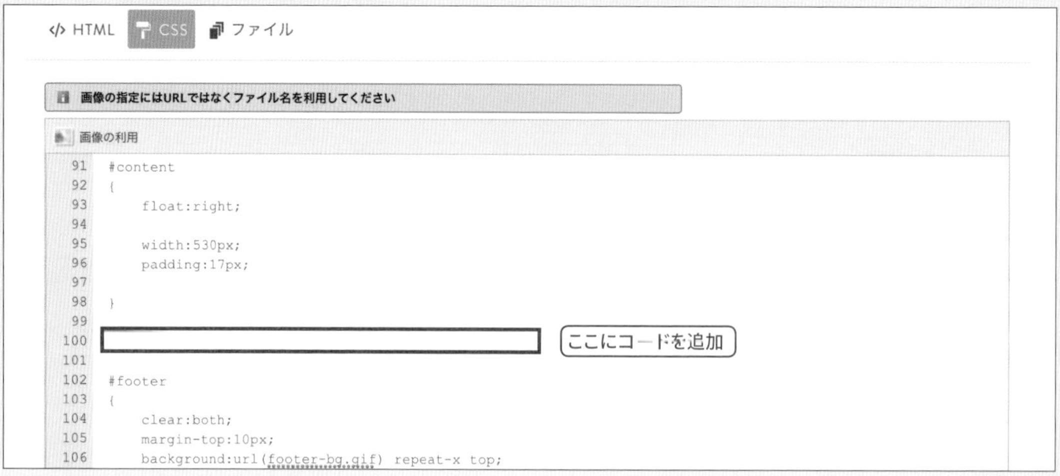

HTML
CSS
ファイル
画像の指定にはURLではなくファイル名を利用してください
画像の利用
#content
{
float:right;
width:530px;
padding:17px;
}
ここにコードを追加
#footer
{
clear:both;
margin-top:10px;
background:url(footer-bg.gif) repeat-x top;

追加するコード [CSS]

```
#side-area {
  background-image:url(sidearea.jpg);
  background-size: cover;
  background-position: center;
  padding: 85px 40px 65px;
}
```

4 コードを追記したら、[保存] をクリックしておきます。閲覧画面で確認すると、サイドバーエリアに背景画像が設置できています。上下左右の端からの余白も、よい感じに整いました。

フッターエリアのスタイルを整える

次に、フッターエリアを整えます。フッターエリアには、背景色と余白だけを調整するためのCSSを書き加えます。フッターエリアも、HTMLは出来上がっているので、あとはCSSで枠組みの見栄えを整えればOKです。

CSSでフッターエリアのスタイルをコーディングする

CSSで、フッターエリアのスタイルを整えます。

1 [CSS]の画面を開いて、#footerの箇所までスクロールします。<div id="footer">は、前のセクションで<div id="footer-area">に置き換えました。#footerに関するコードは不要なので、まるごと削除します。

```
</> HTML      CSS      ファイル

　　画像の指定にはURLではなくファイル名を利用してください

　　画像の利用

100   #side-area {
101       background-image:url(sidearea.jpg);
102       background-size: cover;
103       background-position: center;
104       padding: 85px 40px 65px;
105   }
106
107
108
109   #footer
110   {
111       clear:both;
112       margin-top:10px;
113       background:url(footer-bg.gif) repeat-x top;       削除
114       height:65px;
115   }
116
117   #footer .gutter
118   {
119       height:30px;
120       padding:35px 15px 0 90px;
121   }
122
123
```

2 同じ場所に、フッターエリアを整えるCSSコードを書き加えます。

追加するコード[CSS]

```
#footer-area {
  background: #E9E9E9;
  padding: 30px 40px;
}
```

3 コードを追記したら、[保存] をクリックします。閲覧画面で確認すると、フッターエリアの背景に薄いグレー色がつき、余白もよい感じに整いました。

不要な画像ファイルを削除する

これで、ページコンテンツを除いたレイアウトの枠全体ができました。独自レイアウトの制作スタート時から残っていた不要な画像ファイルは、この時点で削除しておきます。これらの画像ファイルを残しておいてもデザインに支障はないのですが、これ以上使用することもないので、後々「なにこれ?」とならないよう、ここで削除しておきます。

デフォルトデザインの画像ファイルを削除する

デフォルトデザイン用にアップロードされていた不要な画像ファイルを、すべて削除します。

1 [ファイル] の画面を開き、今回のデザインに使わなかった不要な画像ファイルを削除します。削除するのは「bg.gif」「footer-bg.gif」「header.jpg」の3つのファイルです。ファイル名の行の右端にある [×] をクリックして、ファイルを削除します。

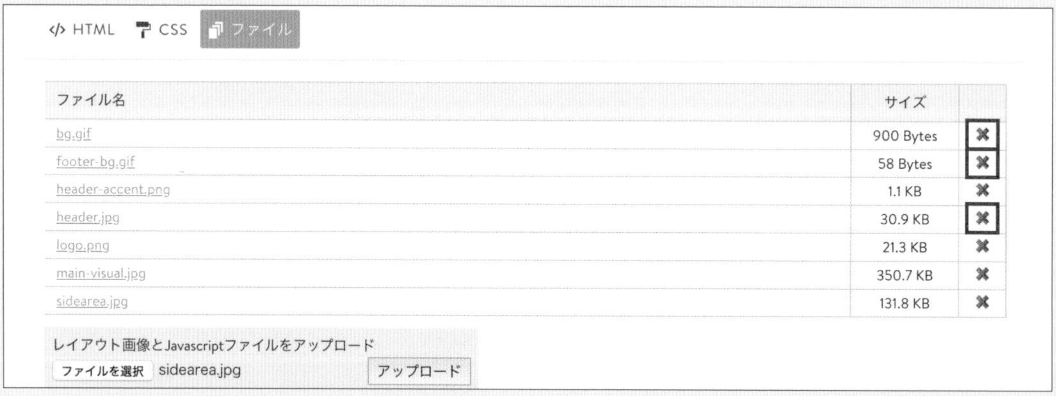

2 不要なファイルが削除できました。

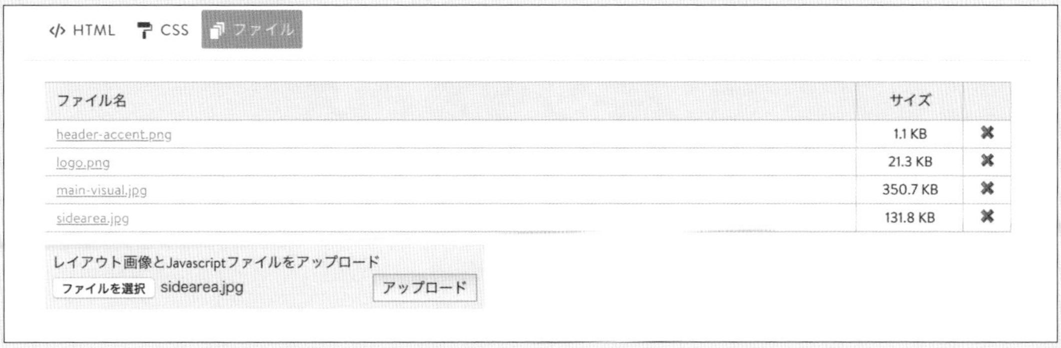

Point

［ファイル］画面でファイルアップロードやファイル削除をしただけの場合には、［HTML］［CSS］画面に戻って［保存］をクリックする必要はありません。基本的には、HTMLやCSSを編集した場合にのみ、［HTML］［CSS］画面での保存を行います。稀に、再アップロードした画像がURLなどで読み込めないことなどはありますが、その場合については、一度［HTML］［CSS］画面での保存を行ってみて、読み込みできるかを試してみてください。

また、［ファイル］画面でのファイル削除では、「本当に削除しますか?」などの確認メッセージは一切出ません。一度削除されたファイルの復元もできませんので、誤って削除してしまった場合はファイルの再アップロードが必要となります。ファイル削除時の操作には、十分気をつけましょう。

SECTION

06 トップページのコンテンツを作る

ここからは、ページの中身を作り込んでウェブサイトを完成させていきます。まずは、メインコンテンツエリアの内容（メインコンテンツ）を作成します。メインコンテンツは、ジンドゥークリエイターの基本操作である［コンテンツを追加］機能を使って作り込んでいきます。

メインコンテンツを作る前の準備

ページごとのメインコンテンツが入る箇所は、mainタグで囲まれたエリアです。このエリアは<var>content</var>による出力データが表示される場所なので、HTMLやCSSは使わずに、ジンドゥークリエイターの基本操作でコンテンツの作成や編集ができます。ジンドゥークリエイターでは、［見出し］［文章］［画像］などの「コンテンツ」と呼ばれるブロックパーツを組み合わせながら、内容を作成していきます。

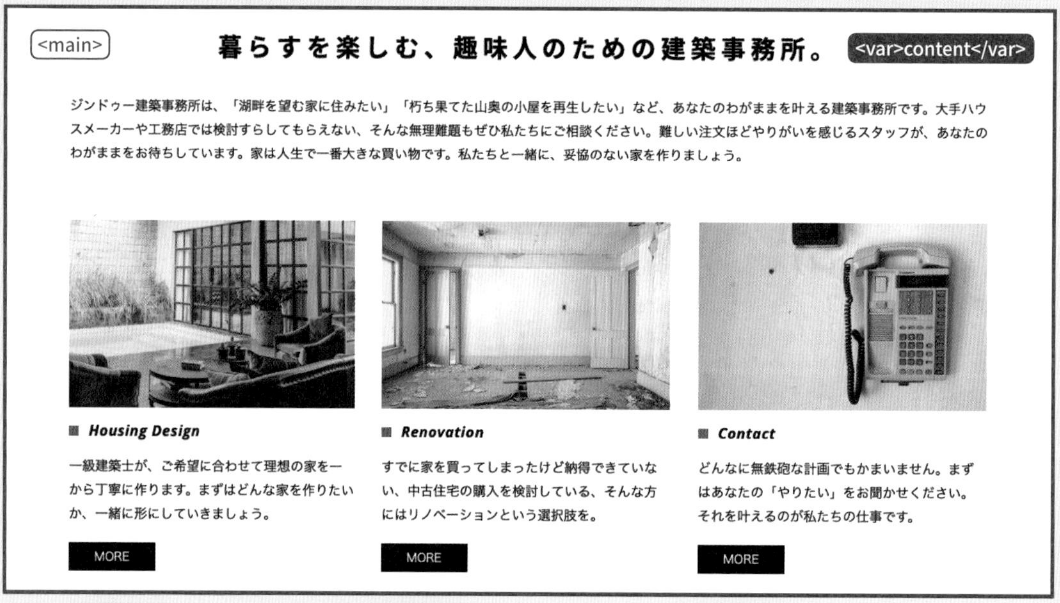

メインエリアのCSSを確認する

コンテンツの制作に入る前に、メインエリアの［CSS］の画面で不要なコードが残ってないか確認をしておきましょう。［CSS］の画面で確認すると、まだ#contentの箇所が残っていました。<div id="content">は、前のセクションでmainタグに置き換えました。#contentに関するコードは不要なので削除します。コードを削除したら［保存］をクリックし、編集内容を保存しておきます。

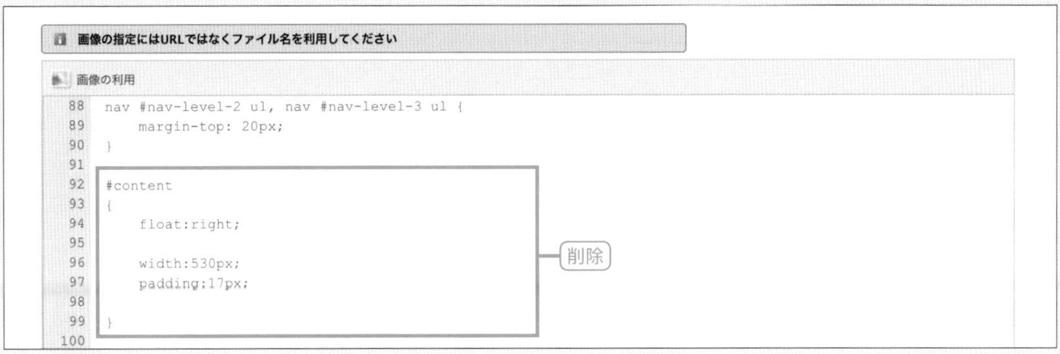

画像の指定にはURLではなくファイル名を利用してください
画像の利用
nav #nav-level-2 ul, nav #nav-level-3 ul {
margin-top: 20px;
}
#content
{
float:right;
width:530px;
padding:17px;
}
削除

メインコンテンツを作成する

それでは、メインコンテンツを作り込んでいきましょう。トップページには、サンプルのコンテンツがすでに用意されているので、なるべくこのコンテンツを利用しながら、必要に応じてコンテンツの追加・削除を行います。

大見出しとリード文の作成

メインコンテンツエリアの上から順に、コンテンツを作成していきます。まずは、見出しとリード文の文章を作成します。

1 編集画面右上の［×］をクリックして、独自レイアウトの編集画面を閉じます。

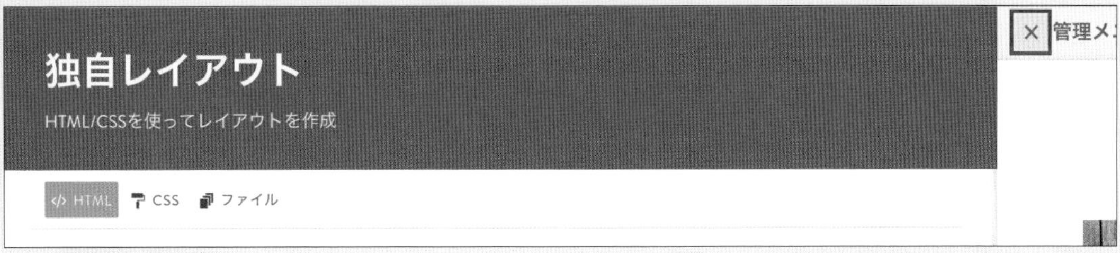

Point

編集画面のデザインが、最新のデザインになっていない（ここまでで修正したデザインが反映されていない）場合には、編集画面のブラウザタブを一度リロードしてください。これで、最新のデザインが編集画面にも反映されます。

2 メインコンテンツエリアにある［見出し（大）］の「Jimdoで簡単ホームページ作成！」をクリックして、内容を編集（ここでは「暮らすを楽しむ、趣味人のための建築事務所。」に書き換え）します。編集ができたら、［保存］をクリックします。

3 次に、編集した［見出し（大）］の下に少しだけ余白を作ります。［見出し（大）］とその下の［文章］の境界あたりに［コンテンツを追加］を表示させ、クリックします。

Top
Housing Design
Renovation
Contact
暮らすを楽しむ、趣味人のための建築事務所。
＋ コンテンツを追加
Jimdoで、世界でたったひとつ、あなただけのホームページをつくりましょう。
クリック＆タイプ操作で、画像やフォームなどのコンテンツ追加、編集が驚くほど簡単にできます。

4 開いたパネルの中から、［余白］のコンテンツをクリックして余白を挿入し、半角数字で高さの値（ここでは「15px」）を入力します。入力したら、［保存］をクリックします。

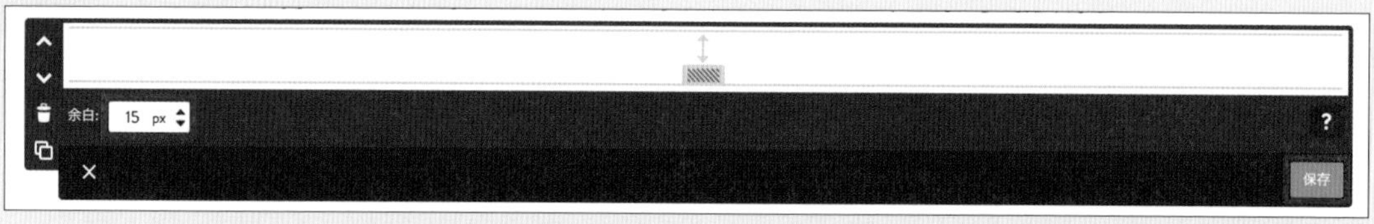
余白:
15 px
?
保存

5 続いて、［余白］の下にリード文を作成します。リード文を追加したい場所には、すでに［文章］があります。これをクリックします。

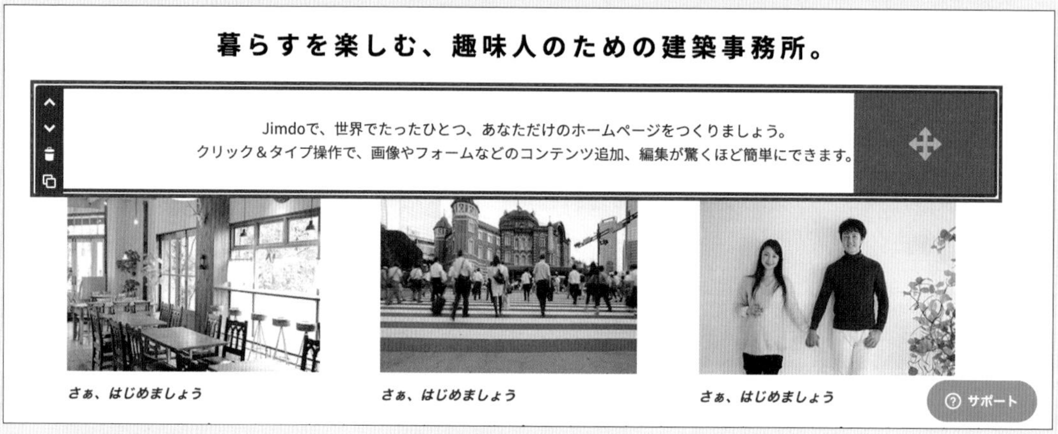
暮らすを楽しむ、趣味人のための建築事務所。
Jimdoで、世界でたったひとつ、あなただけのホームページをつくりましょう。
クリック＆タイプ操作で、画像やフォームなどのコンテンツ追加、編集が驚くほど簡単にできます。
さぁ、はじめましょう
さぁ、はじめましょう
さぁ、はじめましょう
サポート

6 ここの［文章］にあるサンプルテキストでは、フォントサイズなどの書式が独自に設定されています。ここではノーマルな書体にしたいので、［文章］コンテンツの［設定解除］ボタンをクリックして、一旦書式をリセットします。

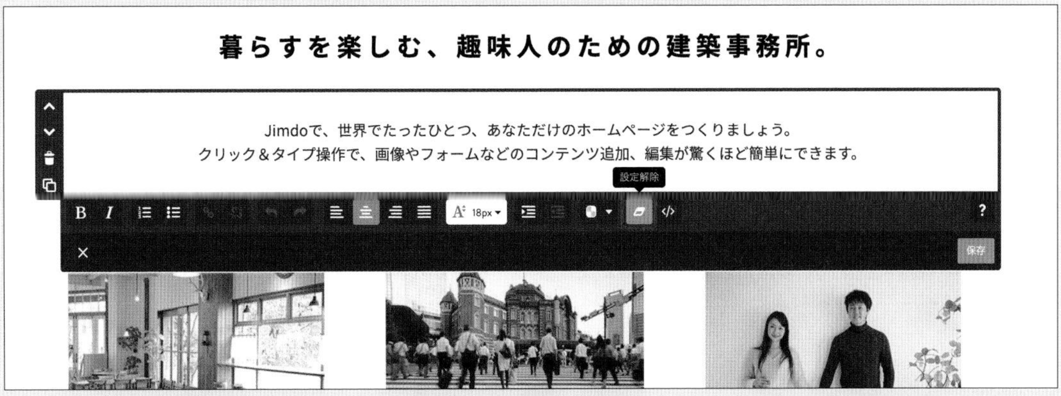

7 サンプルテキストを、新しいリード文のテキストに上書き（ここでは以下の文章を入力）します。テキストの入力が終わったら、［保存］をクリックします。

> ジンドゥー建築事務所は、「湖畔を望む家に住みたい」「朽ち果てた山奥の小屋を再生したい」など、あなたのわがままを叶える建築事務所です。大手ハウスメーカーや工務店では検討すらしてもらえない、そんな無理難題もぜひ私たちにご相談ください。難しい注文ほどやりがいを感じるスタッフが、あなたのわがままをお待ちしています。家は人生で一番大きな買い物です。私たちと一緒に、妥協のない家を作りましょう。

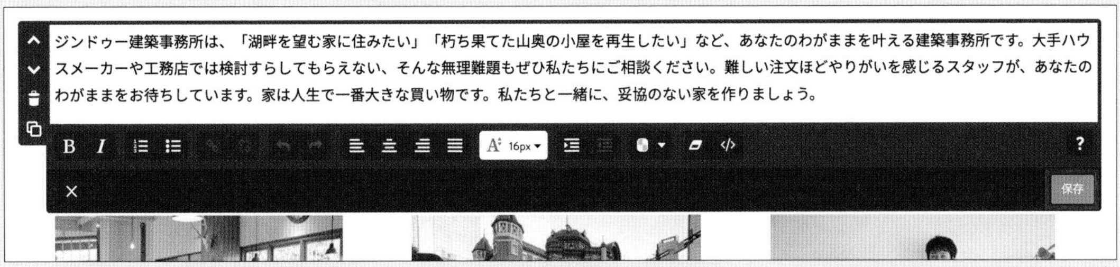

8 編集した［文章］の下にも、［余白］を追加します。［コンテンツを追加］から［余白］を選び、高さの値を設定（ここでは「45 px」）します。

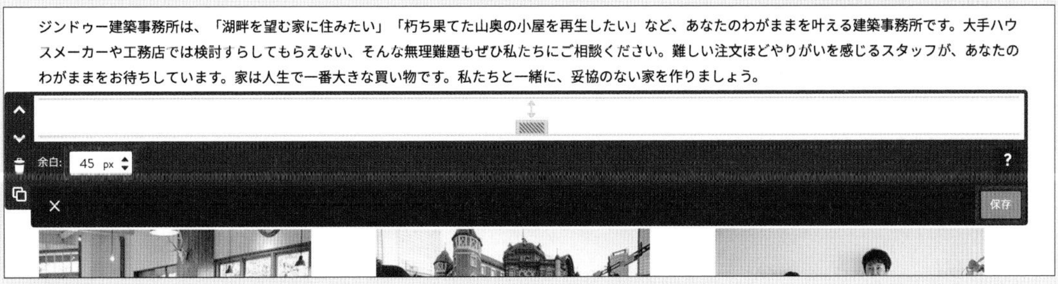

9 これで、大見出しとリード文のコンテンツができました。

Top
Housing Design
Renovation
Contact
暮らすを楽しむ、趣味人のための建築事務所。
ジンドゥー建築事務所は、「湖畔を望む家に住みたい」「朽ち果てた山奥の小屋を再生したい」など、あなたのわがままを叶える建築事務所です。大手ハウスメーカーや工務店では検討すらしてもらえない、そんな無理難題もぜひ私たちにご相談ください。難しい注文ほどやりがいを感じるスタッフが、あなたのわがままをお待ちしています。家は人生で一番大きな買い物です。私たちと一緒に、妥協のない家を作りましょう。
さぁ、はじめましょう
さぁ、はじめましょう
さぁ、はじめましょう

カラムコンテンツの作成

引き続き、コンテンツページのメニューとなる［カラム］コンテンツを作成します。ここでは3列の［カラム］コンテンツを作成します。

1 左端のカラムの中にある［画像］コンテンツをクリックしたら、［アップロード］ボタンをクリックし、PC内の画像ファイル（ここでは「contents-menu-housingdesign.jpg」）をアップロードします。

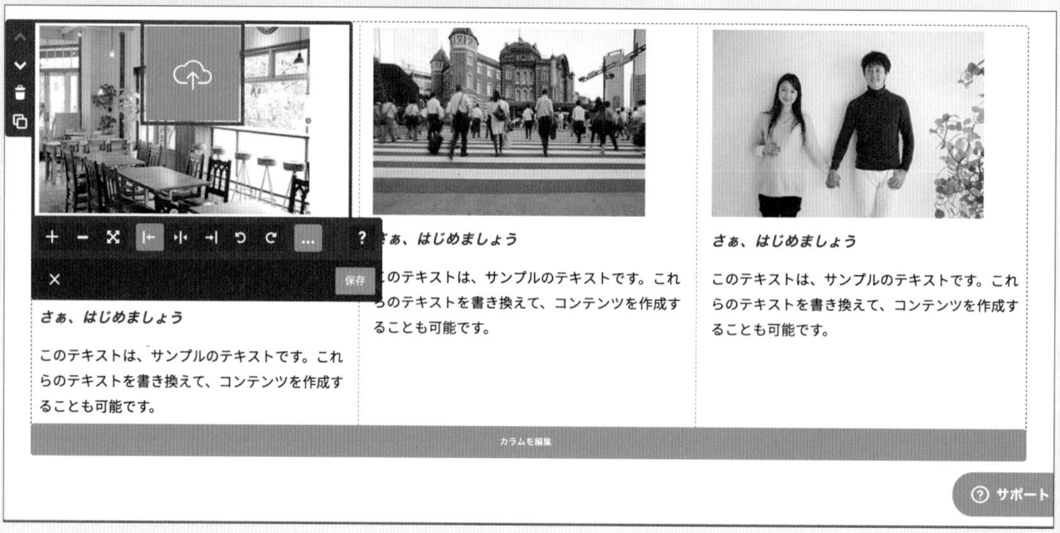
保存
さぁ、はじめましょう
このテキストは、サンプルのテキストです。これらのテキストを書き換えて、コンテンツを作成することも可能です。
さぁ、はじめましょう
このテキストは、サンプルのテキストです。これらのテキストを書き換えて、コンテンツを作成することも可能です。
さぁ、はじめましょう
このテキストは、サンプルのテキストです。これらのテキストを書き換えて、コンテンツを作成することも可能です。
カラムを編集
サポート

2 画像がアップロードされました。右端に無駄な余白ができますが、[ページに合わせる]をクリックすると、画像が拡大されて余白がなくなります。ただしアップロードする画像の大きさが、アップロード前の画像より小さい場合には、画像はその大きさ止まりとなり、それ以上には拡大されません。
画像の大きさが拡大し余白がなくなったら、[...]をクリックします。

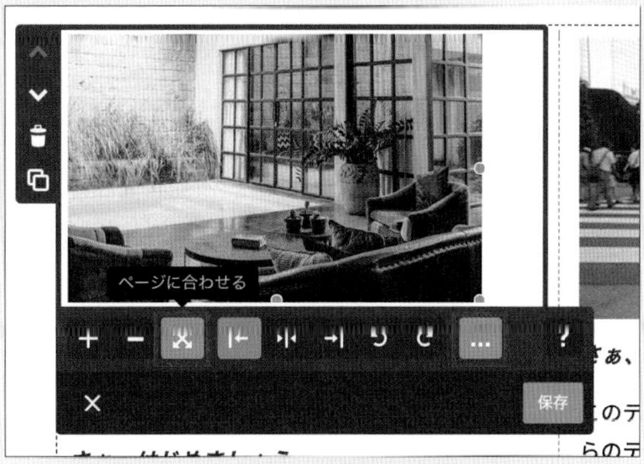

3 折りたたまれていたメニューが現れるので、その中の[画像にリンク]をクリックします。続いて、[内部リンク]からリンク先のページ(ここでは「Housing Design」)を選択し、[リンクを設定]をクリックして設定を確定します。

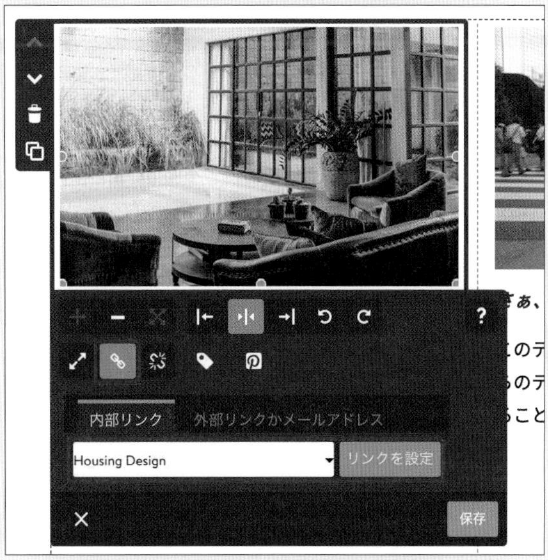

4 [キャプションと代替テキスト]をクリックして、代替テキスト(ここでは「Housing Design」)を入力します。代替テキストの設定が終わったら、[保存]をクリックします。

5 次に、画像の下の［見出し］コンテンツをクリックします。［中］をクリックして、見出しを小見出し（h3）から中見出し（h2）に変更します。［見出し（中）］のテキストを修正（ここでは「Housing Design」）したら、［保存］をクリックします。

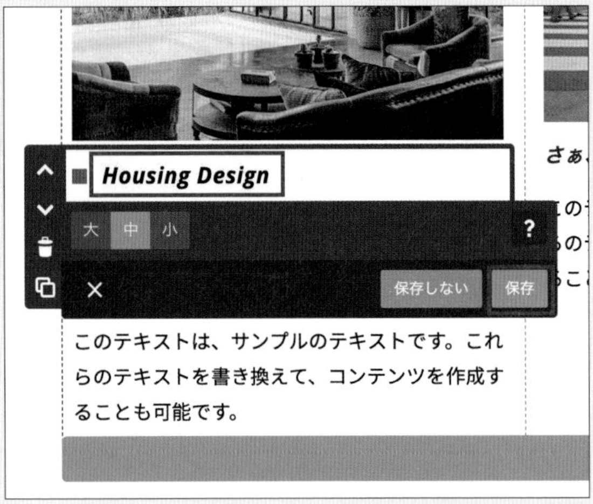

Housing Design
大
中
小
?
保存しない
保存
このテキストは、サンプルのテキストです。これらのテキストを書き換えて、コンテンツを作成することも可能です。

6 編集した［見出し（中）］の下の［文章］コンテンツをクリックします。［文章］のテキストを編集します（ここでは以下の文章を入力しました）。

一級建築士が、ご希望に合わせて理想の家を一から丁寧に作ります。まずはどんな家を作りたいか、一緒に形にしていきましょう。

編集ができたら、［保存］をクリックします。

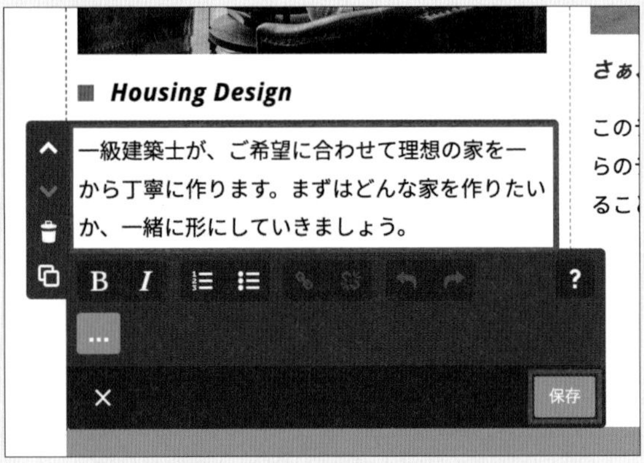

Housing Design
一級建築士が、ご希望に合わせて理想の家を一から丁寧に作ります。まずはどんな家を作りたいか、一緒に形にしていきましょう。
保存

7 これで、［カラム］左端のコンテンツができました。1 から 6 までと同様の手順で、残りの［カラム］コンテンツ（本書で制作するウェブサイトでは「Renovation」「Contact」）を作成します。

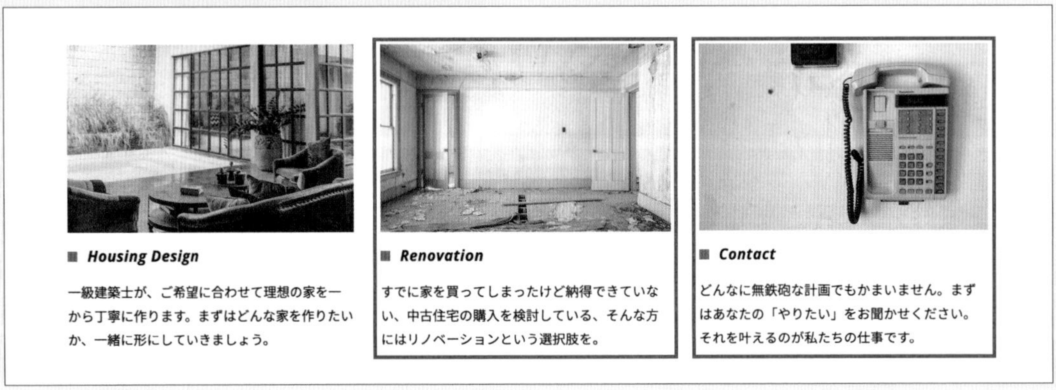

Housing Design
一級建築士が、ご希望に合わせて理想の家を一から丁寧に作ります。まずはどんな家を作りたいか、一緒に形にしていきましょう。
Renovation
すでに家を買ってしまったけど納得できていない、中古住宅の購入を検討している、そんな方にはリノベーションという選択肢を。
Contact
どんなに無鉄砲な計画でもかまいません。まずはあなたの「やりたい」をお聞かせください。それを叶えるのが私たちの仕事です。

本書で制作するウェブサイトでは、以下の画像と文章を使用しました。参考にしてください。

コンテンツ	Renovation	Contact
画像	contents-menu-renovation.jpg	contents-menu-contact.jpg
中見出し	Renovation	Contact
文章	すでに家を買ってしまったけど納得できていない、中古住宅の購入を検討している、そんな方にはリノベーションという選択肢を。	どんなに無鉄砲な計画でもかまいません。まずはあなたの「やりたい」をお聞かせください。それを叶えるのが私たちの仕事です。

トップページの不要なコンテンツを削除する

この時点でトップページの最後には、[見出し] [水平線] [カラム] [余白] のサンプルコンテンツが残っています。

一級建築士が、ご希望に合わせて理想の家を一から丁寧に作ります。まずはどんな家を作りたいか、一緒に形にしていきましょう。
すでに家を買ってしまったけど納得できていない、中古住宅の購入を検討している、そんな方にはリノベーションという選択肢を。
どんなに無鉄砲な計画でもかまいません。まずはあなたの「やりたい」をお聞かせください。それを叶えるのが私たちの仕事です。
おすすめ特集
さぁ、はじめましょう
このテキストは、サンプルのテキストです。これらのテキストを書き換えて、コンテンツを作成することも可能です。
さぁ、はじめましょう
このテキストは、サンプルのテキストです。これらのテキストを書き換えて、コンテンツを作成することも可能です。
さぁ、はじめましょう
このテキストは、サンプルのテキストです。これらのテキストを書き換えて、コンテンツを作成することも可能です。
さぁ、はじめましょう
このテキストは、サンプルのテキストです。これらのテキストを書き換えて、コンテンツを作成することも可能です。

これらはもう不要なので、すべて削除します。[ゴミ箱] ボタンをクリックして、不要なサンプルコンテンツを削除しておきます。[余白] は [見出し] の上と [カラム] の下の2箇所にありますが、ここではどちらか1つだけを削除します。メインエリア下部の余白として、どちらかの [余白 (50px)] だけは残しておきます。

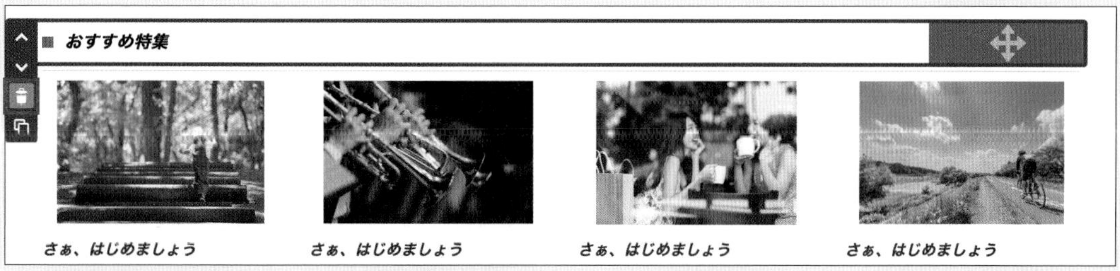

おすすめ特集
さぁ、はじめましょう
さぁ、はじめましょう
さぁ、はじめましょう
さぁ、はじめましょう

サイドバーエリアのコンテンツを作成する

サイドバーエリアは、すべてのページに共通で表示されるエリアです。ここに作成したコンテンツは、すべてのページに反映します。この箇所もまた、メインコンテンツ同様にジンドゥークリエイターの基本操作で作成していきます。

サイドバーエリアのコンテンツの作成

サイドバーエリアのコンテンツを、[コンテンツを追加] で作成していきます。

1 まず、サイドバーエリアのサンプルコンテンツである [余白] と [カラム] を、すべて削除します。

2 [コンテンツを追加] をクリックします。

3 ［画像］［余白］［文章］の順に［コンテンツを追加］を繰り返し、それぞれのコンテンツを追加していきます。ロゴ画像（ここでは「logo-footer.png」）をアップロードする際には、［画像］コンテンツの［＋］（拡大）［−］（縮小）で、画像を適切な大きさに整えます。

4 ［文章］のテキストをセンタリングして、テキストカラーを読みやすい色（ここでは「白」、「rgb（255,255,255）」）に設定します。

ボタンを追加する

トップページのコンテンツが、ほぼ出来上がりました。最後の仕上げとして、メインエリアとフッターのコンテンツに［ボタン］を追加します。本章で制作するウェブサイトでは、メインコンテンツエリアに設置するボタンを［スタイル1］に設定し、サイドバーエリアに設置するボタンを［スタイル2］に設定することで、ボタンのデザインを使い分けます。

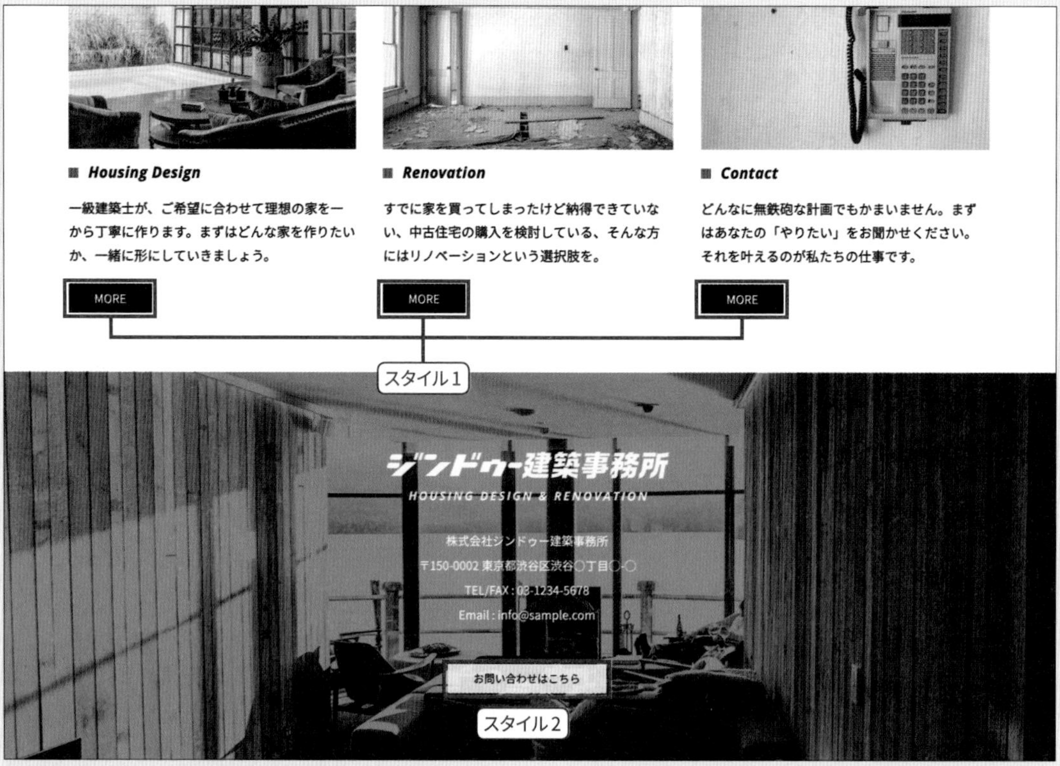
Housing Design
一級建築士が、ご希望に合わせて理想の家を一から丁寧に作ります。まずはどんな家を作りたいか、一緒に形にしていきましょう。
MORE
Renovation
すでに家を買ってしまったけど納得できていない、中古住宅の購入を検討している、そんな方にはリノベーションという選択肢を。
MORE
Contact
どんなに無鉄砲な計画でもかまいません。まずはあなたの「やりたい」をお聞かせください。それを叶えるのが私たちの仕事です。
MORE
スタイル1
ジンドゥー建築事務所
HOUSING DESIGN & RENOVATION
株式会社ジンドゥー建築事務所
〒150-0002 東京都渋谷区渋谷〇丁目〇-〇
TEL/FAX : 03-1234-5678
Email : info@sample.com
お問い合わせはこちら
スタイル2

本章で制作するウェブサイトのボタンスタイルと設置箇所

[ボタン] コンテンツを追加する

メインコンテンツエリアとサイドバーエリアの必要な箇所に、[ボタン] を設置していきます。

1 メインコンテンツエリアの、カラムコンテンツ（ここでは「Housing Design」）内の一番下に、[コンテンツを追加] で [ボタン] を追加します。

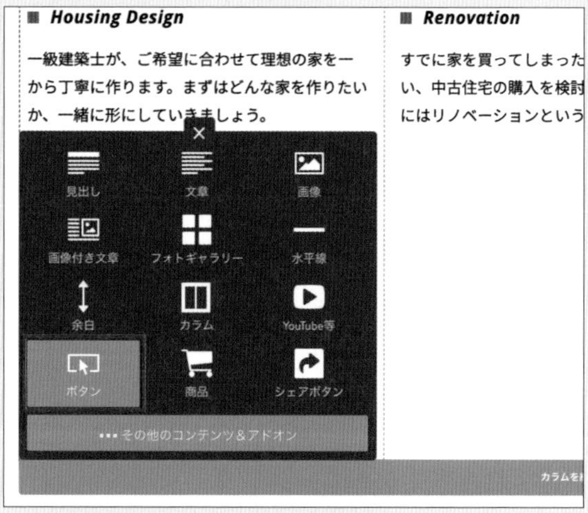
Housing Design
一級建築士が、ご希望に合わせて理想の家を一から丁寧に作ります。まずはどんな家を作りたいか、一緒に形にしていきましょう。
Renovation
見出し
文章
画像
画像付き文章
フォトギャラリー
水平線
余白
カラム
YouTube等
ボタン
商品
シェアボタン
その他のコンテンツ&アドオン

2 [ボタン] の名称を編集（ここでは「MORE」と入力）します。

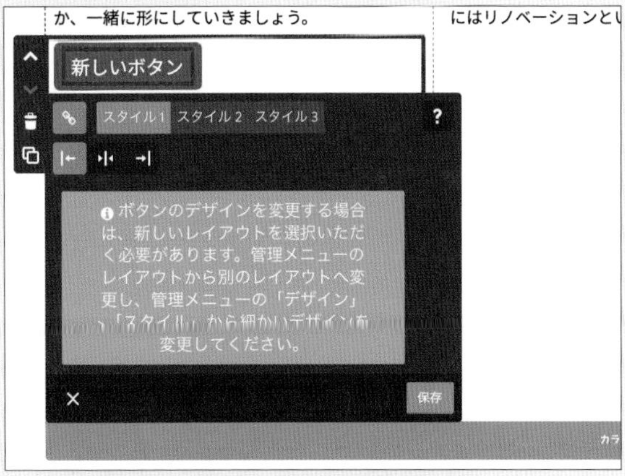

3 リンク（ここでは「Housing Design」ページ）を設定して、[保存] をクリックします。

4 その他のカラム（「Renovation」「Contact」）についても、1から3の手順でボタンを設置します。内部リンクも、それぞれ（「Renovation」「Contact」）のページに設定します。

■ Housing Design
一級建築士が、ご希望に合わせて理想の家を一から丁寧に作ります。まずはどんな家を作りたいか、一緒に形にしていきましょう。
MORE
■ Renovation
すでに家を買ってしまったけど納得できていない、中古住宅の購入を検討している、そんな方にはリノベーションという選択肢を。
MORE
■ Contact
どんなに無鉄砲な計画でもかまいません。まずはあなたの「やりたい」をお聞かせください。
MORE

5 続いて、サイドバーエリアのコンテンツの最後にも、ボタンを設置します。サイドバーコンテンツの最後に［コンテンツを追加］で［ボタン］を追加したら、［ボタン］の名称を「お問い合わせはこちら」に編集し、［スタイル2］をクリックします。配置は、［中央］にして、「Contact」ページにリンクを設定します。以上の設定ができたら、［保存］をクリックします。

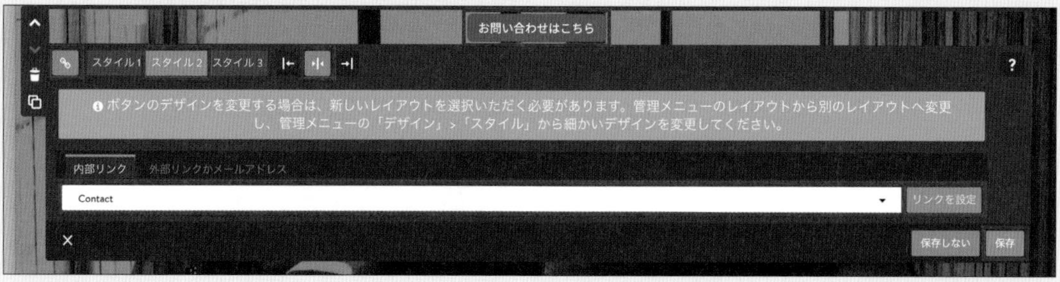

Point

［ボタン］コンテンツを追加するときに、「ボタンのデザインを変更する場合は、新しいレイアウトを選択いただく必要があります。」というメッセージも表示されます。独自レイアウトには、もともと［ボタン］のスタイルを整える標準機能がないために、このようなメッセージが出てしまいますが、これは無視してかまいません。独自レイアウトでのボタンスタイルについては、すべてCSSで整えていくことになります。

ボタンのスタイルをCSSで整える

メインコンテンツエリアとサイドバーエリアに設置した［ボタン］のスタイルを、CSSで調整します。

1 まず、［ボタン］のhoverアクションを決めます。本章で制作するウェブサイトのデザインでは、以下のように変化するボタンを作成していきます。

スタイル	通常	マウスhover時
スタイル1		
	背景 #000 ボーダー 1px solid #000 テキストカラー #FFF	背景 #FFF ボーダー 1px solid #000 テキストカラー #000
スタイル2		
	背景 rgba(255,255,255,.9) ボーダー 1px solid #FFF テキストカラー #000	背景 透明 ボーダー 1px solid #FFF テキストカラー #FFF

2 Google Chromeのデベロッパーツールで、スタイル1の［ボタン］のHTMLを確認してみると、class属性にj-calltoaction-link-style-1が付与されていることがわかります。スタイル2にすると、このclass属性がj-calltoaction-link-style-2に変わります。そこで、今回はこのclassをそれぞれ指定することで、［ボタン］のスタイルを振り分けていくことにします。

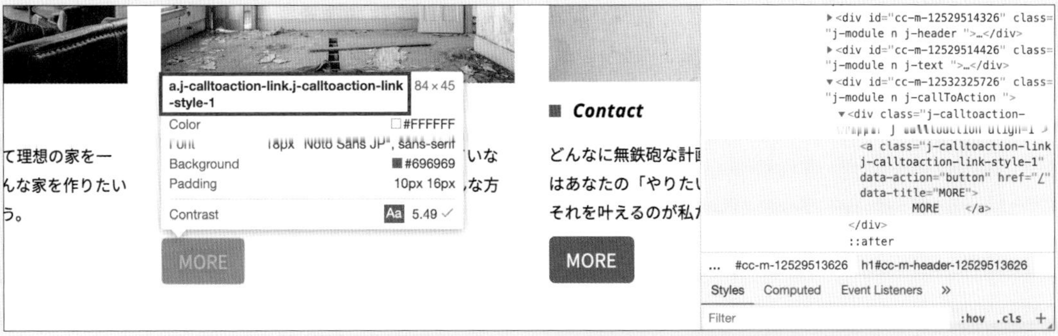

3 ［管理メニュー］→［デザイン］→［独自レイアウト］→［CSS］の順にクリックして、［CSS］エディタの「Layout」でコメントアウトされた箇所までスクロールします。「Layout」のコメントアウト直前に、［ボタン］のスタイルを指定するCSSを追加していきます。

4 hoverアクションに合わせて、［ボタン］のスタイルをコーディングします。CSSがうまく反映しない箇所については、Google Chromeのデベロッパーツールで確認しながら!importantを付与します。marginとpaddingにおいても、ここでコーディングしておきます。

追加するコード［CSS］

```
a.j-calltoaction-link-style-1 {
  margin: 10px 0;
```

```
  padding: 7px 30px;
  border: 1px solid #000;
  border-radius: 0;
  background: #000;
  font-size: 14px;
}

a.j-calltoaction-link-style-1:hover {
  background: #FFF;
  color: #000 !important;
  text-decoration: none !important;
}

a.j-calltoaction-link-style-2 {
  margin: 10px 0;
  padding: 7px 30px;
  border: 1px solid #FFF;
  border-radius: 0;
  background: rgba(255,255,255,.9);
  color: #000 !important;
  font-size: 13px;
}

a.j-calltoaction-link-style-2:hover {
  background: transparent;
  color: #FFF !important;
  text-decoration: none !important;
}
```

デザインの完成

これで、トップページのデザインは完成です。本章は独自レイアウト技術の習得を目的としているのでここまでの解説としますが、実用的なウェブサイトを制作する場合には、他のページのコンテンツも作り込んでウェブサイトを完成させていきます。

とはいえ、ここまでの学習で独自レイアウトによるウェブサイトの枠組みが出来上がっているので、この先のページ作成はそう難しくはないはずです。

本章では、独自レイアウト制作のはじめ方と基本操作、そして基本的なデザイン制作方法を中心に解説してきました。同じジンドゥークリエイターなのに、標準レイアウトとは随分と勝手が違うと感じた方も、きっと多いでしょう。しかし、どのような手順でどこを操作するかがわかってくると、独自レイアウトであっても自由自在にデザインを作成できるようになります。次章では、さらに複雑で実用的なデザインのウェブサイトを、独自レイアウトで制作していきます。

ジンドゥー建築事務所
HOUSING DESIGN & RENOVATION
TOP
Housing Design
Renovation
Contact
暮らすを楽しむ、趣味人のための建築事務所。
ジンドゥー建築事務所は、「湖畔を望む家に住みたい」「朽ち果てた山奥の小屋を再生したい」など、あなたのわがままを叶える建築事務所です。大手ハウスメーカーや工務店では検討すらしてもらえない、そんな無理難題もぜひ私たちにご相談ください。難しい注文ほどやりがいを感じるスタッフが、あなたのわがままをお待ちしています。家は人生で一番大きな買い物です。私たちと一緒に、妥協のない家を作りましょう。
Housing Design
一級建築士が、ご希望に合わせて理想の家を一から丁寧に作ります。まずはどんな家を作りたいか、一緒に形にしていきましょう。
MORE
Renovation
すでに家を買ってしまったけど納得できていない、中古住宅の購入を検討している、そんな方にはリノベーションという選択肢を。
MORE
Contact
どんなに無鉄砲な計画でもかまいません。まずはあなたの「やりたい」をお聞かせください。それを叶えるのが私たちの仕事です。
MORE
ジンドゥー建築事務所
HOUSING DESIGN & RENOVATION
株式会社ジンドゥー建築事務所
〒150-0002 東京都渋谷区渋谷○丁目○-○
TEL/FAX : 03-1234-5678
Email : info@sample.com
お問い合わせはこちら
概要 | プライバシーポリシー | Cookie ポリシー | サイトマップ
ログイン

完成したトップページデザイン

CHAPTER 7で解説したサンプルサイトの最終コード

本章で制作したウェブサイトのHTMLとCSSの最終的なコードは、「CH7学習素材」のフォルダに、テキストファイルとして用意しています。もしも、本章の解説どおりにデザインが整わないなどの場合には、確認のために最終コードと見比べてみてください。学習素材はダウンロードページから、各自のPCにダウンロードして使ってください。

Point

本章では解説を省略していますが、最終的に[CSS]エディタの書き出しには`@charset "utf-8";`の文字コードを1行追記しておくことをオススメします。

[CSS]のエディタを通常のCSSファイルに置き換えてみた場合、それは「中身そのもの」でしかありません。つまり[CSS]のエディタに何も記述しなければ、ファイルの中身も真っ白な状態となります。通常のCSSファイルでは、`utf-8`などの文字コードを最初の行に記載することが一般的ですので、独自レイアウトの[CSS]エディタにおいても、やはり記載しておくことが望ましいと言えます。

COLUMN 独自レイアウトのスマートフォン表示

本章で作成したサンプルサイトは、シンプルなコーディングを重視しているためモバイル最適化にはなっていませんが、こうしたウェブサイトであっても独自レイアウトの標準機能である[スマートフォン表示]を使うことによって、スマートフォンでも読みやすく表示することができます。

ただしこの機能によって表示される内容は、あくまでウェブサイトの一部のコンテンツだけで、ヘッダーデザインやサイドバーエリアのコンテンツなどは強制的に排除されてしまいます。結果として、コンテンツとしてはメインコンテンツだけがピックアップされてしまうため、この機能は簡易的なスマホ表示にすぎません。

また、独自レイアウトの[HTML]や[CSS]のエディタで編集したコードも、[スマートフォン表示]ではすべて無視されてしまいます。[スマートフォン表示]を利用した場合のスタイルを整えるには、[独自レイアウト(CSS)]のエディタでCSSをコーディングするか、[ヘッダー編集]エディタで<style>タグによってスタイルコードを追加します。

[スマートフォン表示]のオン/オフは、画面右上のボタンをクリックすることで切り替えることができます。レスポンシブウェブデザインで設定されたウェブサイトの場合には、[スマートフォン表示]機能が働かないように、このボタンをオフにしておく必要があることも忘れてはいけません。

CHAPTER

08

独自レイアウトでのウェブサイト制作＜応用編＞

この章では、解説と一緒にウェブサイトを制作することで、独自レイアウト制作での理解を深めることを目標としています。HTMLマークアップによるウェブサイトと独自レイアウトの違いを理解して、独自レイアウト制作の技術をマスターしてください。

SECTION

01 独自レイアウトによる本格的なウェブサイト制作

ここからは、独自レイアウトでの本格的なウェブサイト制作をしていきます。HTMLマークアップによるウェブサイトを、独自レイアウトの仕様に置き換えながら移行していきますので、その場合のポイントもしっかりと解説します。

独自レイアウトで実用的なウェブサイトを作る

本章ではソースコードエディタで作成されたオリジナルテンプレートを使って、独自レイアウトでの本格的なウェブサイト制作をしていきます。テンプレートは本章の学習を効率よく進められるように、独自レイアウトに最適化したマークアップを行っています。このテンプレートを使って解説どおりにウェブサイトの制作を進めながら、独自レイアウトの理解をもっと深めていきましょう。本書の解説で、「HTMLマークアップのウェブサイトと独自レイアウトのウェブサイトは一体どこが違うのか？」という疑問が、かなり解消されるはずです。そして、ソースコードエディタを併用しながら独自レイアウトで制作する場合の流れも、理解できるでしょう。

また本章では、独自レイアウト専用のテンプレートを作る場合のポイントなども解説していますので、本章をマスターしたあとには、自分専用の独自レイアウトテンプレート作成にもぜひチャレンジしてみてください。

本章で制作するウェブサイト

それでは、本章で制作するウェブサイトについて解説します。ここで制作するウェブサイトは、トップページがシングルカラム、それ以外のサブページは2カラムのレイアウトです。ただし、サブページのうち「Contact（お問い合わせ）」ページだけは、トップページ同様シングルカラムのレイアウトにします。

このように本章では、ページによってシングルカラムと2カラムに分かれるレイアウトのウェブサイトを制作していきます。スマートフォン表示については、レスポンシブウェブデザインで対応します。

▼ウェブサイトの完成デザイン（PC表示）

トップページ

サブページ（Productのページ）

▼ウェブサイトの完成デザイン（スマートフォン表示）

トップページ

サブページ（Productのページ）

本章で使用する学習素材

本章では、ウェブサイト制作のための学習素材を用意しています。ここから先は、あらかじめPCに学習素材をダウンロードしてから読み進めてください。本章で使用する学習素材のフォルダ名は「CH8学習素材」です。

ダウンロードが完了したら、学習素材フォルダの中身を確認しておきましょう。フォルダの中には「Template」と「JimdoCreator」の2つのフォルダが格納されています。本章の解説に合わせて、それぞれのフォルダを使用していきます。

Point

「JimdoCreator」フォルダ内の「完成code」フォルダには、[HTML] [CSS] [ヘッダー編集] の各エディタでコーディングした完成コードが、テキストファイルで格納されています。もしも最終的なデザインが本章の解説と大きく違っていたり、どうしても表示が崩れてしまう場合には、回答として参照してみてください。

また、「JimdoCreator」フォルダ内の「file」フォルダに格納された各ファイルは、「Template」フォルダに格納された同名のファイルとまったく同じものです。独自レイアウトの完成データを再現するためのファイル一式として用意してはいますが、本章の解説では使用しません。

本章で解説するウェブサイトの制作フロー

本章では、以下の流れで独自レイアウトの制作を解説していきます。

1. オリジナルテンプレートを、独自レイアウトに移行する
2. HTMLを独自タグに置き換える
3. HTMLとCSSの画像コードなどを、独自レイアウトの仕様に合わせて修正する
4. フッターエリアのコンテンツを作成し、独自レイアウトの枠組みを完成させる
5. トップページとProductページのコンテンツを作成する
6. その他のページのコンテンツも作成する（Contactページだけは、レイアウトをシングルカラムに修正する）
7. ウェブサイト完成

ウェブサイトの制作準備

ウェブサイトの制作に取りかかる前に、まずは制作準備をしておきましょう。

独自レイアウトのデフォルトデザインを表示させる

今回の制作のために、新規のジンドゥークリエイターのウェブサイトを1つ追加しておきます。ダッシュボードの［新規ホームページ］ボタンをクリックして、新しいウェブサイトを作成しておきましょう。新規作成時の標準レイアウトは、「TOKYO」を選んでください。

ウェブサイトができたら、独自レイアウトのデフォルトデザインを表示させておきます。独自レイアウトのデフォルトデザインが表示できたら、ウェブサイトの制作準備は完了です。

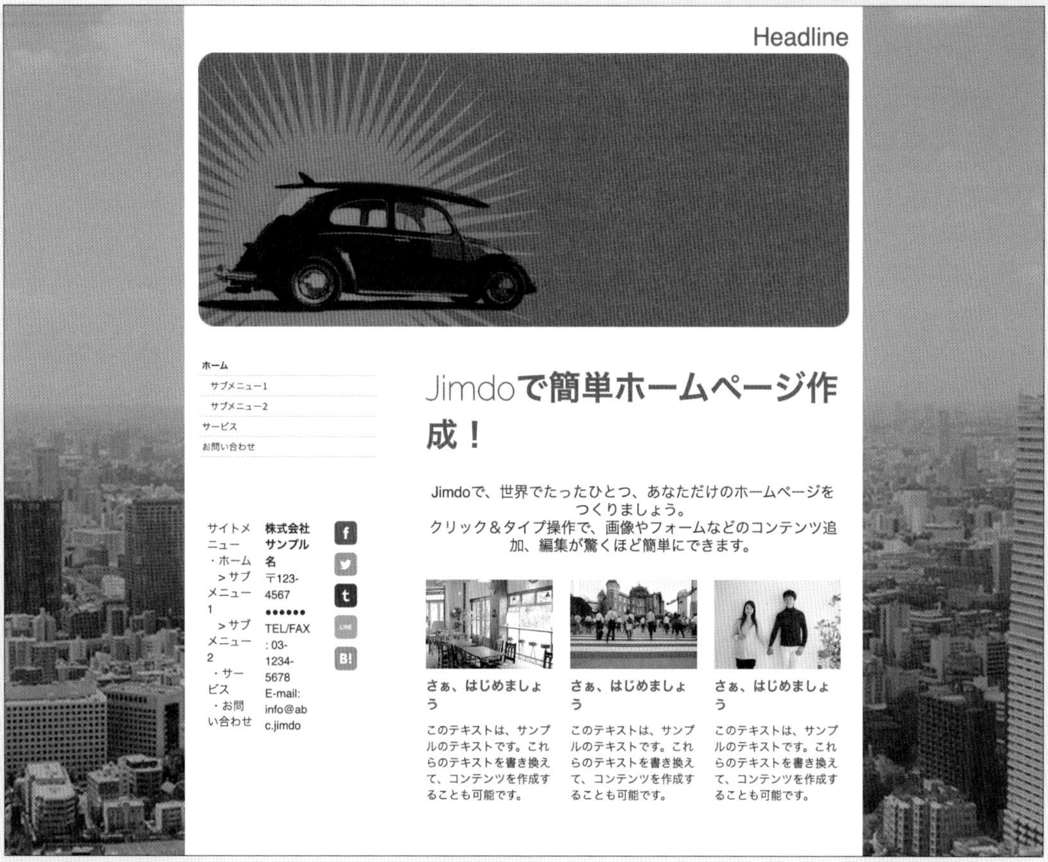

Headline
ホーム
サブメニュー1
サブメニュー2
サービス
お問い合わせ
Jimdoで簡単ホームページ作成！
Jimdoで、世界でたったひとつ、あなただけのホームページをつくりましょう。
クリック＆タイプ操作で、画像やフォームなどのコンテンツ追加、編集が驚くほど簡単にできます。
サイトメニュー
・ホーム
＞サブメニュー1
＞サブメニュー2
・サービス
・お問い合わせ
株式会社サンプル名
〒123-4567
●●●●●●
TEL/FAX：03-1234-5678
E-mail: info@abc.jimdo
さぁ、はじめましょう
このテキストは、サンプルのテキストです。これらのテキストを書き換えて、コンテンツを作成することも可能です。
さぁ、はじめましょう
このテキストは、サンプルのテキストです。これらのテキストを書き換えて、コンテンツを作成することも可能です。
さぁ、はじめましょう
このテキストは、サンプルのテキストです。これらのテキストを書き換えて、コンテンツを作成することも可能です。

独自レイアウトのデフォルトデザイン

Point

もしも、独自レイアウトのデフォルトデザインを表示させる手順で迷ったら、CHAPTER7「独自レイアウトのデフォルトデザインを表示する」（P.163）の解説を参照してください。

SECTION

02 テンプレートの構造と仕組みを理解する

ここでは、ウェブサイトの制作に入る前に理解しておくべきことを解説します。本章で使用するテンプレートは、ジンドゥークリエイターの独自レイアウト制作のために最適化されています。まずはテンプレートの構造と仕組みが、どのようになっているかを理解しておきましょう。

テンプレートサイトのデザインを確認する

学習素材の「Template」フォルダには、テンプレートサイトを表示するために必要なファイルが格納されています。まずはテンプレートサイトを表示させて、デザインの確認をしておきましょう。

ジンドゥークリエイターによって生成されるCSSを追加する

本章のテンプレートサイトでは、ジンドゥークリエイターで生成されるCSSファイルも読み込んで、デザインを表示しています。ジンドゥークリエイターのCSSファイルは学習素材に含まれていませんので、まずこれらのCSSファイルをジンドゥークリエイターから直接取得し、学習素材の「Template」フォルダ内の「css」フォルダに追加します。

1 まず、独自レイアウトのデフォルトデザインを閲覧画面で開きます。トップページ（「ホーム」のページ）が開いたら、背景画像の上あたりで右クリックをして、右クリックメニューを表示させます。

Point

このときの操作は、必ず閲覧画面（プレビュー画面）で行ってください。誤って、編集画面で行わないように注意しましょう。

2 右クリックメニューの「ページのソースを表示」をクリックします。

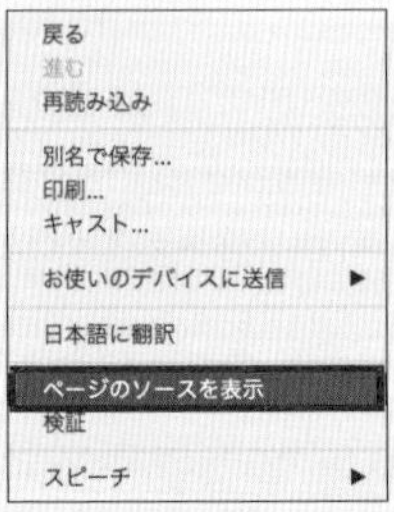

（macOS版Google Chromeの場合）

3 新しいブラウザタブで、ジンドゥークリエイターのトップページのソースコードが開きます。この画面から、ジンドゥークリエイターのCSSを取得していきます。

4 ソースコードで、ジンドゥークリエイターが自動生成する3つのCSSファイルのリンクの場所を確認します。ここで確認するのは、main.css、font.css、web_oldtemplate.cssの文字列が含まれた3つのファイルです。

```
    <script src="https://assets.jimstatic.com/ckies.js.5d80ddd8bf8162834c88.js"></script>

  <style>html,body{margin:0}.hidden{display:none}.n{padding:5px}#emotion-header{position:relative}#emotion-header-logo,#emotion-header-title{position:absolute}</style>


    <link href="https://u.jimcdn.com/cms/o/sfd85143654bf0dd9/userlayout/css/main.css?t=1573351132" rel="stylesheet" type="text/css" id="jimdo_main_css"/>
  <link href="https://u.jimcdn.com/cms/o/sfd85143654bf0dd9/userlayout/css/layout.css?t=1573351132" rel="stylesheet" type="text/css" id="jimdo_layout_css"/>
  <link href="https://u.jimcdn.com/cms/o/sfd85143654bf0dd9/userlayout/css/font.css?t=1573351132" rel="stylesheet" type="text/css" id="jimdo_font_css"/>
<script>   /* <![CDATA[ */   /*! loadCss [c]2014 @scottjehl, Filament Group, Inc.  Licensed MIT */   window.loadCSS = window.loadCss = function(e,n,t){var
r,l=window.document,a=l.createElement("link");if(n)r=n;else{var i=(l.body||l.getElementsByTagName("head")[0]).childNodes;r=i[i.length-1]}var
o=l.styleSheets;a.rel="stylesheet",a.href=e,a.media="only x",r.parentNode.insertBefore(a,n?r:r.nextSibling);var d=function(e){for(var n=a.href,t=o.length;t--;)if(o[t].href===n)return
e.call(a);setTimeout(function(){d(e)})};return a.onloadcssdefined=d,d(function(){a.media=t||"all"}),a};   window.onloadCSS = function(n,o){n.onload=function()
{n.onload=null,o&&o.call(n)},"isApplicationInstalled"in navigator&&"onloadcssdefined"in n&&n.onloadcssdefined(o)}   /* ]]> */ </script>   <script>
// <![CDATA[
onloadCSS(loadCss('https://assets.jimstatic.com/web_oldtemplate.css.e33b4341947fabac6566f8a0fb28ee3e.css') , function() {
    this.id = 'jimdo_web_css';
});
// ]]>
</script>
<link href="https://assets.jimstatic.com/web_oldtemplate.css.e33b4341947fabac6566f8a0fb28ee3e.css" rel="preload" as="style"/>
<noscript>
<link href="https://assets.jimstatic.com/web_oldtemplate.css.e33b4341947fabac6566f8a0fb28ee3e.css" rel="stylesheet"/>
```

ジンドゥークリエイターによって生成されるCSSファイルのリンク（ファイル名は本書で制作するウェブサイトの場合）

Point

ソースコード左の列に表示されている行番号は変わる場合があります。ここでの行番号は、あくまで参考としてください。また、各CSSファイル名に付帯する数字もジンドゥークリエイターの仕様によってランダムに変わりますので、ここでは参考程度にとどめてください。

5 それでは、main.cssのファイルからダウンロードしていきましょう。main.cssのファイルリンク箇所をクリックします。

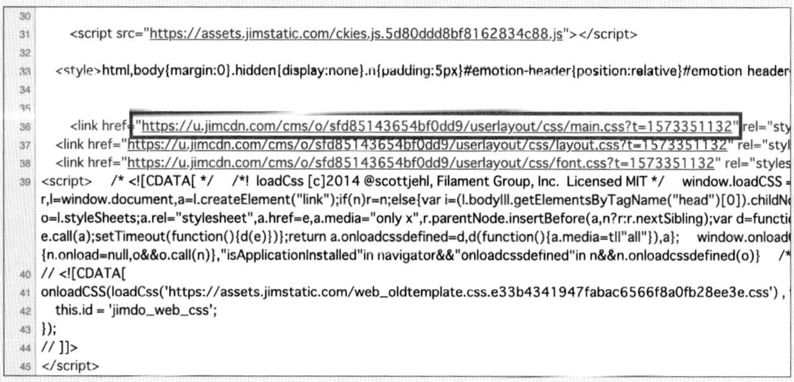

```
    <script src="https://assets.jimstatic.com/ckies.js.5d80ddd8bf8162834c88.js"></script>

  <style>html,body{margin:0}.hidden{display:none}.n{padding:5px}#emotion-header{position:relative}#emotion header


    <link href="https://u.jimcdn.com/cms/o/sfd85143654bf0dd9/userlayout/css/main.css?t=1573351132" rel="sty
  <link href="https://u.jimcdn.com/cms/o/sfd85143654bf0dd9/userlayout/css/layout.css?t=1573351132" rel="styl
  <link href="https://u.jimcdn.com/cms/o/sfd85143654bf0dd9/userlayout/css/font.css?t=1573351132" rel="styles
<script>   /* <![CDATA[ */   /*! loadCss [c]2014 @scottjehl, Filament Group, Inc.  Licensed MIT */   window.loadCSS =
r,l=window.document,a=l.createElement("link");if(n)r=n;else{var i=(l.body||l.getElementsByTagName("head")[0]).childN
o=l.styleSheets;a.rel="stylesheet",a.href=e,a.media="only x",r.parentNode.insertBefore(a,n?r:r.nextSibling);var d=functi
e.call(a);setTimeout(function(){d(e)})};return a.onloadcssdefined=d,d(function(){a.media=t||"all"}),a};   window.onload
{n.onload=null,o&&o.call(n)},"isApplicationInstalled"in navigator&&"onloadcssdefined"in n&&n.onloadcssdefined(o)}   /*
// <![CDATA[
onloadCSS(loadCss('https://assets.jimstatic.com/web_oldtemplate.css.e33b4341947fabac6566f8a0fb28ee3e.css') ,
    this.id = 'jimdo_web_css';
});
// ]]>
</script>
```

6 新しいブラウザタブで、`main.css`のCSSコードが開きました。画面の上で右クリックをして、右クリックメニューを表示させます。

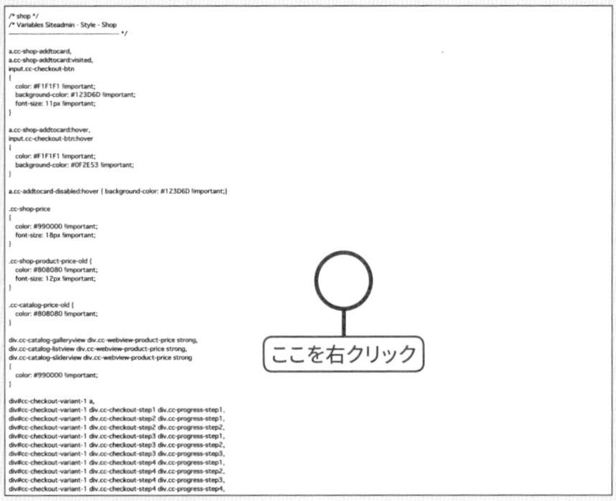

7 右クリックメニューの「別名で保存」(macOS版Google Chromeの場合)または、「名前をつけて保存」(Windows版Google Chromeの場合)をクリックし、PCにCSSファイルをダウンロードします。

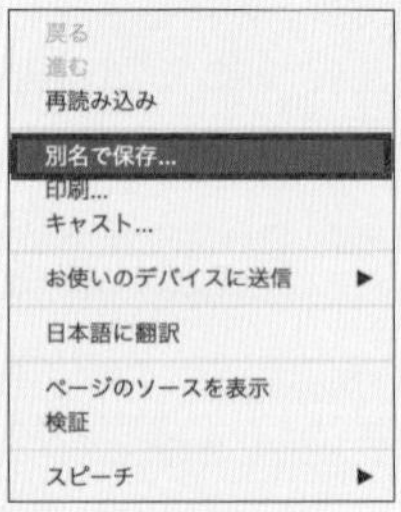

8 ダウンロードしたCSSファイルは、学習素材の「Template」フォルダ内にある「css」フォルダに保存しておきます。

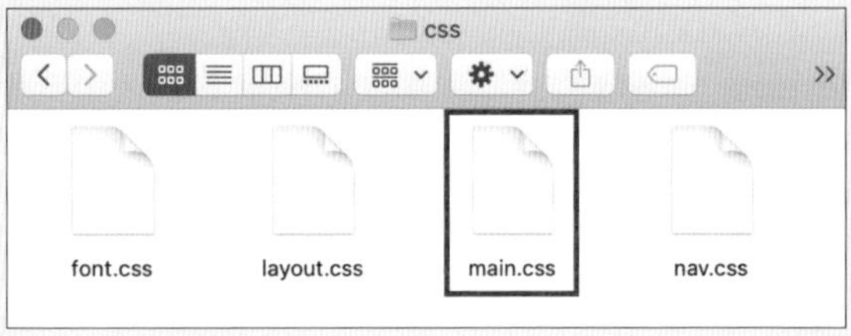

9 同様の手順で、残りのCSSファイル`font.css`、`web_oldtemplate.css`もダウンロードし、「Template」フォルダ 内の「css」フォルダに保存しておきます。`web_oldtemplate.css`の正式なファイル名は、「`web_oldtemplate.css.e33b4341947fabac6566f8a0fb28ee3e.css`」のように長いので、後半の文字列は削除して「web_oldtemplate.css」だけのファイル名に修正します。以上で、ジンドゥークリエイターによって生成されるCSSファイルの準備は完了です。

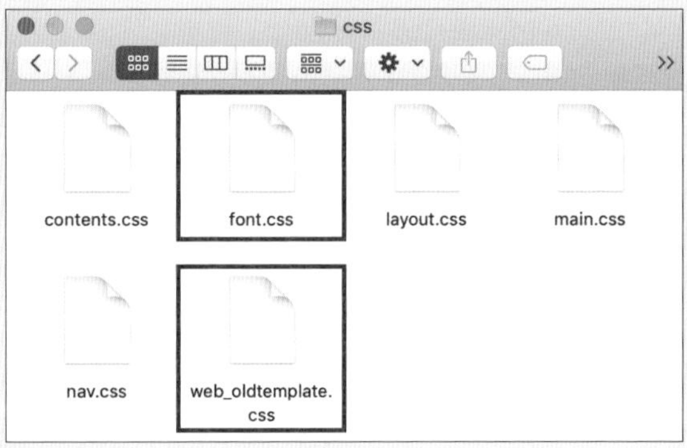

Point

学習素材の「Template」フォルダ ＞「css」フォルダに追加したCSSファイルのファイル名は、正しく`main.css`、`font.css`、`web_oldtemplate.css`になっているかを確認してください。ファイル名が誤っていると、本章のテンプレートではCSSを読み込めなくなるので、注意しましょう。

ブラウザでテンプレートサイトを確認する

テンプレートサイトを表示させる準備ができたので、実際にブラウザでサイトを表示させ、どのようなデザインになっているかを確認しておきましょう。

1 PCにダウンロードした「CH8学習素材」フォルダを開き、「Template」フォルダのindex.htmlファイルをダブルクリックします。

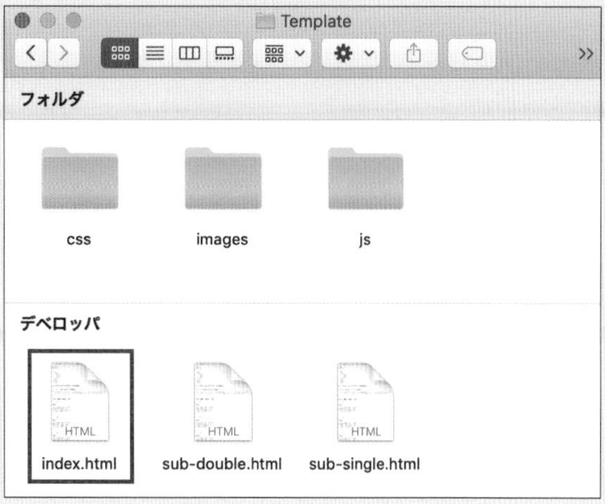

Macでのフォルダ表示例

2 ファイルをダブルクリックすると、メインブラウザに設定されたブラウザのタブで、テンプレートサイトのトップページが開きます。ここから、テンプレートサイトのデザインを確認していきます。まずは、最初に開いたトップページから見ていきましょう。トップページは、シングルカラムのレイアウトであることがわかります。

Point

index.htmlファイルをクリックしてもテンプレートサイトがブラウザで開かない場合は、ファイルを開くアプリケーションで[Google Chrome.app](macOSの場合)などのブラウザアプリを選択し、ブラウザで表示させてください。

3 続いて、ナビゲーションの「Menu1」をクリックして、サブページのデザインも確認しておきましょう。ナビゲーションの「Menu1」から「Menu4」までは、同じHTMLファイルにリンクしています。これらのサブページは、サイドエリアが表示される2カラムレイアウトです。

4 最後にナビゲーションの「Menu5」をクリックして、「Menu5」のページも確認します。このページはサブページでありながら、トップページ同様シングルカラムのレイアウトになっています。

このようにテンプレートサイトでは、ページによってシングルカラムと2カラムのレイアウトを使い分けています。

このテンプレートは、本章で制作する独自レイアウトのウェブサイトのデザインに合わせて、ソースコードエディタで作成しています。枠組みのデザインまでは整った状態ですが、独自レイアウトに移行する際には、HTMLやCSSコードを独自レイアウト仕様に合わせて修正しなければなりません。本章では、この移行作業を中心に解説していきます。

Point

テンプレートサイトの各ページは、簡易的なコンテンツが表示されています。これらは［見出し］［カラム］［ボタン］といった、ジンドゥークリエイターの「コンテンツ」をモチーフにして作成しています。ただし、これらはジンドゥークリエイターで使用されるコンテンツの、ごく一部にすぎません。本章のテンプレートでは、これから制作するデザインに必要な最小限のサンプルコンテンツだけを表示しています。

もっと詳細に、ソースコードエディタでデザインチェックを行いながら制作する場合には、さらに多種のサンプルコンテンツを作成します。

テンプレートのHTMLを確認する

次に、テンプレートの構造がどのようになっているか、HTMLのコードでも確認しておきましょう。「Template」フォルダ内のHTMLファイルは全部で3つありますが、実は、これらに大きな違いはありません。3つのHTMLファイルは、ある一部分を除いてまったく同じHTMLコードでできています。「それぞれのHTMLファイルの違いがどこなのか？」や「なぜそうするのか？」といったことについては、このセクションで後述します。

テンプレートのHTMLファイルをソースコードエディタで開く

ソースコードエディタで、学習素材の「Template」フォルダのindex.htmlを開き、コードを確認します。

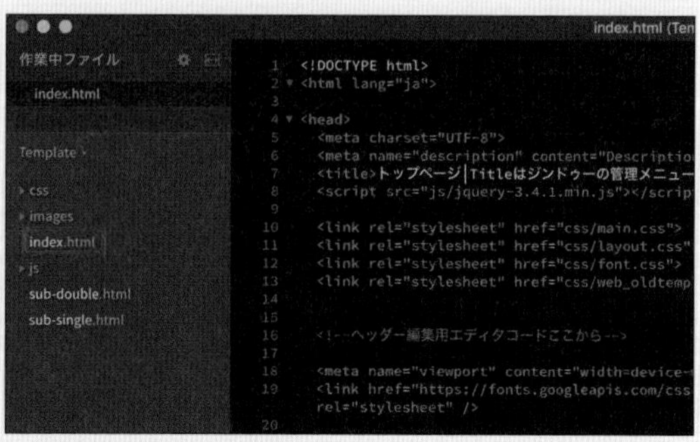

Point

本章の解説では、ソースコードエディタにBracketsを使用していますが、HTMLファイルとCSSファイルのソースコードを表示できるものであれば、その他のソースコードエディタ（あるいはテキストエディタなど）であってもかまいません。各自の環境に合わせ、使いやすいツールに置き換えて解説を読み進めてください。

テンプレートのbodyタグ部分のHTMLを確認する

まずは、開いたソースコードエディタで、テンプレートのbodyタグ部分のHTMLを確認してみましょう。ここでは、わかりやすくするために、<body>部分の構造を図で視覚化してみます。見てわかるとおり、HTML自体はそれほど特別なコーディングがされているわけではありません。

▼テンプレートの<body>部分のHTML構造と独自タグの割り当て

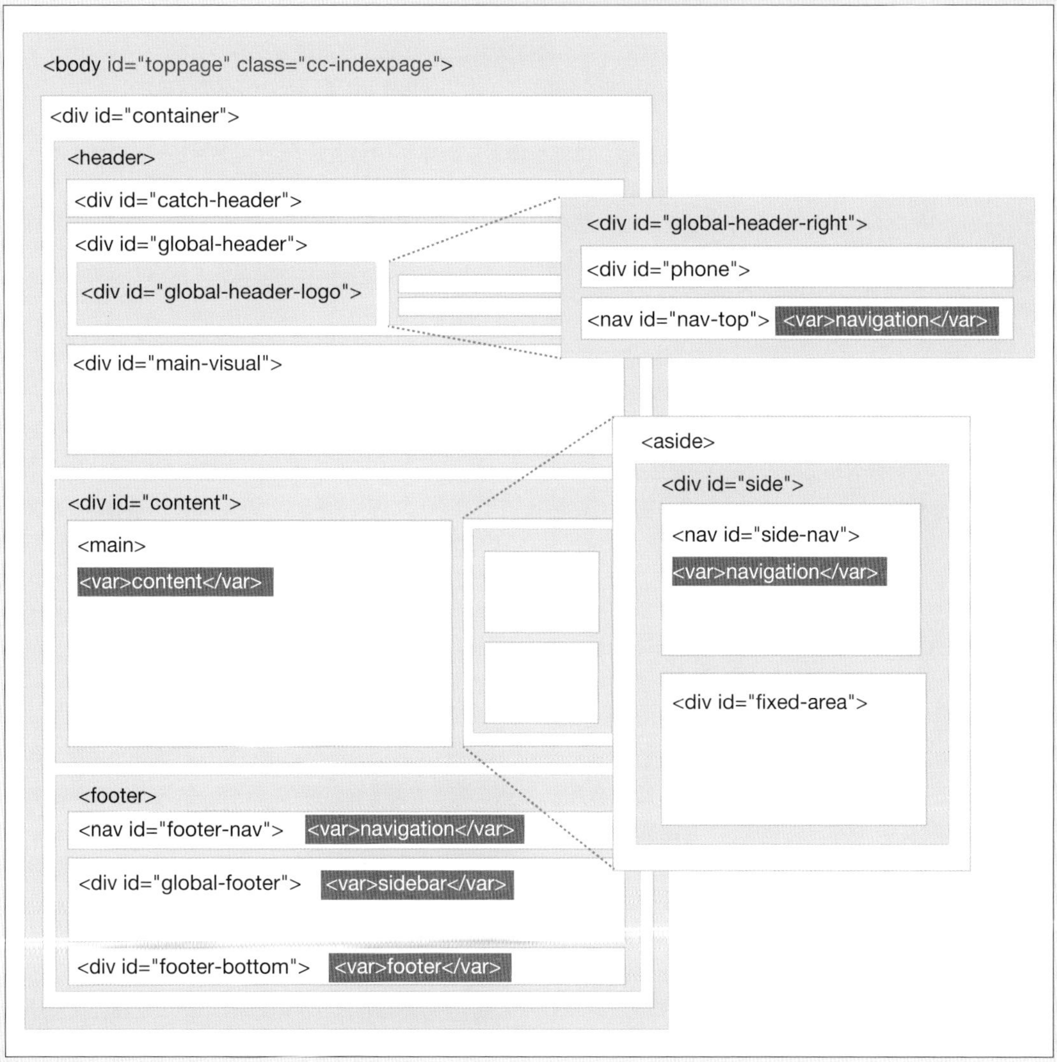

index.htmlファイルのHTML構造に独自タグを割り当てた図

本章では、このHTML構造の各所に、独自レイアウトの独自タグを割り当てていきます。独自タグは、移行したあとの編集作業においてジンドゥークリエイターの基本操作で編集したい箇所に対して、ひとつずつ割り当てていきます。ただし、前章までで解説してきたように、独自タグには配置数の制限がありますので、そこを気をつけながらルールに従って割り当てていきましょう。

Point

本章で制作するウェブサイトでは、すべての階層を表示するメインナビゲーションを、ヘッダーエリアに配置しています。その他のエリアに配置するナビゲーションは、1階層目や2階層目のメニューだけを表示させることにとどめているので、補助的な役割を担います。

独自レイアウトでは、それぞれにナビゲーションの<var>navigation</var>の独自タグを割り当てることで、ジンドゥークリエイターで編集されたナビゲーションの内容をどちらにも自動で反映させることができます。ナビゲーションの独自タグについては、ルール上、複数設置が認められているので、このような配置が可能です。

こうした編集の利便性を求めると、独自タグの<var>content</var>と<var>sidebar</var>もまた、複数配置したくなることがあります。しかしこれらの独自タグは、設置箇所を1つだけ選んで配置することがルールとして決まっています。メインコンテンツとサイドバーの独自タグについては、運用段階においてジンドゥークリエイターの編集性を「どこでもっとも活かしたいのか?」を考えて、適切な場所を1箇所だけ選ぶようにしましょう。

テンプレートのHTMLコードでは、独自タグに置き換える範囲を「<!--メインエリアコンテンツ独自タグ[content]コンテンツここから-->」や、「<!--メインエリアコンテンツ独自タグ[content]コンテンツここまで-->」のようにコメントアウトしています。P.243の図(テンプレートの<body>部分のHTML構造と独自タグの割り当て)と見比べてみると、より一層理解が深まるでしょう。

COLUMN **なぜハンバーガーメニューのHTMLでspanタグにピリオドを入れるのか?**

テンプレートのHTMLコードを確認したときに、スマートフォンで表示されるハンバーガーメニューのコードに違和感を感じたかもしれません。その箇所だけをクローズアップしてみます。

```
<div id="toggle">
  <span>.</span> <span>.</span> <span>.</span>
</div>
```

スマートフォンをタップすることによってハンバーガーメニューの3本線が×印になるような変化をもたせる場合に、このように<span>タグを連ね、CSSによって変化させる手法があります。このとき、通常であれば<span>タグの中にはなにも入れずに空の状態にしておきますが、ジンドゥークリエイターの独自レイアウトの[HTML]エディタでは空spanがエラーとみなされてしまいます。つまり、そのままではエディタの保存を完了することができません。

このことを回避するために、テンプレートでは、あえて<span>タグの中に本来不要である.(ピリオド)を打ち込んであります。これで、一応は独自レイアウトのエラーを回避できます。

ただし、この.(ピリオド)は、このままだとデザインに「...」のように表示されてしまうため、今度はjQueryで<span>タグの中身だけを消すというコーディングをしています。

正直、このことについては苦しい手法であり、最善の策とも言えないかもしれません。しかしながら筆者は、このようなジンドゥーの独自レイアウトの仕様が障害になってしまう場面を、これまで何度も経験してきました。こればかりは経験値を積むしかないのですが、もしも実際の制作現場においてこのような独自レイアウト仕様によるエラー場面に出くわしてしまったら、その時はなんとか知恵をしぼって回避してください。

テンプレートにおけるそれぞれのHTMLファイルの違いについて

テンプレートの3つのHTMLファイルは、前述したようにそれぞれに大きな違いはありません。ただし、意図的にHTMLコードを変えている箇所が1箇所だけあります。それは、bodyタグのid属性とclass属性の箇所です。3つのファイルの<body>には、それぞれ以下のような違いがあります。

・トップページのHTML

index.html [HTML]

```
<body id="toppage" class="cc-indexpage">
```

・サブページ（2カラム）のHTML

sub-double.html [HTML]

```
<body id="subpage-double">
```

・サブページ（シングルカラム）のHTML

sub-single.html [HTML]

```
<body id="subpage-single">
```

このようにbodyタグの属性に違いを持たせているのは、ジンドゥークリエイター側でページごとに自動付与されるid属性とclass属性の考え方に合わせているからです。

たとえば、ジンドゥークリエイターのトップページだけに付与されるclass属性としてcc-indexpageがあります。このclass属性に対してスタイルを指定すると、トップページだけのレイアウトに影響を与えることができます。そうしたことからオリジナルテンプレートでは、トップページの<body>タグにのみ、class="cc-indexpage"を付与しています。

しかしながら、サブページについてはページごとに区別できるようなclass属性がありません。その代わりに、ページ固有のid属性が必ず<body>に付与されます。テンプレートでは、id="subpage-double"やid="subpage-single"のように指定していますが、実際にはジンドゥークリエイター側でランダムに割り当てられた数字を使用したid="page-1675051814"のような文字列の「ページid」によって区分されることになります。このことから、ページごとのレイアウト指定をする場合には、Google Chromeのデベロッパーツールなどを使い、bodyタグに付与されたページごとのid属性を取得することになります。

Point

本章のテンプレートは、トップページ、2カラムのサブページ、シングルカラムのサブページの、3パターンのレイアウトを作成するために、3つの属性の違いを持たせたHTMLファイルを用意しています。基本的に、シングルカラムと2カラムが混在するウェブサイトにおいては、構造的には2カラムであるHTMLをベースとしてコーディングします。

テンプレートのheadタグ部分を確認する

続いて、テンプレートのheadタグのソースコードを確認します。<head>部分のHTMLコードは、次のようにマークアップされています。どのような要素が含まれているかを、確認しておきましょう。

```
<head>
```

文字コード・title・description

```
  <meta charset="UTF-8">
  <meta name="description" content="Descriptionはジンドゥーの管理メニューで設定します">
  <title>トップページ | Titleはジンドゥーの管理メニューで設定します</title>
```

jQueryファイルの読み込み

```
<script src="js/jquery-3.4.1.min.js"></script>
```

ジンドゥークリエイター仕様のCSSファイルの読み込み

```
  <link rel="stylesheet" href="css/web_oldtemplate.css">
  <link rel="stylesheet" href="css/main.css">
  <link rel="stylesheet" href="css/layout.css">
  <link rel="stylesheet" href="css/font.css">
```

viewportの設定

```
  <meta name="viewport" content="width=device-width,initial-scale=1" />
```

Googleウェブフォントの読み込み

```
  <link href="https://fonts.googleapis.com/css?family=Noto+Sans+JP:400,700|Open+
  Sans:400,700,700i&amp;display=swap" rel="stylesheet" />
```

ユーザー CSSファイルの読み込み

```
  <link rel="stylesheet" href="css/nav.css">
  <link rel="stylesheet" href="css/contents.css">
```

ハンバーガーメニューの表示と展開

```
  <script>
    //ハンバーガーメニューのダミー文字削除
    $(function() {
      $('#toggle span').text('');
    });

  </script>

  <script>
    //ハンバーガーメニュー展開
    $(function() {
      $('#toggle').click(function() {
        $('#nav-top').toggleClass('openNav');
      });
    });

  </script>
```

```
</head>
```

Point

<head>部分のコードは、すべてをジンドゥークリエイターに移行する必要はありません。独自レイアウトであっても、ウェブサイトの表示のために必要な最低限のコードは、ジンドゥークリエイター側で用意してくれます。なのでジンドゥークリエイターの［ヘッダー編集］エディタには、デザインを再現するために必要なコードだけを追加すればOKです。

本章のテンプレートの場合、「文字コード・title・description」「ジンドゥークリエイター仕様のCSSファイルの読み込み」などのコードは、ジンドゥークリエイターに移行する必要がありません。また、「jQueryファイルの読み込み」コードについても、本章では独自レイアウトの［ファイル］画面でファイルをアップロードするので、この場合はジンドゥークリエイターの［ヘッダー編集］には記述しないコードとなります。

テンプレートのCSSを確認する

続いて、テンプレートのCSSファイルも確認しておきましょう。CSSファイルは、大きく分けると2種類あります。一つは「ユーザー自ら作成するCSS」、もう一つは「ジンドゥークリエイター側で作られるCSS」です。

「ジンドゥークリエイター側で作られるCSS」については、ここまでの手順ですでに「Template」フォルダ内の「css」フォルダに追加していますね。本章のテンプレートでは、この時点で「css」フォルダにある6個のCSSファイルを読み込んで表示します。それでは、それぞれのCSSファイルについて解説していきましょう。

テンプレートで使用するユーザーのCSSを確認する

テンプレートサイトで読み込むユーザーのCSSファイルは、全部で3つあります。

・layout.css

ユーザーが自ら作成する（できる）メインのCSSファイルです。ここでコーディングしたCSSは、すべて独自レイアウトでは［CSS］エディタにコピーして、そこで編集することになります。［CSS］エディタの編集によって保存されたコードは、このファイル名でジンドゥークリエイターに自動的に読み込まれます。

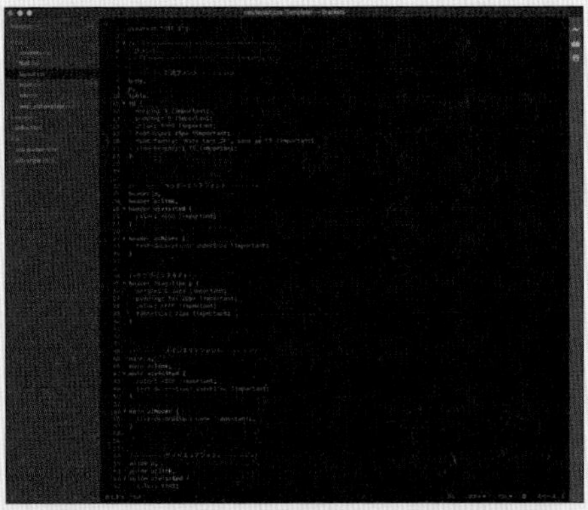

・nav.css

ユーザーが自ら作成するCSSのうち、ナビゲーションのスタイルに関するコードだけを別にまとめたファイルです。ナビゲーションのCSSは、layout.cssのファイル内でコーディングしてもかまいませんが、本章ではCSSが煩雑になることを避けることと、他のテンプレートを作成する場合に使い回せるようにという2つの意図からファイルを分けています。 nav.cssのファイルは、独自レイアウトの［ファイル］画面でアップロードして使用します。

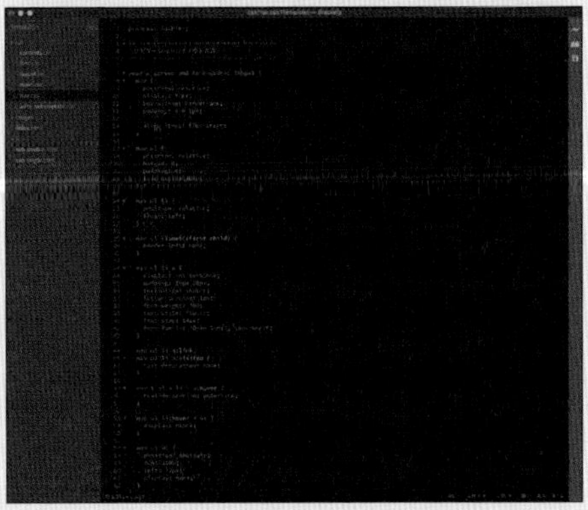

・contents.css

ジンドゥークリエイターの基本操作で追加する［コンテンツ］に関するスタイルを調整するためのCSSです。このCSSファイルでは、本章でのデザインに限らず、ジンドゥークリエイターの独自レイアウトを使用する場合に共通なレスポンシブ表示の調整などを指定します。

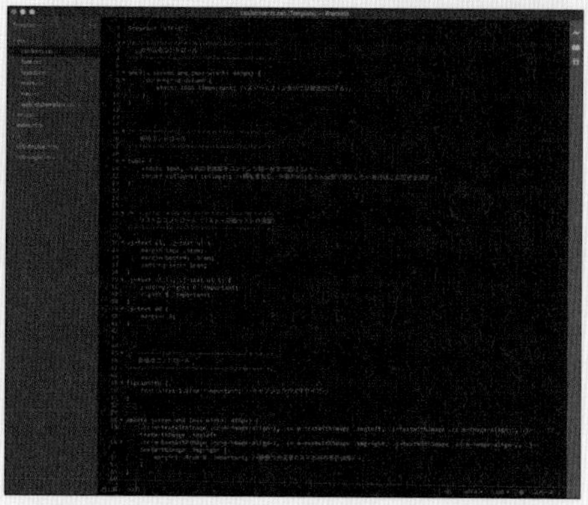

なぜコンテンツ調整CSS（contents.css）が必要なのか？

独自レイアウトはジンドゥークリエイター初期の古いレイアウトスタイルを継承しています。古いレイアウトは「旧レイアウト」と呼ばれ、過去に適用済みの一部のユーザーに使用され続けていますが、現在では新規にレイアウト適用させることはできません。

旧レイアウトはそもそもレスポンシブウェブデザインではなく、標準機能の［スマートフォン表示］によってメインコンテンツを簡易的に表示させることが、スマートフォン表示としての考え方でした。あるいは［スマートフォン表示］を使用せず、スマートフォンであっても強制的にPCと同じレイアウトを表示するという選択も、また可能でした。しかしその後、モバイルフレンドリーの重要性が高まり、ジンドゥークリエイターもすべての標準レイアウトがレスポンシブウェブデザインに対応していきました。

このような流れの中で、旧レイアウト時代から存在していた独自レイアウトは、旧レイアウトの流れを引き継いだまま、現在に継承されることとなりました。実は独自レイアウトに関しては、インターフェイスを含めて、旧レイアウト時代からあまり大きな改変が行われていません。標準レイアウトのスタイル機能がどんどん進化する中で、独自レイアウトでの表示はそのまま変わらず、現在に至っています。

そしてこのことは、基本操作で追加される［コンテンツ］の表示にも影響を与えています。独自レイアウトを選ぶ場合には、ユーザー各自のCSSによって［コンテンツ］のスマートフォン表示を、各自でコントロールしなければなりません。それが、本章のテンプレートで用意したcontents.cssの役割です。

もう少しだけ、具体的に解説しましょう。たとえば、［カラム］のコンテンツはスマートフォン表示であっても、横並びのまま表示されます。幅たっぷりのPC画面においてはもちろん横並びでよいのですが、タイトな幅のスマートフォン表示では、やはり縦一列の並びに変化してほしいところです。標準レイアウトならば、このような表示も自動的に整えてくれますが、独自レイアウトの場合にはこうした箇所においてもユーザー自身のCSSで整える必要があります。

そこで、[カラム]のコンテンツをスマートフォン表示で縦一列に並べ替えるためのCSSコードを、以下のようにコーディングします。

参考コード[CSS]

```
/*スマートフォン表示ではカラムを縦並びにする*/
@media screen and (max-width: 480px) {
  .cc-m-hgrid-column {
    width: 100% !important;
  }
}
```

これによって、スマートフォン表示の(480px以下のディスプレイ幅で閲覧する)場合には、[カラム]の各列がディスプレイに対して100%の幅に変化します。つまり横並びのカラムコンテンツは、自動的に縦並びに変化するようになります。

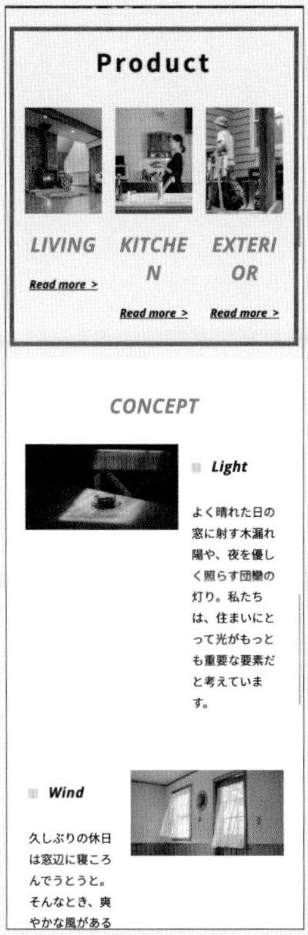

Product
LIVING
KITCHE
N
EXTERI
OR
Read more >
Read more >
Read more >
CONCEPT
Light
よく晴れた日の
窓に射す木漏れ
陽や、夜を優し
く照らす団欒の
灯り。私たち
は、住まいにと
って光がもっと
も重要な要素だ
と考えていま
す。
Wind
久しぶりの休日
は窓辺に寝ころ
んでうとうと。
そんなとき、爽
やかな風がある

調整CSSを使用していない[カラム]のスマートフォン表示

調整CSSを使用した[カラム]のスマートフォン表示

contents.cssのファイルは、ここで制作するウェブサイトだけではなく、他の独自レイアウトでのウェブサイトを作成する場合であっても必要になるコードなので、本章では使い回しやすいようにファイルを分けています。このファイルは、独自レイアウトの[ファイル]画面でアップロードして使用します。

Point

本章で用意したcontents.cssは、あくまでデザインサンプルとして用意した調整CSSファイルです。このファイルには、本章でのウェブサイト制作で使用するコンテンツ以外のCSSも含まれていますが、表現したいデザインやジンドゥークリエイターの各種設定によっては、それが適切なCSSではない場合もあります。ほかにも、今後ジンドゥーによる仕様変更の可能性もありますので、実際の制作ではウェブサイトのデザインに合わせて各自の調整CSSファイルを作成してください。

テンプレートで使用するジンドゥークリエイターのCSSを確認する

テンプレートサイトで読み込むジンドゥークリエイターのCSSファイルは、全部で3つです。

▼main.css

▼font.css

▼web_oldtemplate.css

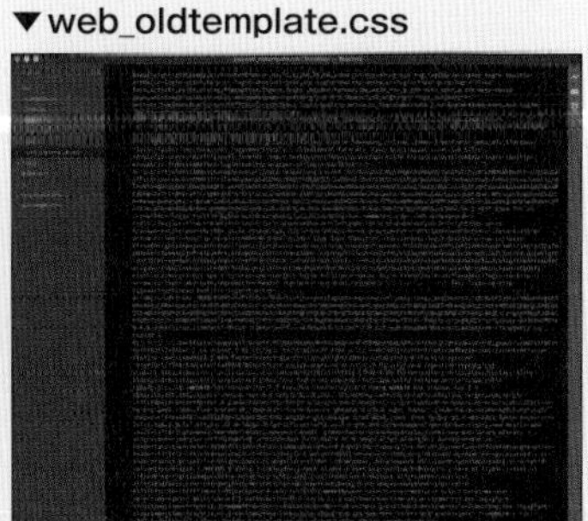

これらのCSSファイルは、独自レイアウトではジンドゥークリエイターによって作成され、自動的に読み込まれます。ユーザーがアップロードする必要はありませんが、独自レイアウトのデザインに影響を与えるCSSなので、本章のテンプレートではジンドゥークリエイターからファイルを取得して読み込んでいます。<head>部分のファイルの読み込み順は、ジンドゥークリエイターの仕様に合わせてコーディングしています。

Point

web_oldtemplate.cssのファイルは、ソースコードではCSSファイルを読み込む<link>タグの一番最後に記述されていますが、rel="preload"によって他の要素よりも先読みが指定されるため、ここでは最初に読み込まれるCSSとしてコーディングします。

ヘッダー部分のCSSファイル読み込みコード［HTML］

```
<link rel="stylesheet" href="css/web_oldtemplate.css">
<link rel="stylesheet" href="css/main.css">
<link rel="stylesheet" href="css/layout.css">
<link rel="stylesheet" href="css/font.css">
        ・
        ・
        ・
        (中略)
        ・
        ・
        ・
<link rel="stylesheet" href="css/nav.css">
<link rel="stylesheet" href="css/contents.css">
```

テンプレートのJavaScriptを確認する

続いて、テンプレートで使用するJavaScriptファイルも確認しておきましょう。

テンプレートで使用するjQueryを確認する

「Template」フォルダ内の「js 」フォルダには、執筆時点で最新のjQueryファイルであるjquery-3.4.1.min.jsが格納されています。最新のjQueryファイルは、jQuery公式サイト（https://jquery.com/）からもダウンロードできます。jquery-3.4.1.min.jsは、独自レイアウトの［ファイル］画面でアップロードして使用します。

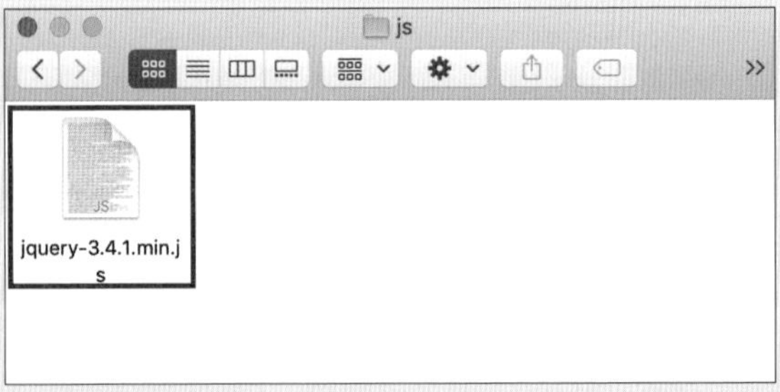

テンプレートの画像ファイルを確認する

最後に、テンプレートで使用する画像ファイルも確認しておきましょう。

テンプレートで使用する画像ファイルを確認する

「Template」フォルダ内の「images」フォルダには、テンプレートのレイアウトデザインに関する画像が格納されています。 sample-image.jpgを除く7つのファイルは、すべて独自レイアウトの[ファイル]画面でアップロードして使用します。

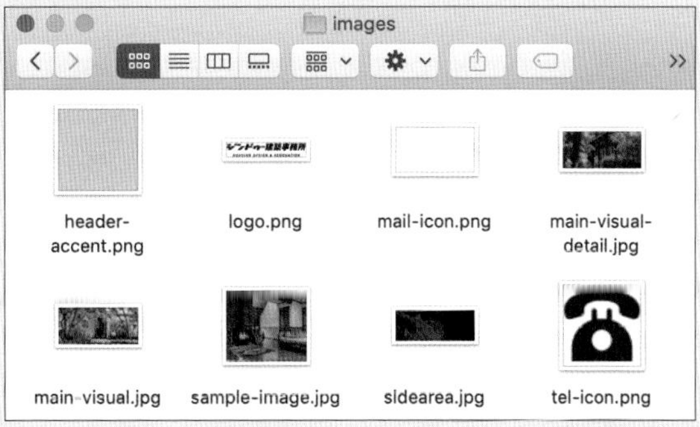

Point

「Template」フォルダ内の「images」フォルダにある sample-image.jpgは、テンプレートのサンプルコンテンツ用の画像を表示させるためだけに使用しているので、独自レイアウトのデザインでは使用しません。

独自レイアウト用テンプレート作成のヒント

本章では、あらかじめ用意されたテンプレートを使用して独自レイアウト制作を進めますが、「今後、自分専用のテンプレートを作成する場合には、どこを気をつければよいのか？」という疑問もあるでしょう。そこで、独自レイアウト用のテンプレートを作成する場合のヒントを、いくつか挙げておきます。

ヒント① 独自レイアウトで使用しないHTMLコードとは

独自レイアウトで使用するHTMLは、<head>タグの中身と<body>タグの中身のコードですが、使用しないコードもあります。下記のコードについては、ジンドゥークリエイター側で自動的にウェブサイトに実装されるので、テンプレートから移行する必要はありません。

HTMLのコーディング時には、独自レイアウトで使用しないコードを認識したうえで、必要なコードを中心にコーディングするとよいでしょう。

▼<head>で使用しないコードの例

- meta charset
- meta description
- title
- Facebook OGPやTwitter cardのmetaタグなど

このほか、独自レイアウトの[ファイル]画面でアップロードする予定のJavaScriptファイルも、自動的にヘッダー部分にコードが挿入されるためコーディングする必要はありません。

▼<body>で使用しないコードの例

- 独自タグに置き換える部分のコード(コンテンツの中身部分)

メインコンテンツや、サイドバー、ナビゲーション、フッター部分の「コンテンツ」にあたるコードは、独自レイアウトに移行したあとでまるごと独自タグに置き換えます。独自タグに置き換えたコード部分のコンテンツは、最終的にジンドゥークリエイターの基本操作で作成します。

ただしテンプレート作成時には、コンテンツのデザインも一緒に整えられるよう、ジンドゥークリエイターのソースコードをサンプリングするなどの手法で、テンプレートにも何かしらのサンプルコンテンツを用意しておくとよいでしょう。テンプレートにどのようなサンプルコンテンツを用意するかについては、本章のテンプレートを参考にしてください。

ヒント② トップページとサブページのHTMLファイルを作成する

このセクションの「テンプレートにおけるそれぞれのHTMLファイルの違いについて」(P.245)で前述したように、テンプレートではレイアウトのバリエーションの数だけHTMLファイルを用意しています。これは、コーディング時のリアルタイムプレビューなどで、それぞれのレイアウトパターンを確認したいという理由でそうしているだけです。もちろん、すべてのページがまったく同じレイアウトであれば、HTMLファイルは1つだけでかまいません。

本章で制作するウェブサイトのように、ページごとにパターンが違うレイアウトを作成する場合には、トップページの<body>に必ずcc-indexpageのclass属性を付与しておきましょう。そうすれば、CSSによって「すべてのページ共通のスタイル」と、「トップページだけに適用するスタイル」をcc-indexpageに対して指定すれば、ページレイアウトの切り替えができます。cc-indexpageはジンドゥークリエイター指定のclass属性なので、テンプレートの仕様もここを合わせておくだけで、移行がずいぶんとスムーズになります。

併せて、各ページの <body>タグにも、個別のid属性（任意でかまいません）を付与しておくと、さらに細かなページごとのスタイルも指定することができるようになります。

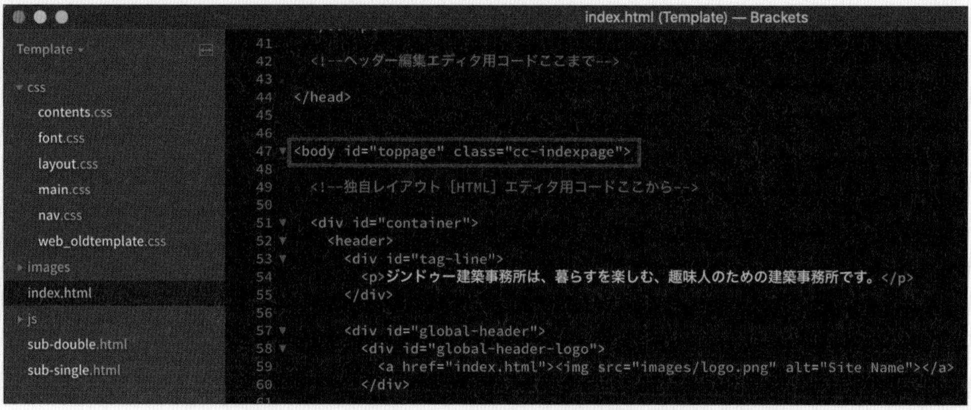

各ページの<body>には個別のid属性を付与する。トップページにはさらに、cc-indexpageのclass属性も付与する

ヒント③ 独自レイアウト専用テンプレートのCSSコーディングについて

テンプレートサイトの layout.cssファイルは、そのまま独自レイアウトの[CSS]エディタにコピーして移行します。[CSS]エディタに移行したいCSSは、すべてこのファイルの中でコーディングしておきましょう。

本章のテンプレートサイトでは、layout.css以外にも、複数のユーザーCSSを用意しています。基本的にはすべてのCSSをlayout.cssにコーディングしても問題ありません。ちなみに、layout.css以外のCSSファイルを作成した場合には、独自レイアウトの［ファイル］画面にアップロードしたものを［ヘッダー編集］のコーディングによって読み込む必要があります。複数のCSSファイルを作成するかどうかは、各自の制作事情などに合わせて柔軟に対応してください。

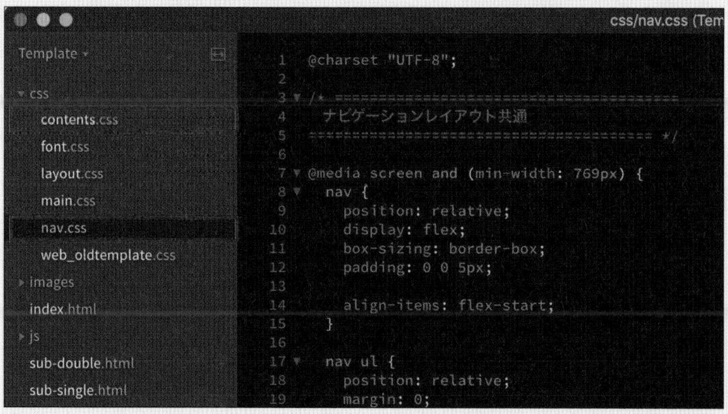

ユーザーCSSにはlayout.css以外にもcontents.css、nav.cssがあるが、これらはまとめてlayout.cssにコーディングしても問題ない

ヒント④ 正しくデザインを再現するためにジンドゥークリエイターのCSSも使用する

ジンドゥークリエイターは、常に複数のCSSファイルを読み込んでレイアウトデザインを表示しています。この表示を、テンプレートでもなるべく忠実に再現するためには、ジンドゥークリエイターによって生成されるCSSの取得も不可欠です（CSSファイル取得手順については、P.238の解説を参考にしてください）。

また、ジンドゥークリエイターでは、CSSの読み込み順も非常に重要なポイントです。ユーザーが編集するCSSのどこに`!important`をつけるかを判断するためにも、ジンドゥークリエイターと同じ読み込み順になるように、<head>部分でコーディングしておきましょう。ジンドゥークリエイターのCSSファイル読み込み順については、実際の独自レイアウトのソースコード画面で確認できます。

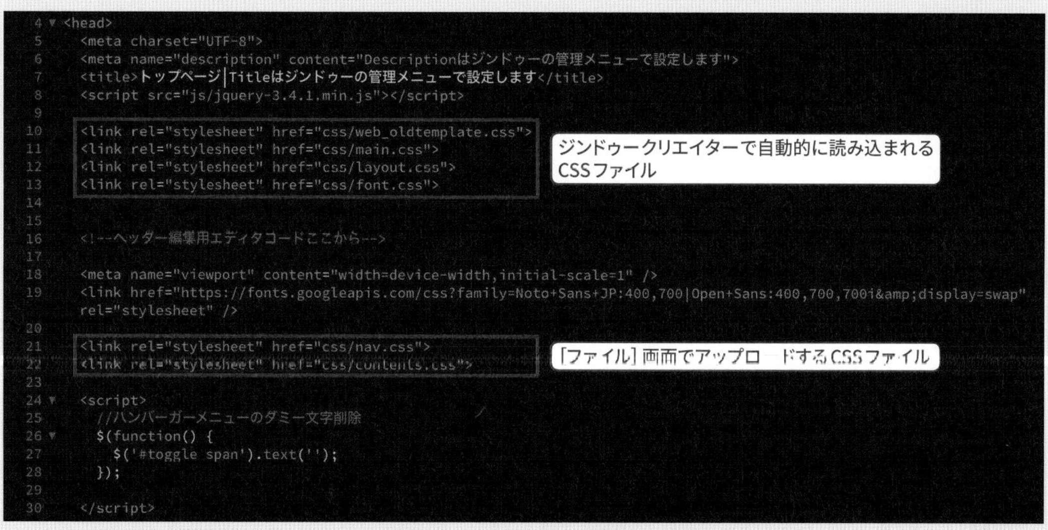

テンプレートサイトの<head>は、ジンドゥークリエイターのCSSファイル読み込み順に合わせてコーディングされている

SECTION

Part 3 独自レイアウトの作成編

03 テンプレートをジンドゥーへ移行する

テンプレートの構造と仕組みが理解できたら、いよいよテンプレートサイトのコードや画像をジンドゥークリエイターの独自レイアウトに移行していきます。ここからは、解説に従って一緒に手を動かしながら、独自レイアウトでウェブサイトを制作していきましょう。

テンプレートのファイルを独自レイアウトにアップロードする

独自レイアウトでの最初の作業は、テンプレートの画像・JavaScript・CSSのファイルをアップロードすることです。学習素材の「Template」フォルダにある各ファイルを、独自レイアウトの[ファイル]画面でアップロードしていきましょう。

テンプレートのファイルを独自レイアウトにアップロードする

それでは、テンプレートサイトの各ファイルを、独自レイアウトにアップロードしていきましょう。ここでアップロードするのは、画像ファイル、jQueryファイル、CSSファイルの3種類です。

1 用意しておいたジンドゥークリエイター(独自レイアウトのデフォルトデザインの状態)の編集画面で、[管理メニュー]→[独自レイアウト]→[ファイル]の順にクリックし、[ファイル]画面を開きます。

2 [ファイル]画面でアップロードされているデフォルト素材を、すべて削除します。ファイル名の行右端にある[×]をクリックして、1つずつ削除していきます。

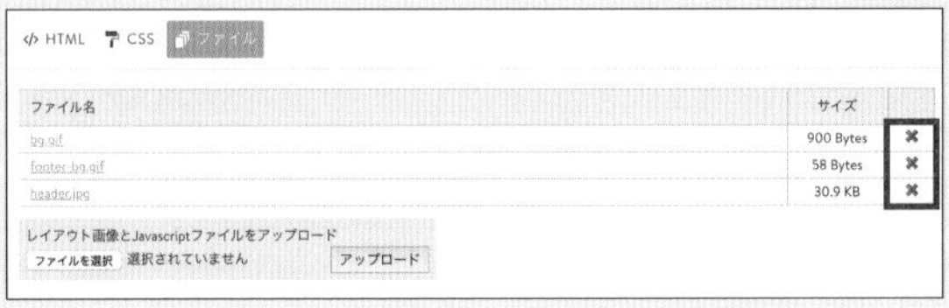

3 次に、学習素材の「Template」フォルダ>「js」フォルダ内にあるjQueryファイル（jquery-3.4.1.min.js）を［ファイル］画面でアップロードします。

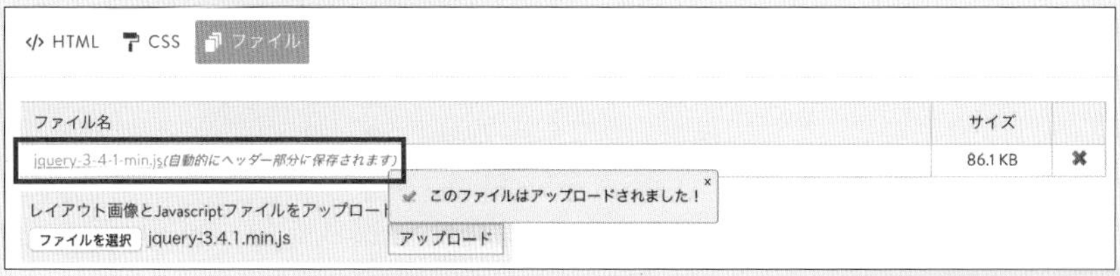

4 続いて、学習素材の「Template」フォルダ>「css」フォルダ内にあるCSSファイルのcontents.cssとnav.cssも［ファイル］画面でアップロードします。先ほどアップロード済みのjquery-3.4.1.min.jsの下に、contents.cssとnav.cssのファイルが新たに追加されました。

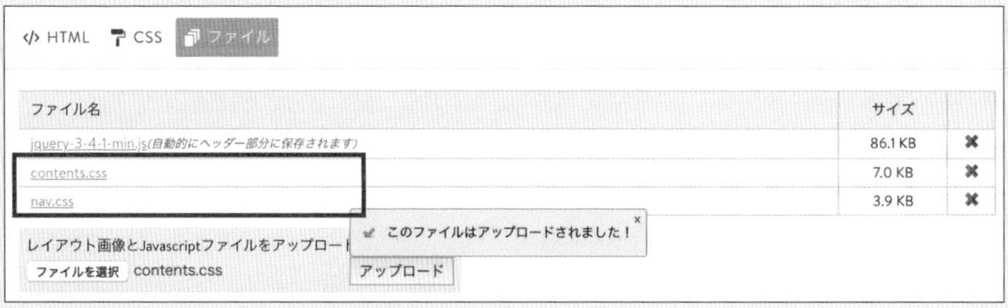

Point

ここでアップロードするCSSファイルは、contents.cssとnav.cssだけです。もう1つのユーザーCSSファイルであるlayout.cssのCSSコードについては、［ファイル］画面ではアップロードせずに、コードを独自レイアウトの［CSS］エディタに直接コピーして使用します。

5 最後に、画像をアップロードします。ここでアップロードする画像ファイルは、レイアウトのデザインに関するものだけです。ページのコンテンツに使用されている画像はここではアップロードせず、あとからジンドゥークリエイターの基本操作によって追加します。

学習素材の「Template」フォルダ ＞「images」フォルダ内の画像ファイルから、デザインに必要なファイル（sample-image.jpg以外の7個のファイル）だけをアップロードします。アップロードするファイルは、どのような順序であってもかまいません。

▼アップロードする画像ファイル

1	header-accent.png	5	main-visual.jpg
2	logo.png	6	sidearea.jpg
3	mail-icon.png	7	tel-icon.png
4	main-visual-detail.jpg		

6 これで、レイアウトデザインに必要な画像ファイルがすべてアップロードできました。

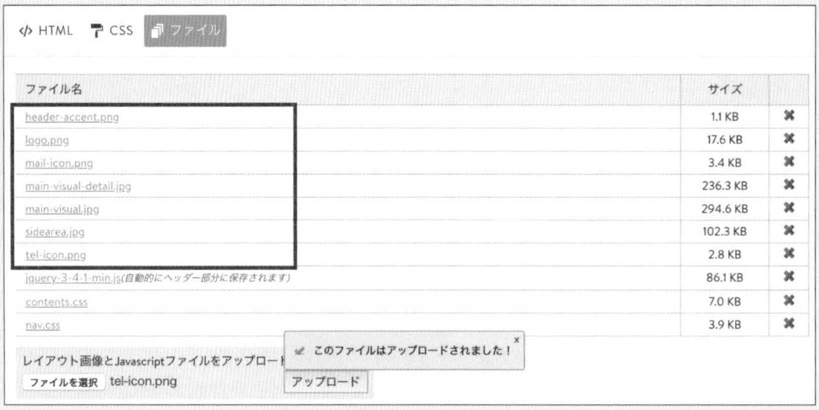

テンプレートのCSSを独自レイアウトに移行する

ファイルのアップロードが完了したら、次にレイアウトデザインを指定するCSSコードを、独自レイアウトに移行していきましょう。

テンプレートサイトのCSSを独自レイアウトにコピーする

テンプレートサイトのlayout.cssのCSSコードを、コピー＆ペーストでジンドゥークリエイターの独自レイアウトに移行します。このCSSコードには、ジンドゥークリエイターの仕様に合わせて修正しなければいけない箇所がいくつかありますが、ひとまず独自レイアウトの［CSS］エディタにそのままコピー＆ペーストしておきます。

1 ソースコードエディタで、学習素材の「Template」フォルダ＞「css」フォルダ内のファイルlayout.cssをソースコードエディタで開き、表示されたCSSコードすべてをコピーします。

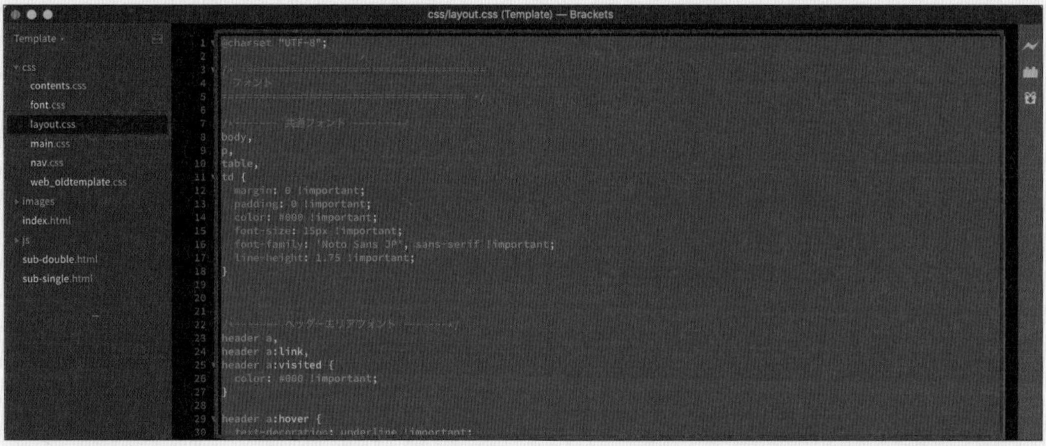

2 ［独自レイアウト］の［CSS］画面を開いたら、［CSS］エディタに記述されているコードすべてを選択し、ソースコードエディタからコピーしたCSSコードで上書きします。

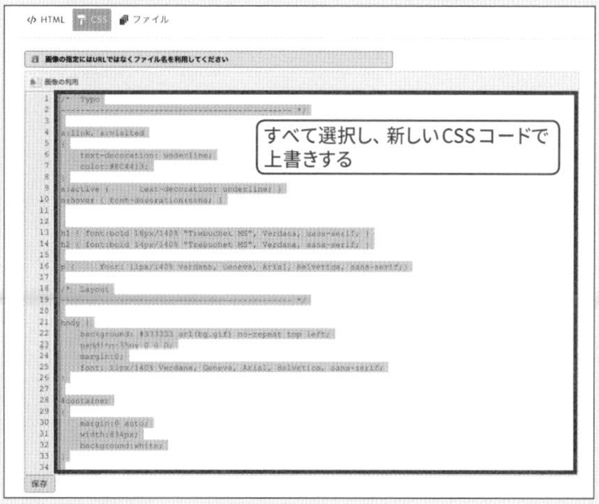

3 ［CSS］エディタのCSSコードがすべて新しいコードに書き変わったことを確認したら、［CSS］画面の［保存］をクリックし、編集内容を保存しておきます。以上で、CSSコードの移行は完了です。

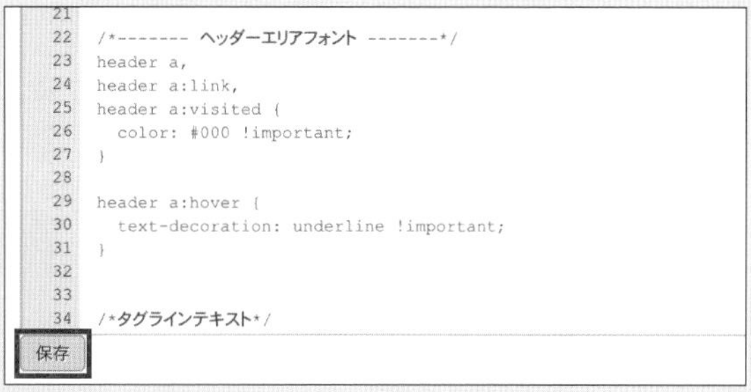

テンプレートのHTMLを独自レイアウトに移行する

CSSコードに続いて、HTMLコードもテンプレートからコピー＆ペーストで移行します。ここでは、学習素材の「Template」フォルダ内にあるindex.htmlファイルのHTMLコードを、［独自レイアウト］の［HTML］エディタにコピー＆ペーストします。

テンプレートのHTMLを独自レイアウトにコピーする

テンプレートサイトのHTMLファイルから移行するHTMLコードは、すべてではありません。まずは、<body>タグの中身だけを選択してからコピー＆ペーストし、そのあとで然るべき箇所を独自タグに置き換えていきます。ここでの作業は、手順を誤るとエラーが出て保存できなくなりますので、あせらず慎重に作業を進めていきましょう。

1 ソースコードエディタで、学習素材の「Template」フォルダ内にあるindex.htmlファイルをソースコードエディタで開きます。

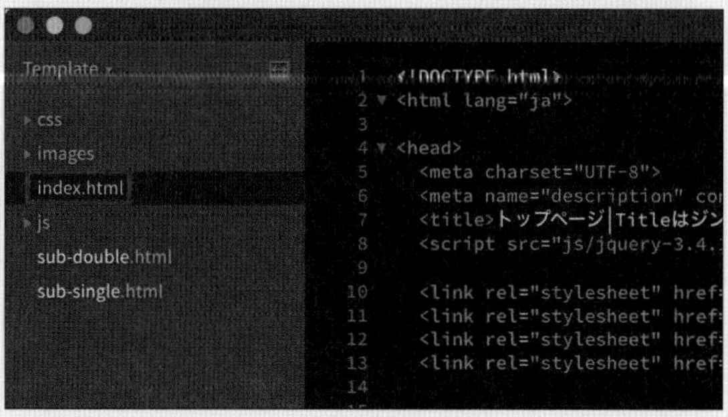

2 ソースコードエディタに表示されたHTMLコードから、<body>タグの中身（<div id="container">～</div>）をコピーします。

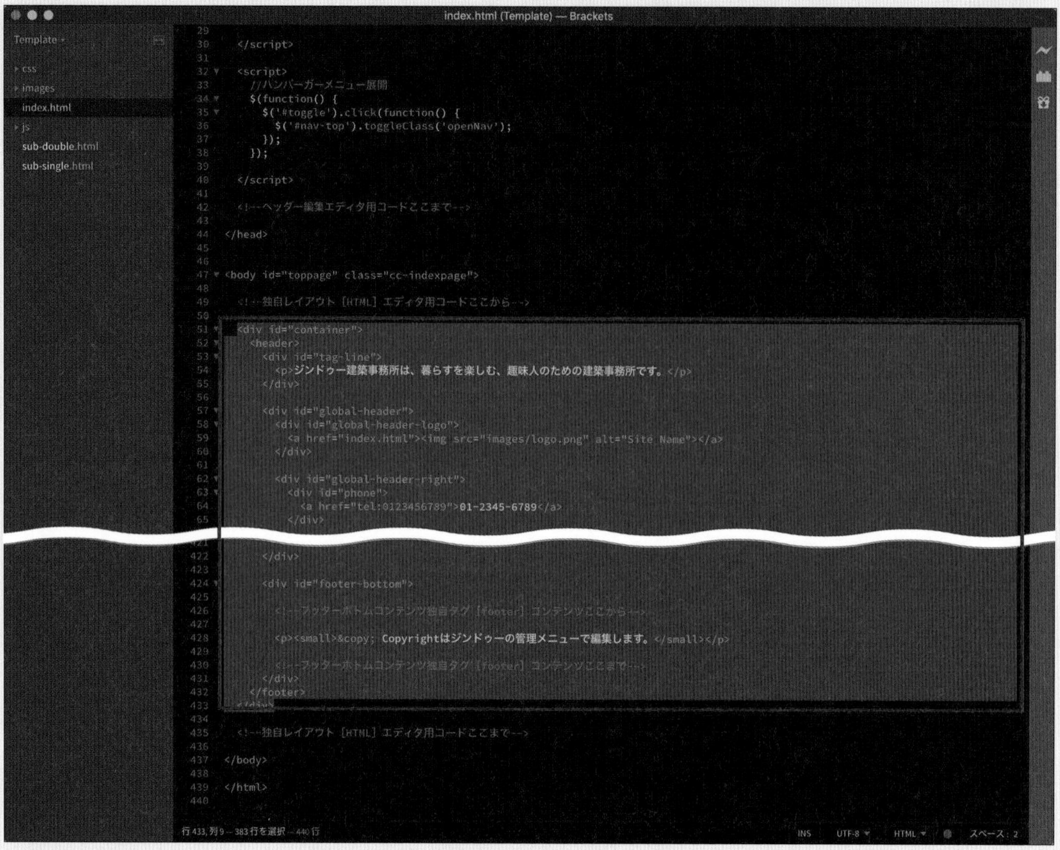

Point

index.htmlのソースコードには、［独自レイアウト］の［HTML］エディタにコピーするHTMLコード指定箇所を、コメントアウトで記述しています。ここでの選択範囲には、<!--独自レイアウト［HTML］エディタ用コードここから-->と<!--独自レイアウト［HTML］エディタ用コードここまで-->のコメントアウトがありますので、範囲を選択する際の参考にしてください。

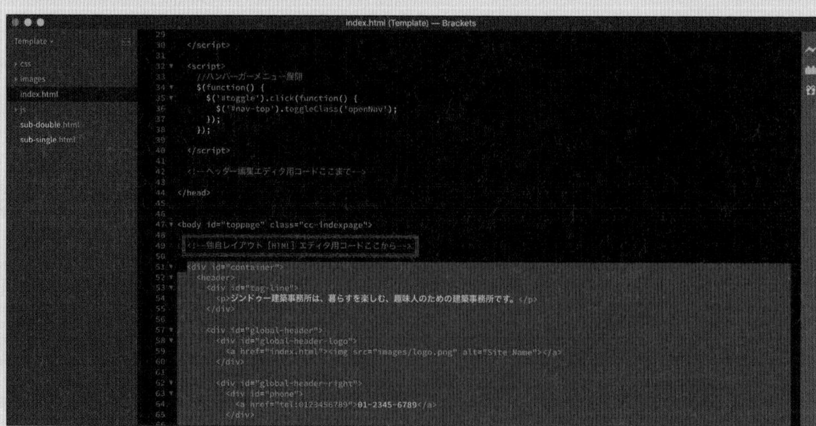

3 [独自レイアウト] の [HTML] 画面を開いたら、[HTML] エディタに記述されているコードすべてを選択し、ソースコードエディタからコピーしたHTMLコードで上書きします。

4 [HTML] エディタのHTMLコードが、すべて新しいコードに書き変わったことを確認します。ここではまだ、[保存] をクリックしてはいけません。

Point

この時点では、まだHTMLを独自タグに置き換えていないので、[保存] をクリックしても100%エラーになります。

コピーしたHTMLを独自タグに置き換える

ここから、独自レイアウトのルールに則って、HTMLを独自タグに置き換えていきます。

1 それではHTMLコードの上から順に、必要箇所を独自タグに置き換えていきましょう。
まずはヘッダーのナビゲーションの中身にあたるコードを、独自タグに置き換えます。ヘッダーには、ドロップダウンで展開するナビゲーションを設置します。ヘッダーのナビゲーションは<nav id="header-nav">～</nav>の箇所です。<nav>タグの中身のコードをドラッグで選択します。

Point

ヘッダーエリアナビゲーションの置き換え箇所は、<!--ヘッダーエリアナビゲーション独自タグ[nav(nested)]コンテンツここから-->と<!--ヘッダーエリアナビゲーション独自タグ[nav(nested)]コンテンツここまで-->のコメントアウトを記述しています。範囲指定の参考にしてください。ここでは、コメントアウトごと範囲指定してから、独自タグに置き換えます。

2 ナビゲーションの独自タグは3種類ありますが、ドロップダウンするナビゲーションには、入れ子タイプの独自タグを使います。独自タグボタンの[navi(nested)]をクリックすると、選択した箇所が<var levels="1,2,3" expand="true" variant="nested" edit="1">navigation</var>の独自タグに置き換わります。

Point

ボタンによって追加される独自タグは、範囲指定の際の選択開始位置に挿入されます。独自タグの挿入位置が本章の解説のようにならず、ばらつきがある場合などは、このことが原因です。ただし、[HTML]エディタでは保存時にコードの自動整列が行われるので、タグのインデントについては、それほどシビアになる必要はありません。

3 次に、メインコンテンツのコードを独自タグに置き換えます。メインコンテンツにあたる<main>タグの中身のコードをドラッグで選択します。

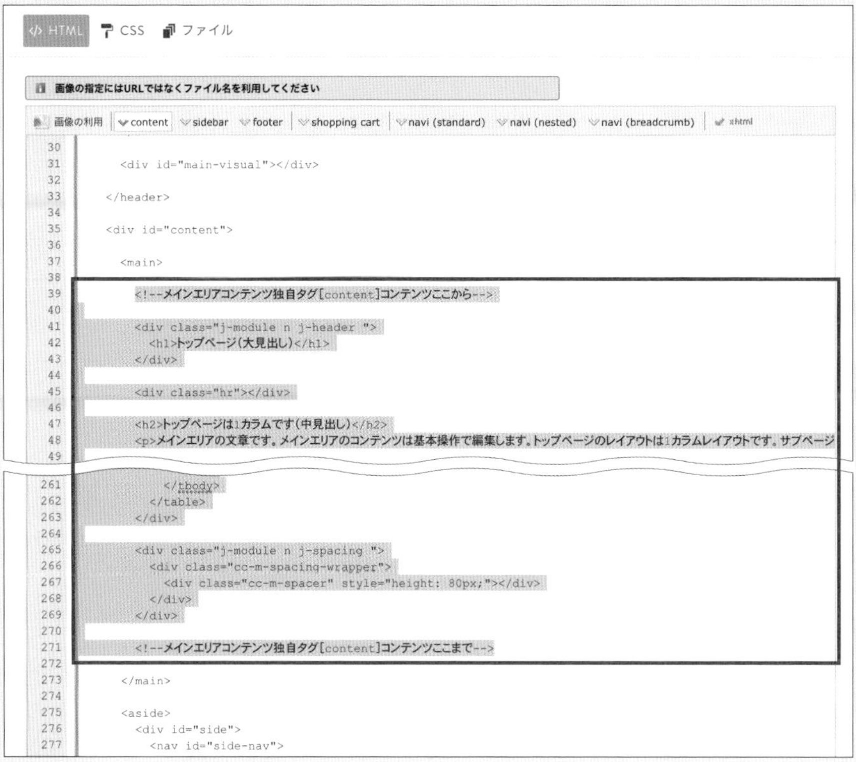

Point

メインコンテンツの置き換え箇所は、<!--メインエリアコンテンツ独自タグ[content]コンテンツここから--> と <!--メインエリアコンテンツ独自タグ[content]コンテンツここまで-->のコメントアウトを記述しています。範囲指定の参考にしてください。ここでは、コメントアウトごと範囲指定してから、独自タグに置き換えます。

4 独自タグボタンの[content]をクリックすると、選択した箇所が<var>content</var>の独自タグに置き換わります。

5 メインコンテンツの次は、サブページだけに表示されるサイドエリアのナビゲーションです。ここも、ナビゲーションの独自タグに置き換えておきましょう。<nav id=”side-nav”>～</nav>の中身のコードをドラッグで選択します。

Point

サイドエリアナビゲーションの置き換え箇所は、<!--サイドエリアナビゲーション独自タグ[nav(standard)]コンテンツここから-->と<!--サイドエリアナビゲーション独自タグ[nav(standard)]コンテンツここまで-->のコメントアウトを記述しています。範囲指定の参考にしてください。ここでは、コメントアウトごと範囲指定してから、独自タグに置き換えます。

6 サイドエリアナビゲーションは、2階層目だけを表示するようにします。特定の階層だけを表示させる場合は、スタンダードタイプのナビゲーションの独自タグを使います。独自タグボタンの[navi(standard)]をクリックすると、選択した箇所が<var levels="1,2,3" expand="false" variant="standard" edit="1">navigation</var>の独自タグに置き換わります。

7 この箇所のナビゲーションは、2階層目だけを表示させます。独自タグコードのlevelsを、"1,2,3"から"2"に修正します。

変更前コード[HTML]

```
<nav id="side-nav">

  <var levels="1,2,3" expand="false" variant="standard" edit="1">navigation</var>

</nav>
```

変更後コード[HTML]

```
<nav id="side-nav">
```

```
  <var levels="2" expand="false" variant="standard" edit="1">navigation</var>

</nav>
```

8 次に、フッターエリアに設置するナビゲーションを独自タグに置き換えます。<nav id="footer-nav">～</nav>の中身のコードを、ドラッグで選択します。

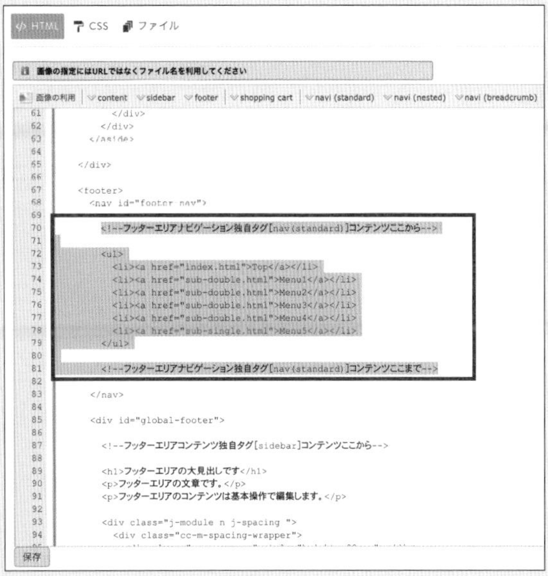

Point

フッターエリアナビゲーションの置き換え箇所は、<!--フッターエリアナビゲーション独自タグ[nav(standard)]コンテンツここから-->と<!--フッターエリアナビゲーション独自タグ[nav(standard)]コンテンツここまで-->のコメントアウトを記述しています。範囲指定の参考にしてください。ここでは、コメントアウトごと範囲指定してから、独自タグに置き換えます。

9 フッターエリアナビゲーションも、スタンダードタイプの独自タグを使います。独自タグボタンの[navi(standard)]をクリックすると、選択した箇所が<var levels="1,2,3" expand="false" variant="standard" edit="1">navigation</var>の独自タグに置き換わります。

10 この箇所のナビゲーションは、1階層目だけを表示させます。独自タグのコードのlevelsを、"1,2,3"から"1"に修正します。

変更前コード[HTML]

```
<nav id="footer-nav">

  <var levels="1,2,3" expand="false" variant="standard" edit="1">navigation</var>

</nav>
```

変更後コード[HTML]

```
<nav id="footer-nav">
```

```
    <var levels="1" expand="false" variant="standard" edit="1">navigation</var>

</nav>
```

11 続いて、フッターエリアのコンテンツを独自タグに置き換えます。フッターエリアには、サイドバーの独自タグを設置し、ジンドゥークリエイターの基本操作が使えるようにします。<div id="global-footer">～</div>の中身のコードをドラッグで選択します。

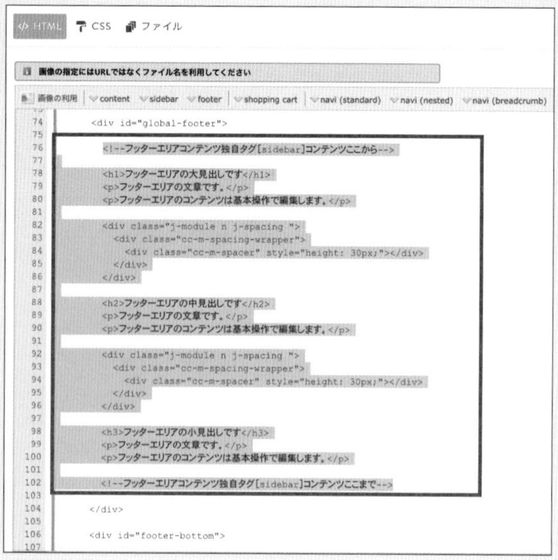

Point

フッターエリアコンテンツの置き換え箇所は、<!--フッターエリアコンテンツ独自タグ[sidebar]コンテンツここから-->と<!--フッターエリアコンテンツ独自タグ[sidebar]コンテンツここまで-->のコメントアウトを記述しています。範囲指定の参考にしてください。ここでは、コメントアウトごと範囲指定してから、独自タグに置き換えます。

12 独自タグボタンの[sidebar]をクリックすると、選択した箇所が<var>sidebar</var>の独自タグに置き換わります。

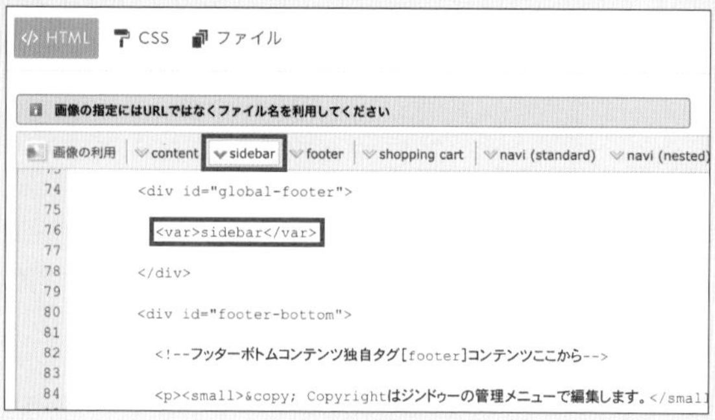

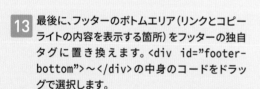

13 最後に、フッターのボトムエリア(リンクとコピーライトの内容を表示する箇所)をフッターの独自タグに置き換えます。<div id="footer-bottom">～</div>の中身のコードをドラッグで選択します。

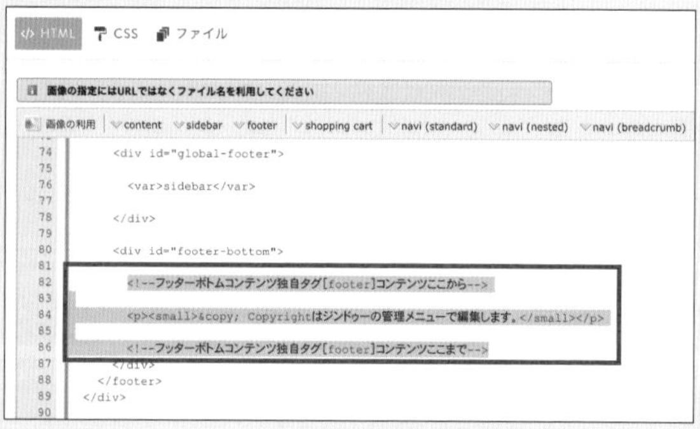

Point

フッターボトムエリアコンテンツの置き換え箇所は、<!--フッターボトムコンテンツ独自タグ[footer]コンテンツここから-->と<!--フッターボトムコンテンツ独自タグ[footer]コンテンツここまで-->のコメントアウトを記述しています。範囲指定の参考にしてください。ここでは、コメントアウトごと範囲指定してから、独自タグに置き換えます。

14 独自タグボタンの［footer］をクリックすると、選択した箇所が<var>footer</var>の独自タグに置き換わります。

15 これですべての独自タグの置き換えが完了しました。［HTML］画面の［保存］をクリックして、編集内容を保存します。「設定は保存されました」のメッセージが正しく表示されたことを確認してください。

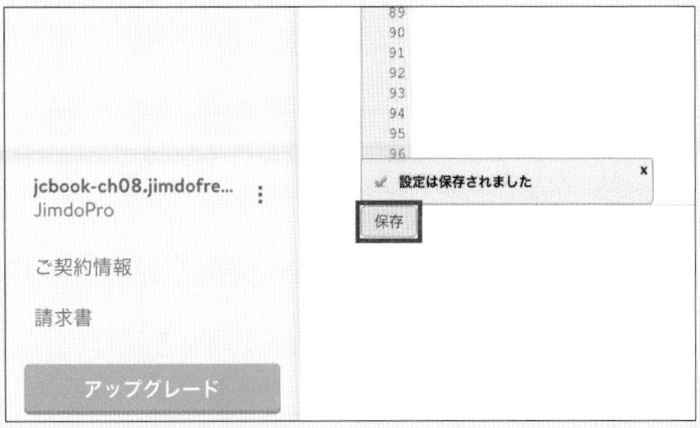

Point

ここで［保存］をクリックしたあとに「設定は保存されました」のメッセージが表示されない場合は、HTMLコードのどこかにエラーがあります。必ず［HTML］画面を閉じる前に、エディタに表示されたエラーメッセージを確認し、エラー箇所を修正してから再度［保存］を実行してください。

HTMLでロゴとお問い合わせボタンのリンクを修正する

ここで［HTML］の画面から遷移する前に、リンクの設定箇所も修正しておきましょう。ここでは、ヘッダーエリアのロゴ画像と、サイドエリアの「CONTACT US」のボタンのリンクの設定を修正します。まずは、ロゴ画像のリンクから修正していきます。

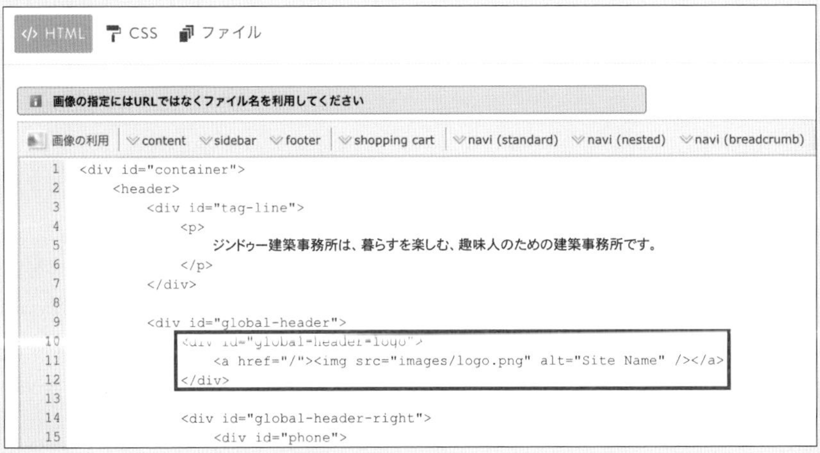

ヘッダーエリアのロゴは、クリックするとトップページが開くように設定します。ペーストしたHTMLコードでは、ロゴのリンク設定箇所がテンプレートサイトの仕様のままになっていますので、これをトップページ

のリンクを指定する / (スラッシュ) だけに修正します。

変更前コード [HTML]

```
<div id="global-header-logo">
  <a href="index.html"><img src="images/logo.png" alt="Site Name" /></a>
</div>
```

変更後コード [HTML]

```
<div id="global-header-logo">
  <a href="/"><img src="images/logo.png" alt="Site Name" /></a>
</div>
```

これで、ヘッダーエリアのロゴ画像をクリックすると、トップページが開くように設定できました。
続いて、サイドエリアの「CONTACT US」のボタンもHTMLを修正します。

サイドエリアのボタンは、クリックしたときに「お問い合わせ」のページが開くように設定します。テンプレートからコピーしたHTMLのリンク箇所は、特にリンクが指定されておらず「# (ハッシュ)」だけになっていましたが、これを /contact/ に修正しておきます。

ただし、この時点ではまだサイト内に、/contact/ というURLのページが存在しないため、設定後にボタンをクリックしても「お探しのページが見つかりません」というサイトマップのページが開いてしまいます。「お問い合わせ」のページは、最終的に /contact/ のリンクになるようにページ名を「Contact」に変更しますので、ここではそれを見越してリンク先を設定しておきます。

変更前コード [HTML]

```
<div class="j-module n j-callToAction">
  <div class="j-calltoaction-wrapper j-calltoaction-align-2">
```

```
    <a class="j-calltoaction-link j-calltoaction-link-style-2" data-action="button"
    href="#" data-title="CONTACT US">CONTACT US</a>
  </div>
</div>
```

変更後コード［HTML］

```
<div class="j-module n j-callToAction">
  <div class="j-calltoaction-wrapper j-calltoaction-align-2">
    <a class="j-calltoaction-link j-calltoaction-link-style-2" data-action="button"
    href="/contact/" data-title="CONTACT US">CONTACT US</a>
  </div>
</div>
```

Point

ジンドゥークリエイターのコーディングでサイト内のページリンクを指定する場合には、ディレクトリを指定する方法でのリンク設定が可能です。つまり、URLとしてドメイン部分までを除いた / （スラッシュ）以降だけを記述すれば、そのページへのリンクが指定できます。たとえば https://jcbook-ch08.jimdofree.com/product/ というページにリンクを指定する場合には、簡略化した /product/ だけをHTMLに記述すればそのページのリンクが設定できます（サブディレクトリ）。

同じく、ドメインまでを省略して / （スラッシュ）だけを記述すれば、トップページのリンクが指定できることになります（ルートディレクトリ）。

もちろん絶対URLで指定してもよいのですが、ディレクトリでの指定をしておけば、ドメインが変更された場合でもリンク切れにはなりません。ジンドゥークリエイターのコーディングでは、独自レイアウトの［HTML］だけではなく［ヘッダー編集］エディタや［文章］［ウィジェット/HTML ］などのコンテンツであっても、ディレクトリ指定によるページリンク設定が可能です。

ジンドゥークリエイターでリンクが正しく設定されていない場合には、404エラーページではなく、「お探しのページが見つかりません」という見出しの「サイトマップ」ページが開きます。リンクを設定したあとには、正しいジンドゥークリエイターのページが開くかを確認しておきましょう。

URLで指定したページがジンドゥークリエイターのサイト内にない場合には、「サイトマップ」のページが表示される

COLUMN サイドエリアの［ボタン］のHTMLはなぜこんなに長いの?

サイドエリアのお問い合わせボタン（CONTACT US）のHTMLコードは、なぜこのように長いのでしょうか。単にボタンをデザインするだけならば、ここまで長いコードは必要ではありません。これには意図があります。

サイドバーお問い合わせボタンのコード［HTML］

```
<div class="j-module n j-callToAction">
  <div class="j-calltoaction-wrapper j-calltoaction-align-2">
    <a class="j-calltoaction-link j-calltoaction-link-style-2" data-action=
    "button" href="#" data-title="CONTACT US">CONTACT US </a>
  </div>
</div>
```

このボタンのためのHTMLコードは、ジンドゥークリエイターの［ボタン］コンテンツのコードをそのままコピーしてから、リンク設定とボタン名称だけを編集して作成したものです。コードのclass="j-calltoaction-link j-calltoaction-link-style-2"の部分は、それが［スタイル2］の［ボタン］であることを示しています。このようなコードでボタンを作成するメリットは、ジンドゥークリエイターの［ボタン］スタイルを指定したCSSを、コード作成したボタンスタイルにも適用できることです。つまりこれは、［スタイル2］の［ボタン］と同じデザインを持つオリジナルボタンということになります。

このように［独自レイアウト］の［HTML］エディタであっても、ジンドゥークリエイターの［ボタン］と同じようにコーディングすれば、見た目は［ボタン］コンテンツと同じになるオリジナルボタンが作成できます。こうしたオリジナルボタンは、ジンドゥークリエイターの基本操作で追加する［文章］のHTMLエディタや、［ウィジェット/HTML］のエディタにコーディングしても作成できます。

テンプレートのヘッダー部分を移行する

コード移行作業の仕上げとして、<head>部分に書かれたコードを移行しましょう。ここでは、ジンドゥークリエイターの［ヘッダー編集］に必要なコードだけを、コピー＆ペーストで移行していきます。

テンプレートのヘッダー記述をコピーする

テンプレートサイトの<head>部分から、ソースコードをコピーして、ジンドゥークリエイターの独自レイアウトに移行します。

1 学習素材の「Template」フォルダ内にあるindex.htmlファイルを、ソースコードエディタで開きます。<head>タグの中にあるコメントアウトの記述<!--ヘッダー編集用エディタコードここから-->から<!--ヘッダー編集用エディタコードここまで-->の中身だけを選択し、コピーします。

Point

<head>内に記述されたcharset、meta description、titleにおいては、ジンドゥークリエイターによって自動的にヘッダー部分に追加されるため、[ヘッダー編集]エディタには記述する必要はありません。meta descriptionとtitleの設定については、ジンドゥークリエイターの[管理メニュー]で行います。

2 ジンドゥークリエイターで、[ヘッダー編集]の画面を開きます。エディタに記述されているコードすべてを選択し、ソースコードエディタからコピーしたソースコードで上書きします。

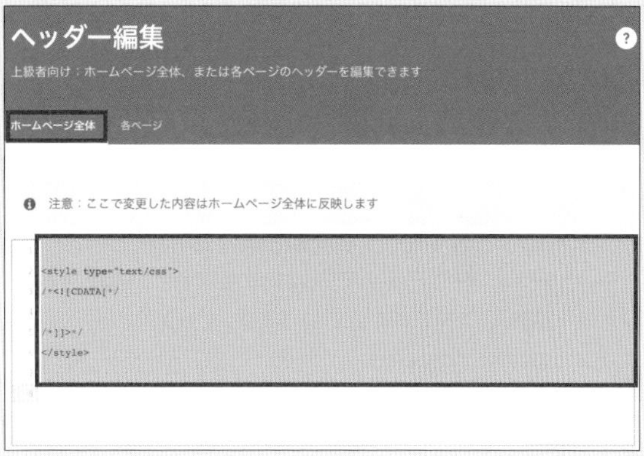

Point

ジンドゥークリエイターの有料プランに契約すると、ページごとのヘッダー編集もできるようになりますが、本章では[ヘッダー編集]をクリックしたときに開く[ホームページ全体]のエディタのみを使用します。本章で[ヘッダー編集]と解説している箇所については、すべて[ホームページ全体]の[ヘッダー編集]画面を指しています。[ヘッダー編集]の[ホームページ全体]のエディタに記述したコードは、すべてのウェブページで読み込まれ、影響を与えます。

3 ［ヘッダー編集］エディタのコードが、すべて新しいコードに書き変わったことを確認したら、［ヘッダー編集］画面の［保存］をクリックし、編集内容を保存しておきます。

4 続いて、［ヘッダー編集］画面のnav.cssとcontents.cssのURL（パス）を修正します。これらのCSSファイルは、［独自レイアウト］の［ファイル］画面でアップロード済みなので、［ファイル］画面からCSSファイルの絶対URLを取得し、リンク箇所のコードを修正します。

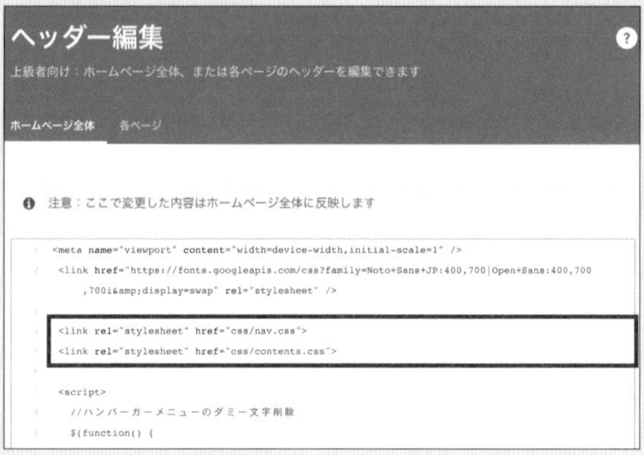

5 ［独自レイアウト］の［ファイル］画面を開き、CSSファイルのファイル名を右クリックします。右クリックメニューで、ファイルの絶対URL（リンクアドレス）をコピーしたら、テキストエディタに一旦ペーストでメモしておきます。この作業を、nav.cssとcontents.cssのそれぞれに行っておきます。

6 ふたたび、［ヘッダー編集］の画面を開きます。nav.cssとcontents.cssの読み込みパス部分を選択し、テキストエディタにメモしておいたCSSファイルの絶対URLに置き換えます。

変更前コード［HTML］

```
<link rel="stylesheet" href="css/nav.css">
<link rel="stylesheet" href="css/contents.css">
```

変更後コード［HTML］

```
<link rel="stylesheet" href="https://u.jimcdn.com/cms/o/sfd85143654bf0dd9/
```

```
userlayout/css/nav.css?t=1573369802" />
<link rel="stylesheet" href="https://u.jimcdn.com/cms/o/sfd85143654bf0dd9/
userlayout/css/contents.css?t=1573369813" />
```

※本章で制作するウェブサイトの場合（URLは各自作成のウェブサイトから取得したものに置き換えてください）

7 これで、テンプレートサイトから独自レイアウトへのデータ移行はすべて終了しました。[ヘッダー編集]画面の[保存]をクリックし、編集内容を保存しておきます。

Point

[ファイル]画面のCSSファイルは、JavaScriptファイルとは違って、アップロードしただけでは自動で読み込まれないので注意しましょう。[ファイル]画面でアップロードしたCSSファイルを読み込む場合には、[ヘッダー編集]などのエディタに、絶対URLで指定したソースコードを追加する必要があります。

独自レイアウトをレスポンシブウェブデザインで表示させる

さて、すべてのデータ移行は終わりましたが、このままでは、まだレスポンシブウェブデザインの表示にはなりません。なぜならば[独自レイアウト]では、[スマートフォン表示]機能がデフォルトで[オン]の状態になっているからです。このままでは、強制的にジンドゥークリエイターの簡易スマートフォン表示機能が働いてしまいます。

[スマートフォン表示]機能は、レスポンシブウェブデザインの場合には使いませんので、解除しておきましょう。

スマートフォン表示機能を解除する

ウェブサイトをレスポンシブウェブデザインで表示させるために、ジンドゥークリエイターの[スマートフォン表示]機能を解除します。

1 [管理メニュー]→[デザイン]→[スマートフォン表示]の順にクリックして、[スマートフォン表示]の画面を開きます。[スマートフォン表示]の画面が開いたら、画面右上の[プレビューを表示/非表示に変更する]をクリックします。

2 ［スマートフォン表示］機能の設定が「解除」の状態になり、ボタンの色が赤に変わりました。

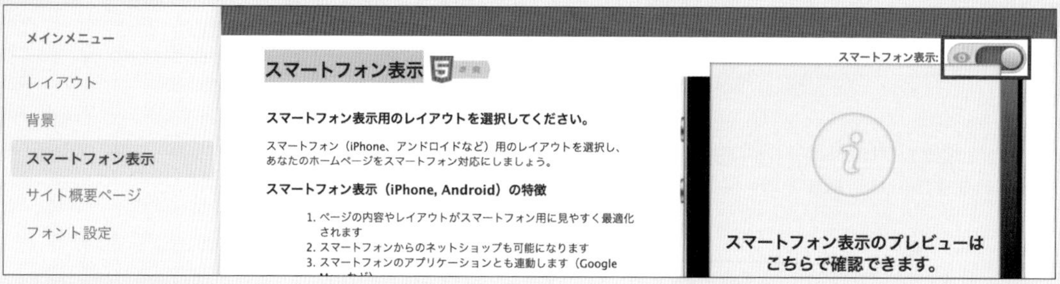

3 画面を一番下までスクロールし、左下に［保存］が表示されたらクリックします。これで［スマートフォン表示］機能の解除設定が確定しました。

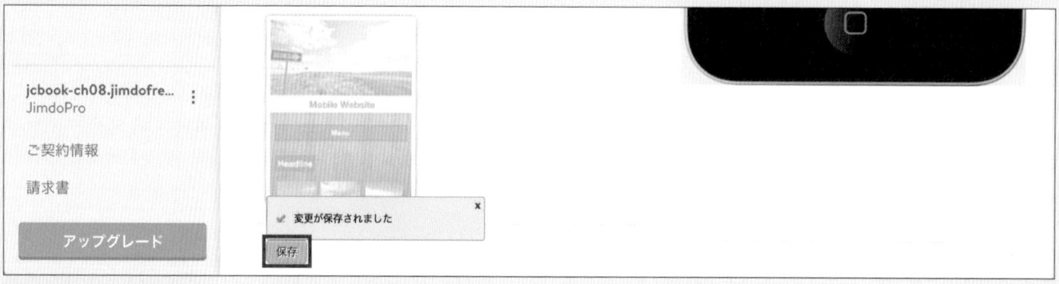

Point

［スマートフォン表示］を解除すると、スマートフォン表示においても［独自レイアウト］の［HTML］エディタと［CSS］エディタの設定内容でそのまま表示することができます。本章のようにレスポンシブウェブデザインによるウェブサイト制作をするときには、忘れずにスマートフォン表示機能を解除しておきましょう。

ジンドゥークリエイターのプレビューを確認する

テンプレートのデータをすべて移行できたところで、一旦プレビューでデザインを確認しておきましょう。

閲覧画面で現状のデザインを確認する

閲覧画面で、ジンドゥークリエイターのトップページ（「ホーム」のページ）を開きます。ここまでの制作で、デザインがどのようになったかを確認してみましょう。

確認すると、この時点ではまだレイアウトデザインの画像（コンテンツ以外の画像）が表示されていないことがわかります。次のセクションでは、ここで表示されていない画像をすべて表示させていきます。

ジンドゥー建築事務所は、暮らすを楽しむ、趣味人のための建築事務所です。
Site Name
ロゴ
電話のアイコン
01-2345-6789
ホーム
サービス
お問い合わせ
メインビジュアル
Jimdoで簡単ホームページ作成！
Jimdoで、世界でたったひとつ、あなただけのホームページをつくりましょう。
クリック＆タイプ操作で、画像やフォームなどのコンテンツ追加、編集が驚くほど簡単にできます。
さぁ、はじめましょう
このテキストは、サンプルのテキストです。これらのテキストを書き換えて、コンテンツを作成することも可能です。
小見出しのマーク
おすすめ特集
さぁ、はじめましょう
このテキストは、サンプルのテキストです。これらのテキストを書き換えて、コンテンツを作成することも可能です。
フッターコンテンツエリアの背景
概要 | プライバシーポリシー | Cookie ポリシー | サイトマップ
ログアウト | 編集

閲覧画面で確認すると、レイアウトデザインの画像がまだ表示されていない

SECTION

04 画像を表示させて独自レイアウトを完成させる

ここからは、全ページの枠組みになる部分のデザインを仕上げていきます。まだ表示されていないすべての画像を表示させて、独自レイアウトの枠組みを完成させましょう。合わせてここでは、フッターエリアのコンテンツも作成します。

独自レイアウトのデザイン画像を表示させる

それでは、この時点でまだ表示されていない画像を、表示させていきましょう。画像が表示されない原因は、画像ファイルの指定方法にあります。[独自レイアウト] の [HTML] [CSS] 各エディタでは、[ファイル] 画面でアップロードした画像ファイルのパスを、ファイル名だけで指定します。すべての画像ファイルの指定箇所を独自レイアウトの仕様に修正して、レイアウトデザインの画像を表示させます。

独自レイアウトの画像ファイル指定をHTMLで修正する

まずは、[HTML] エディタの画像ファイル指定コードから修正していきましょう。

1 [独自レイアウト] の [HTML] 画面を開きます。HTMLでの画像指定箇所は、ロゴ画像だけです。まずは、この画像を指定しているHTMLコードを修正しておきます。併せて、代替テキスト (alt属性) も、ここで修正しておきましょう。

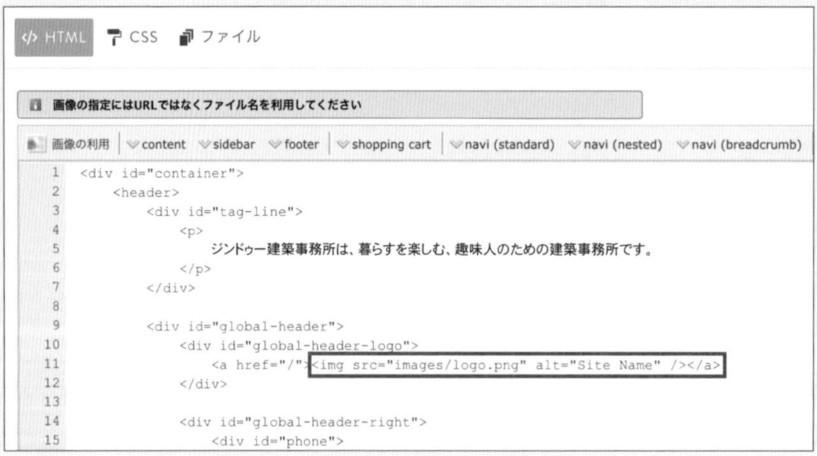

2 HTMLでの画像ファイルのパス指定は、images/logo.pngになっています。これを [独自レイアウト] の [HTML] エディタの仕様に合わせて、画像ファイル名のみに修正します。同時に、alt属性は「ジンドゥー建築事務所」に修

正しておきます。

変更前コード［HTML］

```
<a href="/"><img src="images/logo.png" alt="Site Name" /></a>
```

変更後コード［HTML］

```
<a href="/"><img src="logo.png" alt="ジンドゥー建築事務所" /></a>
```

3 HTMLコードの修正が完了したら、［HTML］画面の［保存］をクリックして、編集内容を保存します。

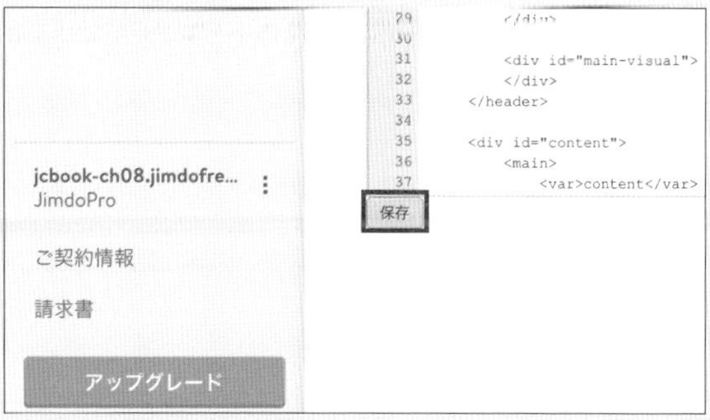

独自レイアウトの画像ファイル指定をCSSで修正する

続いて、［CSS］エディタの画像ファイル指定箇所も、同様に修正していきます。

Point

解説しているタグやコメントアウト、id属性やclass属性などの箇所を素早く探すには、Google Chromeの［検索］機能を使うと便利です。macOSでは⌘+F、WindowsではCtrl+Fで検索ボックスを表示させることができます。ここからの解説では、Google Chromeの［検索］によってコードの指定箇所を素早く探していきます。

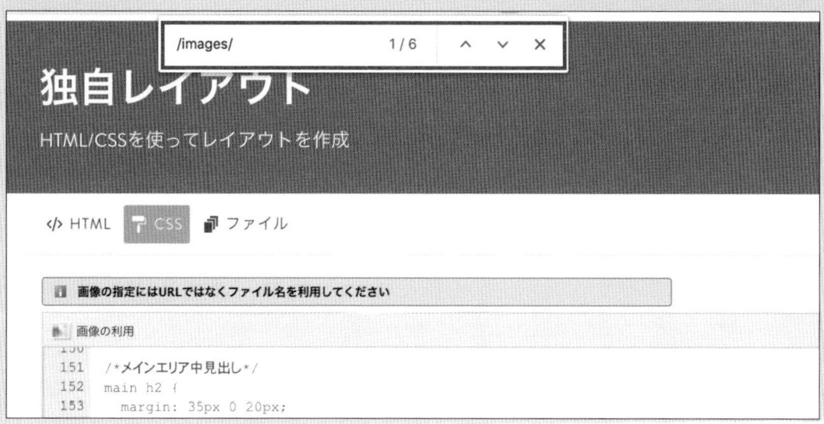

1 Google Chromeの［検索］機能を使って、［CSS］エディタの画像ファイル指定箇所を探していきましょう。まずは、「/images/」と、Google Chromeの検索ボックスに入力してみます。すると、全部で6件の該当件数が表示され、該当箇所がオレンジ色にハイライトされます。

検索ワードを入力するボックスの右側にある「∨」ボタンをクリックすると、次の該当箇所へオレンジ色のハイライトが移動します。この操作を繰り返して、すべての該当箇所のコードを探し出し、修正していきます。

2 それでは、オレンジ色にハイライトされた画像指定箇所を、ひとつずつ修正していきます。1件目の該当箇所は、メインエリアの小見出し先頭につくマークの画像です。画像指定コードのパスを、ファイル名だけに修正します。

変更前コード［CSS］

```
main h3 {
  margin: 15px 0 20px;
  padding: 0 0 0 25px;
  background: url(../images/header-accent.png) no-repeat left 8px;
  background-size: 12px;
  font-size: 18px;
  color: #000;
  font-style: italic;
  font-family: 'Open Sans', sans-serif;
  letter-spacing: .5px;
}
```

変更後コード［CSS］

```
main h3 {
  margin: 15px 0 20px;
  padding: 0 0 0 25px;
  background: url(header-accent.png) no-repeat left 8px;
  background-size: 12px;
  font-size: 18px;
  color: #000;
  font-style: italic;
```

```
  font-family: 'Open Sans', sans-serif;
  letter-spacing: .5px;
}
```

3 次の該当箇所も、修正していきましょう。ここは、サイドエリアボタンに表示されるメールアイコンの画像です。画像指定コードのパスを、ファイル名だけに修正します。

変更前コード［CSS］

```
a.j-calltoaction-link.j-calltoaction-link-style-2::after {
  display: inline-block;
  margin-left: 10px;
  width: 30px;
  height: 30px;
  background: url(../images/mail-icon.png) no-repeat left center;
  background-size: contain;
  content: '';
  vertical-align: -8px;
}
```

変更後コード［CSS］

```
a.j-calltoaction-link.j-calltoaction-link-style-2::after {
  display: inline-block;
  margin-left: 10px;
  width: 30px;
  height: 30px;
  background: url(mail-icon.png) no-repeat left center;
  background-size: contain;
  content: '';
  vertical-align: -8px;
}
```

4 次の該当箇所は、ヘッダーエリアの電話番号の先頭に表示される電話アイコンの画像です。ここも、画像指定コードのパスを、ファイル名だけに修正します。

変更前コード［CSS］

```
header #phone a::before {
  display: inline-block;
  padding-right: 15px;
  width: 25px;
  height: 25px;
  background: url(../images/tel-icon.png) no-repeat left center;
  background-size: contain;
  content: '';
  vertical-align: -2px;
}
```

変更後コード[CSS]

```
header #phone a::before {
  display: inline-block;
  padding-right: 15px;
  width: 25px;
  height: 25px;
  background: url(tel-icon.png) no-repeat left center;
  background-size: contain;
  content: '';
  vertical-align: -2px;
}
```

5 次の該当箇所は、2箇所同時に修正していきます。ここは、メインビジュアルの画像です。ページ共通の画像と、トップページ専用の画像指定コードのパスがあるので、それぞれをファイル名だけに修正します。

変更前コード[CSS]

```
/*メインビジュアルレイアウト共通*/
header #main-visual {
  min-height: 350px;
  height: 30vw;
  background: url(../images/main-visual-detail.jpg) no-repeat center;
  background-size: 160vw;
  box-sizing: border-box;
  padding: 0;
  width: 100%;
}

/*メインビジュアルレイアウト（トップページのみ）*/
.cc-indexpage header #main-visual {
  min-height: 400px;
  max-height: 550px;
  height: 45vw;
  background: url(../images/main-visual.jpg) no-repeat center;
  background-size: 240vw;
}
```

変更後コード[CSS]

```
/*メインビジュアルレイアウト共通*/
header #main-visual {
  min-height: 350px;
  height: 30vw;
  background: url(main-visual-detail.jpg) no-repeat center;
  background-size: 160vw;
  box-sizing: border-box;
  padding: 0;
  width: 100%;
}
```

```
/*メインビジュアルレイアウト（トップページのみ）*/
.cc-indexpage header #main-visual {
  min-height: 400px;
  max-height: 550px;
  height: 45vw;
  background: url(main-visual.jpg) no-repeat center;
  background-size: 240vw;
}
```

6 最後の該当箇所は、フッターエリアの背景画像です。ここの画像指定コードのパスも、ファイル名だけに修正します。

変更前コード[CSS]

```
footer {
  background: url(../images/sidearea.jpg) no-repeat center;
  background-size: cover;
}
```

変更後コード[CSS]

```
footer {
  background: url(sidearea.jpg) no-repeat center;
  background-size: cover;
}
```

7 これで、[CSS] エディタによる画像ファイルの指定コードの修正が、すべて完了しました。[CSS] 画面の [保存] をクリックして、編集内容を保存します。

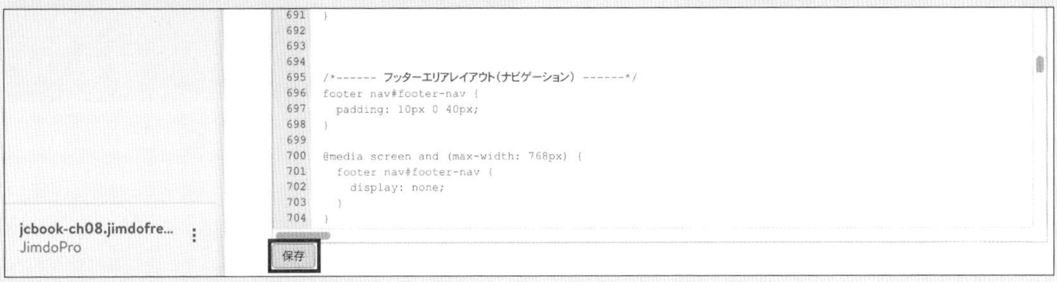

}
/*------ フッターエリアレイアウト(ナビゲーション) ------*/
footer nav#footer-nav {
padding: 10px 0 40px;
}
@media screen and (max-width: 768px) {
footer nav#footer-nav {
display: none;
}
}
jcbook-ch08.jimdofre...
JimdoPro
保存

ジンドゥークリエイターのデザインをプレビューで確認する

これで、[HTML] と [CSS] のエディタで画像指定箇所をすべて修正できました。ここで再度、ジンドゥークリエイターを閲覧画面でプレビューして、デザインを確認してみます。

閲覧画面で現状のデザインを確認する

閲覧画面で、ジンドゥークリエイターのトップページ（「ホーム」のページ）と、「ホーム」の2階層目にある「サブメニュー1」のページを開きます。この2つのページで、ウェブサイトのデザインがどのように見えているかを、確認してみましょう。

表示されていなかったレイアウトデザインの画像が、表示されるようになりました。これで、レイアウトの枠組みができました。あとは、これにフッターコンテンツを入れれば、独自レイアウトのレイアウト部分は完成です。

「ホーム」のページ（PC表示）

「ホーム」2階層目の「サブメニュー1」のページ（PC表示）

Point

ナビゲーションのフォントには、"Open Sans"を指定しています。"Open Sans"は欧文フォントなので、表示する環境によっては斜体にならないなど、日本語では正しく表示されない場合があります。本章の制作ではナビゲーションのメニュー名をすべて英字で設定しますので、この時点では斜体にならなくても、特に気にせずに進めてください。

フッターエリアのコンテンツを作成する

フッターエリアのコンテンツを作成して、独自レイアウトのレイアウト部分を完成させます。

フッターエリアのコンテンツを基本操作で作成する

フッターエリアのコンテンツは、ジンドゥークリエイターの基本操作で作成していきます。

1 まず最初に、フッターエリアのサンプルコンテンツすべてを、基本操作の［コンテンツを削除］で削除します。

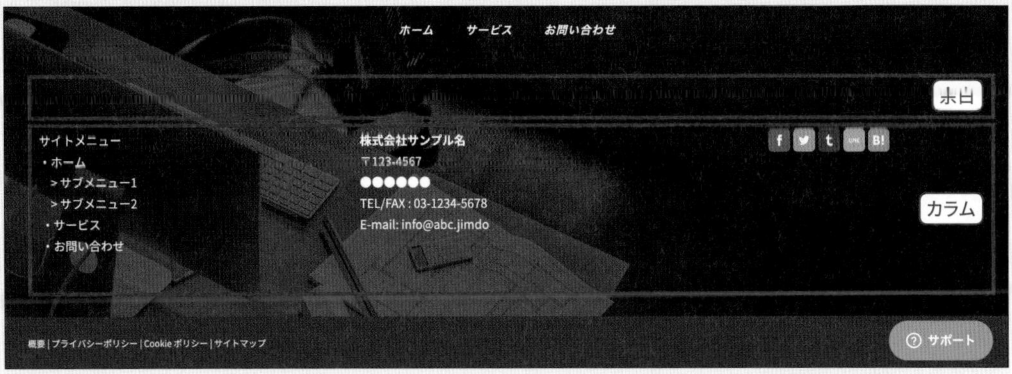

2 ［コンテンツを追加］をクリックして、コンテンツを追加していきます。まずは、コンテンツの枠組みになる［カラム］を追加します。

3 それでは、左列からコンテンツを追加していきましょう。
［カラム］左列の中で表示された［コンテンツを追加］をクリックして、［画像］を追加します。画像ファイルは、「JimdoCreator」フォルダ内の「contents-images」フォルダにあるlogo-footer.pngを使用します。logo-footer.pngは、表示サイズよりも大きな画像で用意されています。ここでは、アップロードしてから、画像の大きさを適度に調整しておきます。画像のリンクは「ホーム」に設定し、代替テキストに「ジンドゥー建築事務所」と入力しておきましょう。
以上の設定ができたら、［保存］をクリックして設定内容を保存します。

4 次に、[余白] を追加して、高さを設定可能な最小値の「5px」に設定します。[余白] の設定ができたら、[保存] をクリックします。

5 次は、[文書] を追加してテキストを入力します。テキストは、「JimdoCreator」フォルダの「contents-text」フォルダにあるfooter.txtからコピーで使用してください。テキストをコピー＆ペーストしたら、[文章] のスタイルは何も設定せず、そのまま [保存] をクリックします。

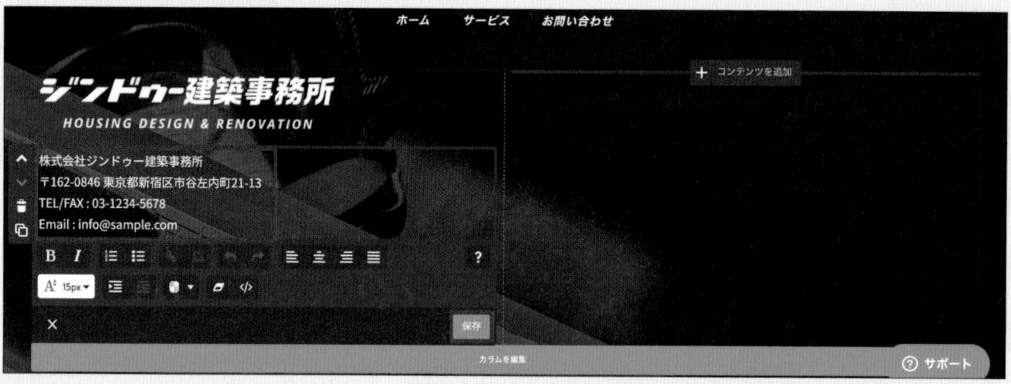

6 ふたたび [余白] を追加して、高さを「5px」に設定し、[保存] をクリックします。

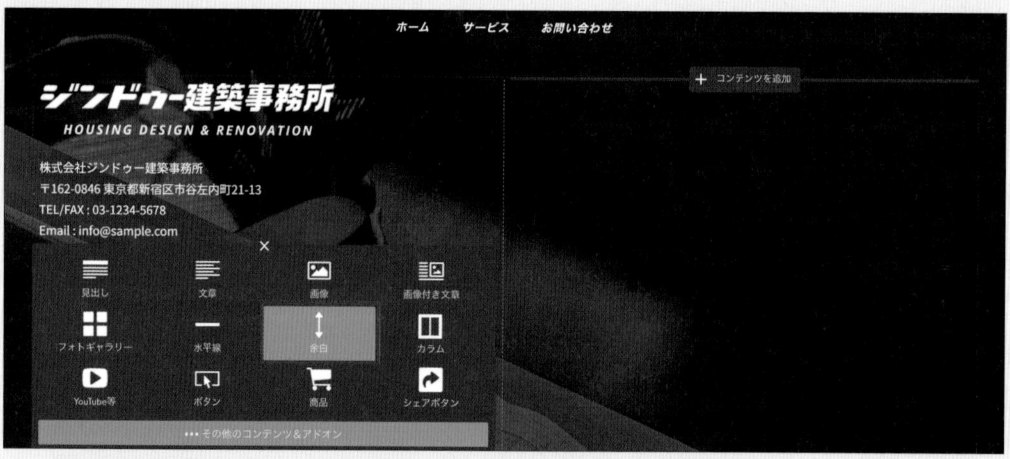

7 次に、[ボタン] を追加します。[スタイル1] が選択されていることを確認して、ボタンの名称を「お問い合わせはこちら」に編集します。リンク先を「お問い合わせ」ページに設定して、[保存] をクリックします。

8 ここまでできたら、[ボタン] の下にもう1つ [余白] を追加しておきます。高さを「20px」に設定して [保存] をクリックします。

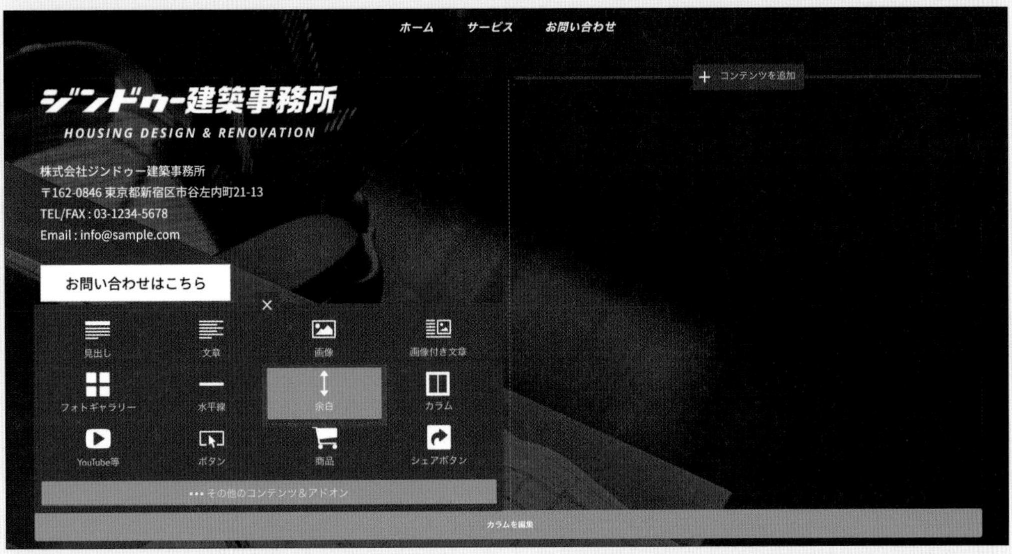

Point

[カラム] 左列の最後に追加する [余白] は、スマートフォン表示で [カラム] 各列のコンテンツが縦並びになった場合に、隣接するコンテンツとのスペースを保つために設置します。このように追加する [余白] は、PC表示ではあまり意味を持ちませんが、スマートフォン表示での可読性を向上させてくれます。

9 [カラム] の右列には、[Googleマップ] を追加します。「所在地」の検索ボックスに住所を入力し、[検索] をクリックします（ここでは住所に「東京都新宿区市谷左内町21-13」と入力します）。検索場所の地図が表示されたら、[保存] をクリックします。

[フッター編集] でコピーライトを表示させる

ウェブサイトの最下部に表示されるコピーライトは、ジンドゥークリエイターの基本操作で設定します。

1 [管理メニュー] → [基本設定] → [共通項目] → [フッター編集] の順にクリックして、[フッター編集] の画面を開きます。「コピーライト」の箇所に「© 2019 Jimdo Architecture Office.」と入力したら、画面右下の [保存] をクリックし、編集内容を保存します。

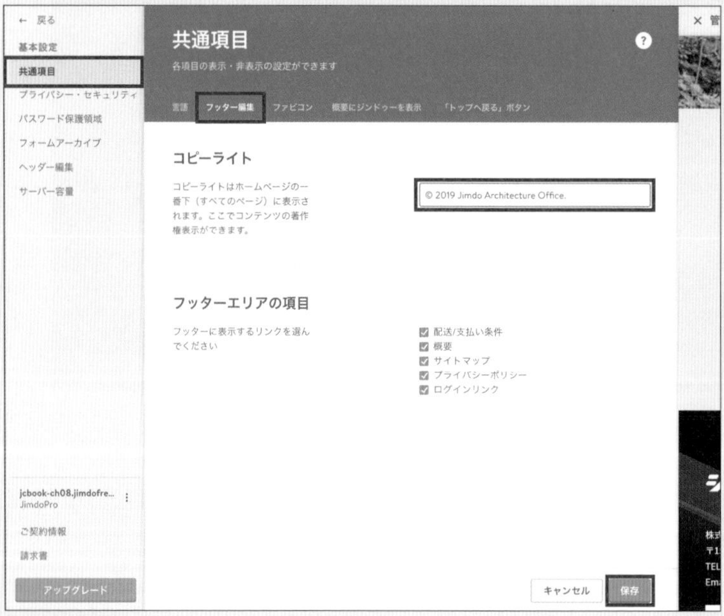

2 コピーライトが表示されました。

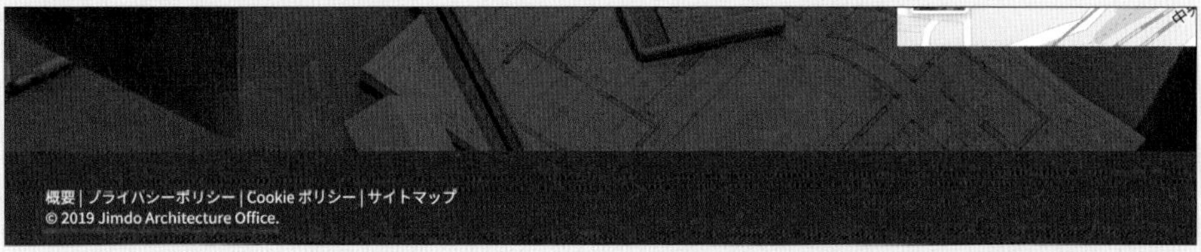

独自レイアウトのレイアウト部分の完成

フッターエリアのコンテンツも入り、これで独自レイアウトでのレイアウト部分すべてが完成しました。

完成した独自レイアウトをプレビューで確認する

閲覧画面でジンドゥークリエイターのトップページ（「ホーム」のページ）と、「ホーム」2階層目の「サブメニュー1」のページを開いて、デザインを確認します。これで、コンテンツ以外のレイアウトは完成しました。あとは各ページのメインコンテンツを作成すれば、ウェブサイト全体が完成します。

「ホーム」のページ（PC表示）

「ホーム」2階層目の「サブメニュー1」のページ（PC表示）

Part 3 独自レイアウトの作成編

SECTION

05 各ページのメインコンテンツを制作する

ついに、独自レイアウトが完成しました。あとは各ページのメインコンテンツを作り込んでいけば、このウェブサイトも完成です。ページコンテンツの作成は、ほとんどを［コンテンツを追加］の基本操作で行いますが、部分的にCSSでスタイルを指定してデザインを完成させます。

ナビゲーションの編集でウェブサイトのページを作成する

ここからのコンテンツ作成については、ジンドゥークリエイターの基本操作を中心に行います。ジンドゥークリエイターでのコンテンツ追加方法については、もうかなり感覚が掴めているのではないでしょうか。本章ではあえて［コンテンツを追加］についての解説を最小限にとどめますので、これまで習得した操作を思い出しながら、本章の解説と同じデザインになるよう頑張ってみてください。

［ナビゲーションの編集］で空ページを用意する

まずは、ジンドゥークリエイターの［ナビゲーションの編集］で、［新規ページを追加］をクリックして、このウェブサイトを構成するすべてのページを用意します。右記の、「本章で制作するウェブサイトのページメニュー」に基づいて、作成してみましょう。

▼本章で制作するウェブサイトのページメニュー

1. Top
2. Product
    1. Living
    2. Kitchen
    3. Exterior
3. Review
4. Company
5. Contact

この解説では、トップページや他のサブページを一旦すべて削除してから、［新規ページを追加］で空ページを作成しています。ただし、「お問い合わせ」ページだけはそのまま残し、［ナビゲーションの編集］での名称を「Contact」に変更しました。

ただし、この手順にこだわることはありませんので、各自やりやすい手順で進めてください。

Point

ナビゲーションのメニュー名は、「JimdoCreator」フォルダ内の「contents-text」フォルダに、テキストデータを用意しています。［ナビゲーションの編集］のページ名をコピー&ペーストで入力する場合には、フォルダ内のnavigation.txtを使用してください。

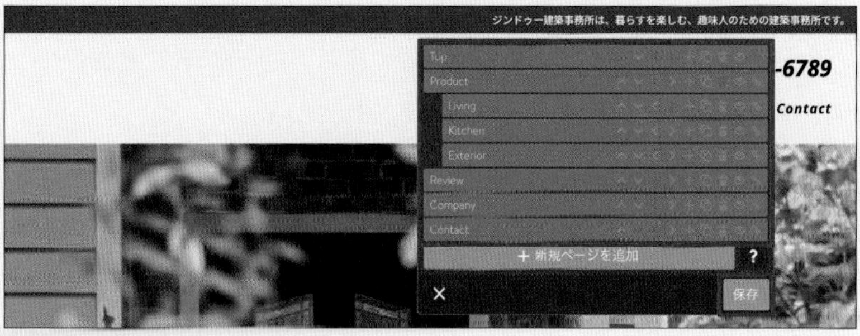

Point

［ナビゲーションの編集］パネルが、画面の外にはみ出て展開してしまう場合には、クリックでパネルを展開する前に、［ナビゲーションの編集］をドラッグで左に寄せてからクリックしてください。

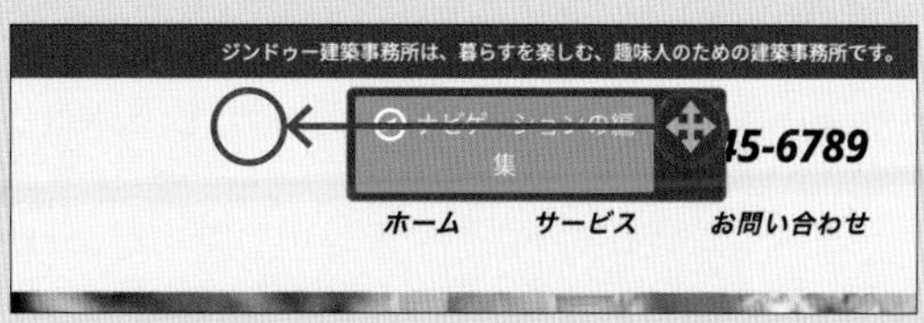

トップページのコンテンツを作成する

それでは、トップページのコンテンツから作成していきましょう。まずは、［コンテンツを追加］の基本操作で追加できるコンテンツを一通り作成し、そのあとで部分的にスタイルを整えるコーディングをしていきます。

Point

トップページのコンテンツ作成に使用する画像素材は、「JimdoCreator」フォルダ内にある「contents-images」フォルダの画像を使用します。また、このページ制作で使用するテキストデータについては、「JimdoCreator」フォルダの「contents-text」フォルダ内に用意しています。コンテンツのテキストは、フォルダ内のtoppage.txtの内容をコピー&ペーストで使用してください。

トップページの大見出しとリード文を作成する

トップページの冒頭のコンテンツ（CONCEPTエリアと呼びます）は、［見出し（大）］［余白］［カラム］のコンテンツで作成します。［カラム］は1列に設定し、中には［見出し（中）］［文章］のコンテンツを追加します。

それでは、以下の図を参考にしながら各自の手順で、CONCEPTエリアのコンテンツを作成してください。

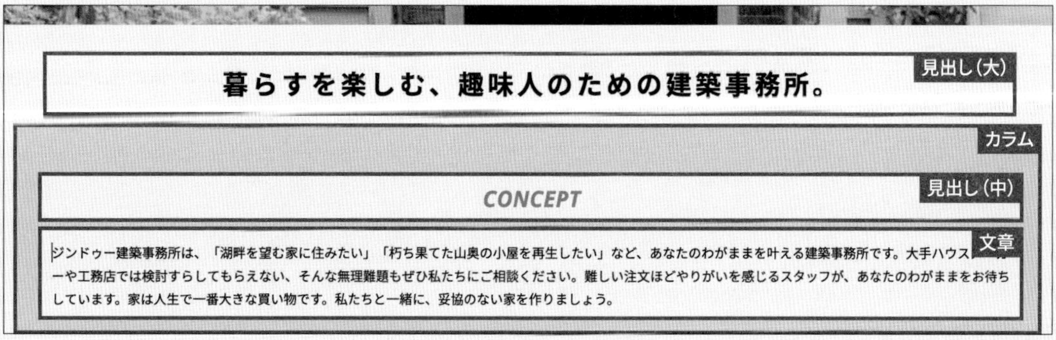

Point

ここでは［文章］の書式は何も変更せずに、デフォルトのスタイルのままテキストの入力だけを行い、保存しています。

トップページのCONCEPTエリアにオリジナルボタンを追加する

CONCEPTエリアの大見出しとリードコンテンツができたら、［カラム］の中にオリジナルボタンをHTMLコードで作成します。ここで作成するオリジナルボタンのスタイルは、［ボタン］コンテンツの「スタイル3」と同じになるように作成します。

1 まずは、先ほど作成した［カラム］内に［文章］を追加します。すでにあるコンテンツの最後に［文章］を追加したら、編集ボタンの［HTMLを編集］をクリックして、ソースコードエディタを開きます。
開いたソースコードエディタに、コーディングします。ここでのボタンは「スタイル3」のボタンと同じスタイルのものを作りたいので、「スタイル3」の［ボタン］のclass属性（`j-calltoaction-link j-calltoaction-link-style-3`）を使ってコーディングします。リンク先は「Product」のページができてから設定するので、ここではひとまず#にしておきます。

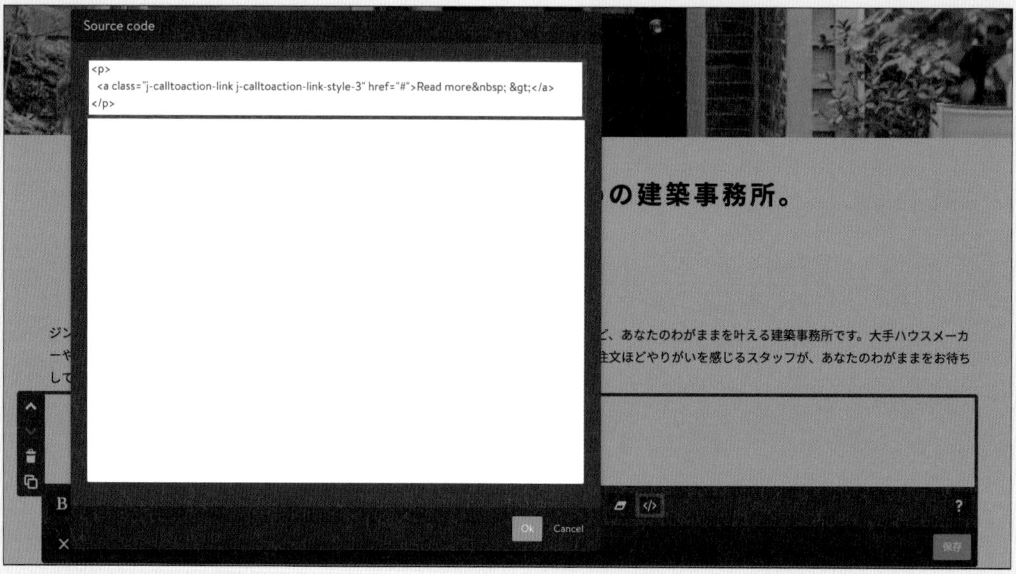

追加するコード［HTML］

```
<p>
  <a class="j-calltoaction-link j-calltoaction-link-style-3" href="#">Read
  more  &gt;</a>
</p>
```

Point

オリジナルボタンのテキスト部分で「Read more」に続く「 」「>」はHTML特殊文字コード（ノーブレークスペースと、大なり記号のコード）です。

2 コーディングが終わったら、エディタの［OK］をクリックし、エディタの編集内容を保存します。［文章］の設定項目で配置の［右寄せ］を設定して、作成したボタンを右寄せに配置してから［保存］をクリックします。

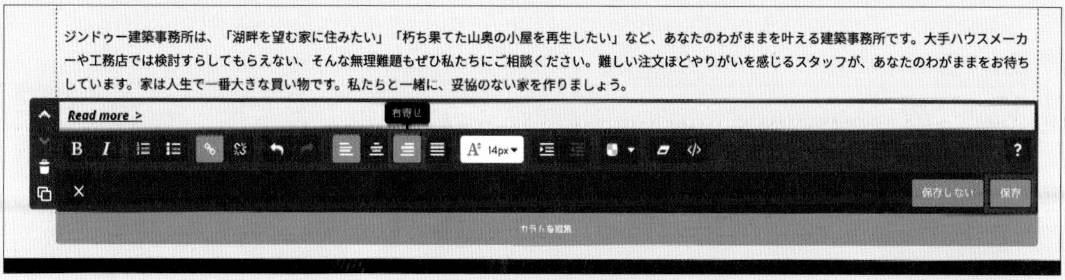
ジンドゥー建築事務所は、「湖畔を望む家に住みたい」「朽ち果てた山奥の小屋を再生したい」など、あなたのわがままを叶える建築事務所です。大手ハウスメーカーや工務店では検討すらしてもらえない、そんな無理難題もぜひ私たちにご相談ください。難しい注文ほどやりがいを感じるスタッフが、あなたのわがままをお待ちしています。家は人生で一番大きな買い物です。私たちと一緒に、妥協のない家を作りましょう。
Read more >
右寄せ
14px
保存しない
保存
カラムを編集

3 オリジナルボタンが、［カラム］の中に作成されて、右寄せに配置できました。

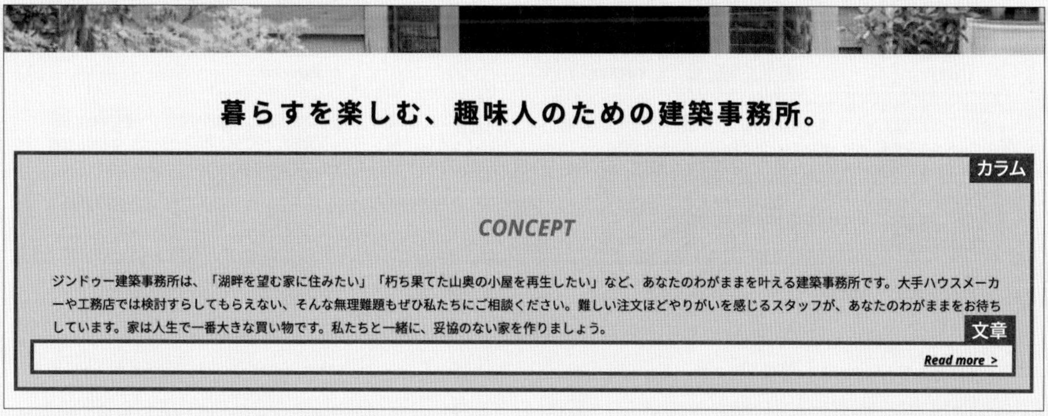
暮らすを楽しむ、趣味人のための建築事務所。
カラム
CONCEPT
ジンドゥー建築事務所は、「湖畔を望む家に住みたい」「朽ち果てた山奥の小屋を再生したい」など、あなたのわがままを叶える建築事務所です。大手ハウスメーカーや工務店では検討すらしてもらえない、そんな無理難題もぜひ私たちにご相談ください。難しい注文ほどやりがいを感じるスタッフが、あなたのわがままをお待ちしています。家は人生で一番大きな買い物です。私たちと一緒に、妥協のない家を作りましょう。
文章
Read more >

Point

ここで普通に「スタイル3」の［ボタン］を使用しない理由は、このボタンに設定するリンクがページ途中へのリンクであり、それを同じタブで開くためです。実は、通常の［ボタン］コンテンツの設定では、こうしたことができません。

［ボタン］コンテンツには、「内部リンク」か「外部リンク」のいずれかを設定できますが、ページ途中にリンクさせる場合には、外部リンクとしてリンク先を設定しなければなりません。しかし、ジンドゥークリエイターの仕様上、外部リンクとして設定したものはすべて新しいタブで開く仕様になってしまいます。

ここでは、同一のタブでページ途中の指定箇所を開きたいので、コーディングによってオリジナルボタンを作成しています。

なぜ［ウィジェット/HTML］ではなく［文章］を使うのか？　ということについては、配置や文字部分をあとから基本操作で編集できる［文章］のほうが、［ウィジェット/HTML］よりも使い勝手がよいという判断によるものです。

トップページのコンテンツ案内メニューを作成する

次に、「PRODUCT」ページを案内するエリア（PRODUCTメニューエリアと呼びます）と、「REVIEW」「COMPANY」「CONTACT」それぞれのページを案内するエリア（コンテンツメニューエリアと呼びます）のコンテンツを作成します。

1 PRODUCTメニューエリアは、まず[見出し(中)]と[カラム]のコンテンツで作成します。[カラム]は3列に設定し、中には[画像][見出し(小)][文章][ボタン][余白]のコンテンツを追加します。そして同じパターンで、他の列のコンテンツも作成します。
CONCEPTエリアと同じように、以下の図を参考にしながら、各自の手順でコンテンツを作成してください。

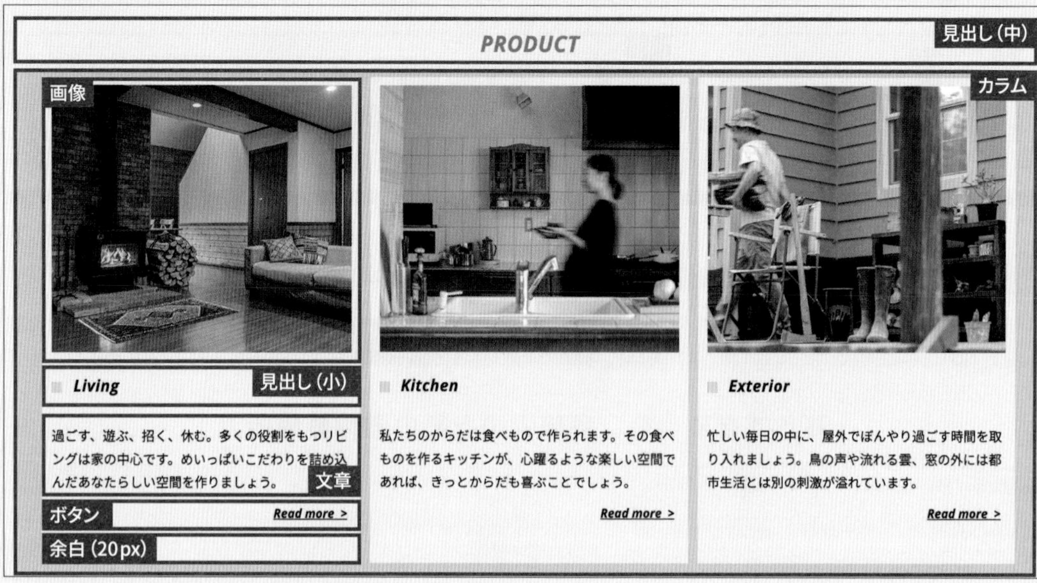

Point

［カラム］の中にある［画像］は、「Living」「Kitchen」「Exterior」などの代替テキストとそれぞれのページへのリンクを設定し、配置を「中央揃え」にします。［文章］の書式は何も変更せず、テキストの入力だけを行います。ボタンは［スタイル3］を選んで右寄せに配置し、「Living」「Kitchen」「Exterior」それぞれのページへのリンクを設定します。［カラム］の各列の最後には、20pxの余白を追加しておきます。

2 続いて、その下のコンテンツメニューエリアも作成します。ここの[カラム]も3列に設定し、その中には[見出し(中)][画像][余白]のコンテンツを追加します。同じパターンで、残りの2列も作成します。
この箇所についても、以下の図を参考にしながら、各自の手順でコンテンツを作成してください。

Point

この［カラム］の中にある［画像］にも、「REVIEW」「COMPANY」「CONTACT」それぞれの代替テキストとページリンクを設定し、配置を「中央揃え」にします。［カラム］の各列の最後には10pxの余白を追加しておきます。

トップページのNEWSエリアを作成する

トップページの最後は、新着情報を記述するエリア（NEWSエリアと呼びます）です。ここは、1列に設定した［カラム］の中に、［見出し（中）］と［表］を追加して作成します。

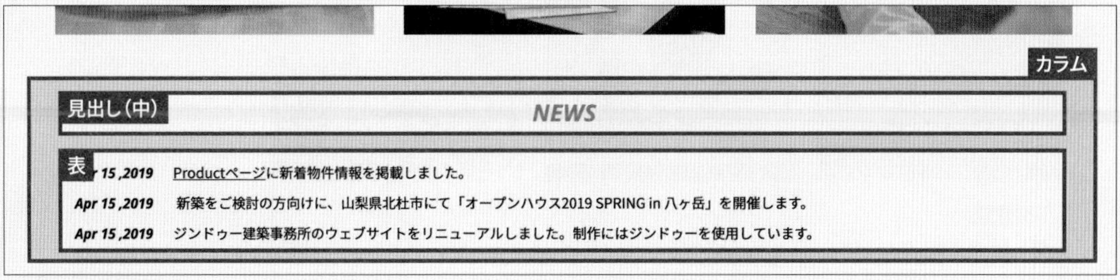

カラム
見出し（中）
NEWS
表
r 15 ,2019 Productページに新着物件情報を掲載しました。
Apr 15 ,2019 新築をご検討の方向けに、山梨県北杜市にて「オープンハウス2019 SPRING in 八ヶ岳」を開催します。
Apr 15 ,2019 ジンドゥー建築事務所のウェブサイトをリニューアルしました。制作にはジンドゥーを使用しています。

Point

［表］の1行目の情報は「Product」ページに関する情報なので、文字列に対して「Product」のページのリンクを設定します。

また、ジンドゥークリエイターの［表］コンテンツのセルは、tdタグでのみマークアップされるため、ここでは［表］の［HTMLを編集］をクリックしてソースコードエディタを開き、日付セルのtdタグをthタグに修正しています。こうしたコード修正を行わなくても［表］としての表示にはなりますが、本書と同じデザインにするには、［表］コンテンツのこの箇所もコーディングで修正しておく必要があります。

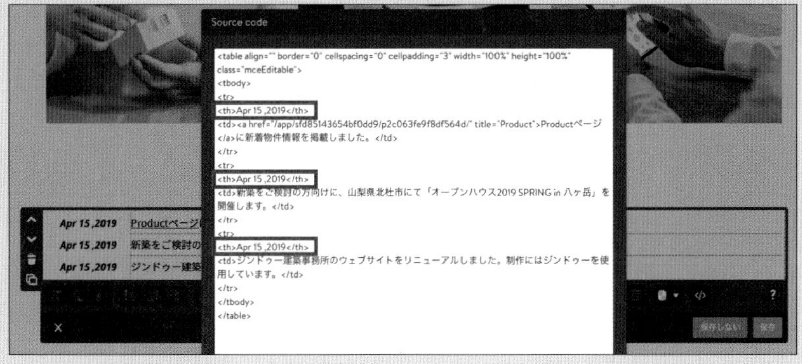

トップページコンテンツのスタイルを個別に指定する

トップページの仕上げとして、追加したコンテンツの各エリアに、CSSで背景色や余白を指定していきます。

コンテンツ単位のスタイル指定にはいくつかの方法がありますが、ここではjQueryを使って、エリア分けした各コンテンツの［カラム］を新しいclass属性でラップすることで、その後のコーディングをしやすくします。それぞれの［カラム］をラップするタグは、次のように指定します。

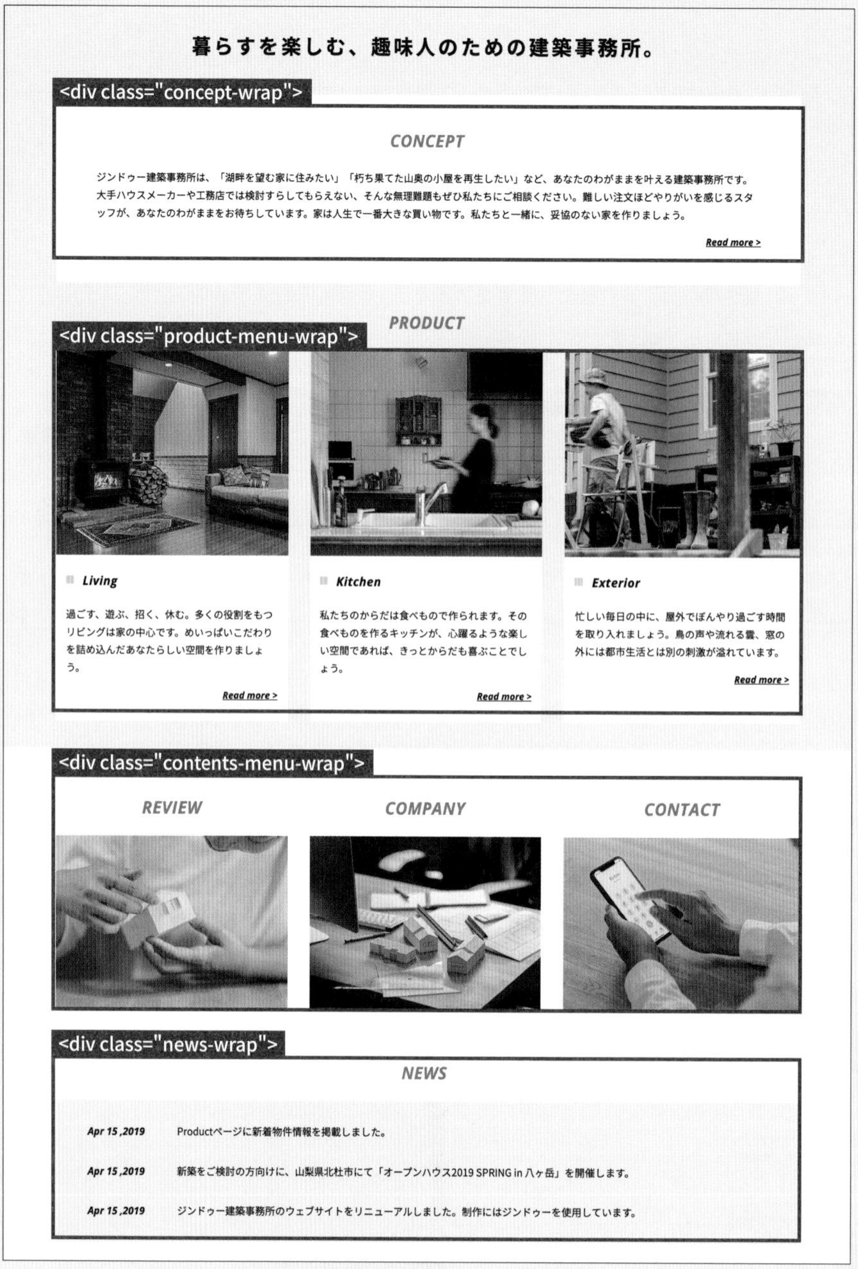

暮らすを楽しむ、趣味人のための建築事務所。
<div class="concept-wrap">
CONCEPT
ジンドゥー建築事務所は、「湖畔を望む家に住みたい」「朽ち果てた山奥の小屋を再生したい」など、あなたのわがままを叶える建築事務所です。
大手ハウスメーカーや工務店では検討すらしてもらえない、そんな無理難題もぜひ私たちにご相談ください。難しい注文ほどやりがいを感じるスタッフが、あなたのわがままをお待ちしています。家は人生で一番大きな買い物です。私たちと一緒に、妥協のない家を作りましょう。
Read more >
PRODUCT
<div class="product-menu-wrap">
Living
過ごす、遊ぶ、招く、休む。多くの役割をもつリビングは家の中心です。めいっぱいこだわりを詰め込んだあなたらしい空間を作りましょう。
Read more >
Kitchen
私たちのからだは食べもので作られます。その食べものを作るキッチンが、心躍るような楽しい空間であれば、きっとからだも喜ぶことでしょう。
Read more >
Exterior
忙しい毎日の中に、屋外でぼんやり過ごす時間を取り入れましょう。鳥の声や流れる雲、窓の外には都市生活とは別の刺激が溢れています。
Read more >
<div class="contents-menu-wrap">
REVIEW
COMPANY
CONTACT
<div class="news-wrap">
NEWS
Apr 15 ,2019 Productページに新着物件情報を掲載しました。
Apr 15 ,2019 新築をご検討の方向けに、山梨県北杜市にて「オープンハウス2019 SPRING in 八ヶ岳」を開催します。
Apr 15 ,2019 ジンドゥー建築事務所のウェブサイトをリニューアルしました。制作にはジンドゥーを使用しています。

トップページの[カラム]コンテンツをラップするタグとデザインの完成イメージ

1 まず、Google Chromeのデベロッパーツールで、4つの[カラム]に割り当てられたid属性をひとつずつコピーで取得します。コピーしたidは、テキストエディタにペーストでメモしておきます。この手順を繰り返し、4つの[カラム]すべてのidが取得できたら、次に進みます。

本書のサンプルサイトでの環境の場合（環境によってidは違いますので、各自の環境で取得したidを使用してください）

2 ［ヘッダー編集］の画面を開きます。ここでは、エディタの一番最後にソースコードを追加します。

3 ［カラム］を新しいclass属性で包むためのソースコードを追加します。ここでは、jQueryの.wrap()メソッドを使います。ソースコードにある"#取得した［カラム］のid"の箇所は、先ほどテキストエディタにメモしたidに置き換えてコーディングしてください。

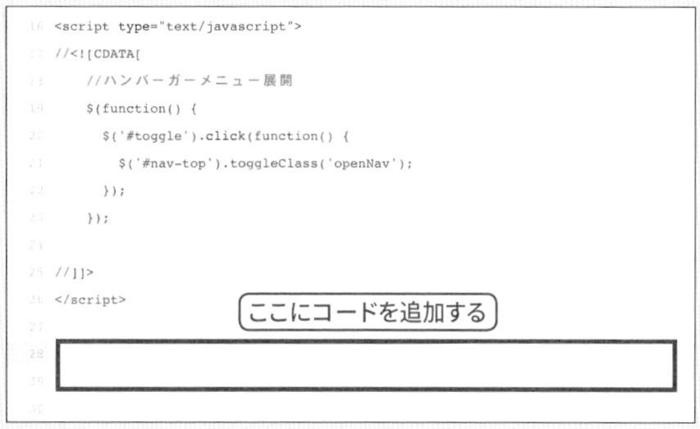

追加するコード［JavaScript］

```
<script type="text/javascript">
  $(document).ready(function() {
    $( "#取得した［カラム］のid" ).wrap( "<div class='concept-wrap' />" );
    //CONCEPTエリア
    $( "#取得した［カラム］のid" ).wrap( "<div class='product-menu-wrap' />" );
    //PRODUCTメニューエリア
    $( "#取得した［カラム］のid" ).wrap( "<div class='contents-menu-wrap' />" );
    //コンテンツメニューエリア
    $( "#取得した［カラム］のid" ).wrap( "<div class='news-wrap' />" ); //NEWSエリア
  });
</script>
```

4 編集が終わったら、［ヘッダー編集］画面の［保存］をクリックし、編集内容を保存します。

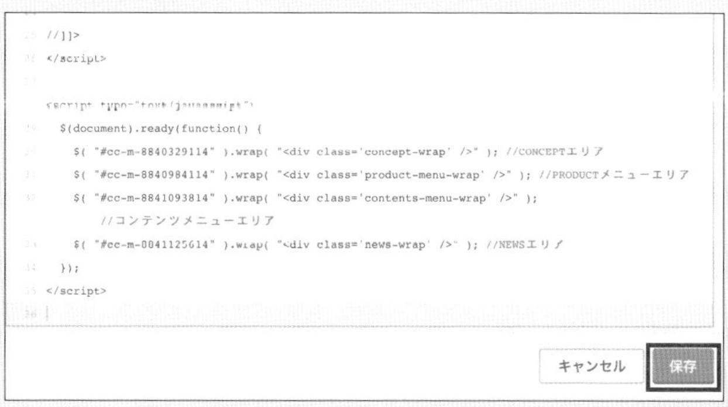

//]]>
</script>
$(document).ready(function() {
$("#cc-m-8840329114").wrap("<div class='concept-wrap' />"); //CONCEPTエリア
$("#cc-m-8840984114").wrap("<div class='product-menu-wrap' />"); //PRODUCTメニューエリア
$("#cc-m-8841093814").wrap("<div class='contents-menu-wrap' />");
//コンテンツメニューエリア
});
</script>
キャンセル
保存

Point

Google Chromeのデベロッパーツールで確認すると、[カラム] が新しいclass属性の中に入っていることがわかります。

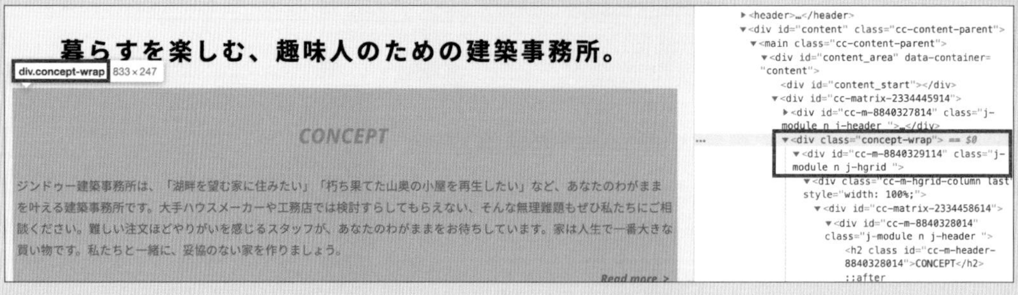

5 [独自レイアウト] の [CSS] エディタを開きます。一連のコードが記述された一番最後のスペースに、トップページのスタイルを指定するCSSコードを追加していきます。

6 まずは、CONCEPTエリアと、PRODUCTメニューエリアのスタイルから整えていきます。

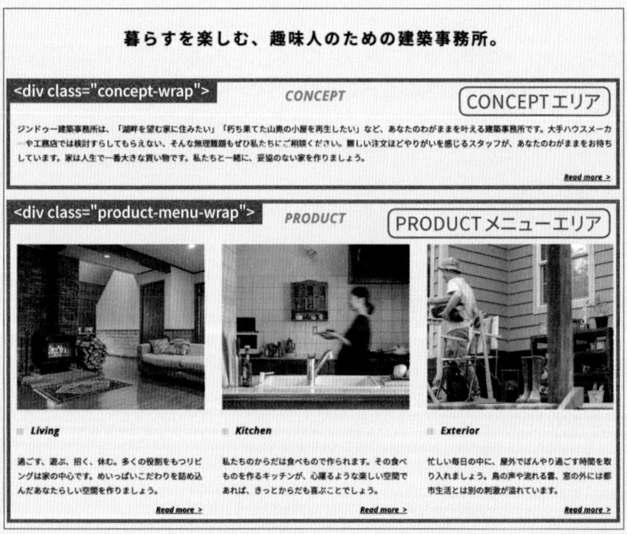

7 CONCEPTエリアのCSSを、以下のようにコーディングします。

追加するコード[CSS]

```
/* ========================================
 トップページのコンテンツ
======================================== */

/*------- CONCEPTエリア--------*/

/*［カラム］外枠の背景色を白にして余白を調整*/
.concept-wrap {
  margin-top: 25px;
  padding: 10px 60px 50px;
  background: #FFF;
}

@media screen and (max-width: 768px) {
/*ディスプレイ幅 768px以下で［カラム］外枠の余白を調整*/
  .concept-wrap {
    padding: 10px 40px 50px;
  }
}

@media screen and (max-width: 480px) {
/*ディスプレイ幅 480px以下で［カラム］外枠の余白を調整*/
  .concept-wrap {
    margin-top: 10px;
    padding: 10px 20px 50px;
  }
}
```

Point

追加するコードには、わかりやすくするために/*[カラム]外枠の背景色を白にして余白を調整*/など、各所にコメントアウトをしています。コメントアウトの記述は必須ではありませんので、各自必要性のある箇所だけ適宜追加してください。

8 続いてPRODUCTメニューエリアのCSSをコーディングします。先ほどのコードに続けて、以下のコードを追記します。

追加するコード[CSS]

```
/*------- PRODUCTメニューエリア -------*/

/*［カラム］の最大幅を設定し中央配置、およびフレックスボックス化*/
.product-menu-wrap .j-hgrid {
  display: flex;
  flex-wrap: wrap;
  max-width: 1120px;
  margin: 0 auto;
}

/*［カラム］各列の枠部分のmargin調整*/
.product-menu-wrap .j-hgrid .cc-m-hgrid-column {
```

```
  margin-bottom: 40px;
}

/*［カラム］各列の背景色を白にして高さを調整*/
.product-menu-wrap .j-hgrid .cc-m-hgrid-column>div {
  height: 100%;
  background: #FFF;
}

/*［画像］のpaddingをリセット*/
.product-menu-wrap .j-hgrid .j-imageSubtitle {
  padding: 0;
}

/*［画像］のサイズを100%幅で表示する*/
.product-menu-wrap .j-hgrid .j-imageSubtitle img {
  width: 100%;
}

/*見出し・文章・ボタンのpaddingを調整*/
.product-menu-wrap .j-header, .product-menu-wrap .j-text, .product-menu-wrap
.j-callToAction {
  padding: 0 20px !important;
}

@media screen and (max-width: 480px) {
/*ディスプレイ幅 480px以下で［カラム］各列の枠部分の余白をリセット*/
  .product-menu-wrap .j-hgrid .cc-m-hgrid-column {
    padding: 0;
  }
}
```

9 ここまでコーディングしたら、一旦［CSS］画面の［保存］をクリックして、編集内容を保存します。閲覧画面で確認すると、CONCEPTエリアのコンテンツ部分と、PRODUCTメニューエリアの各列の背景が白くなりました。各コンテンツの余白も、整っています。

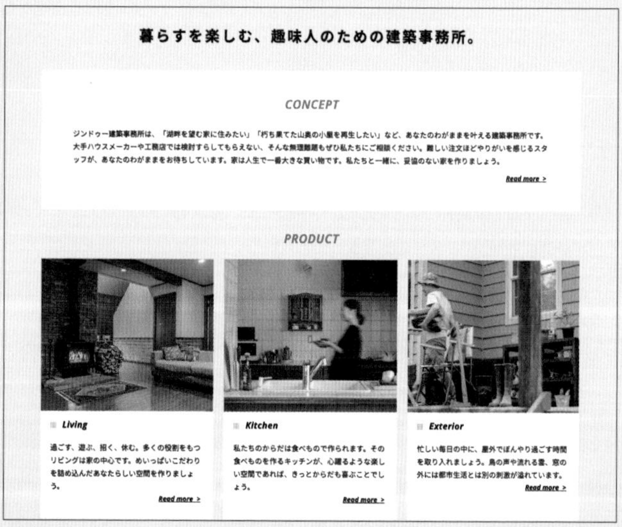

10 次に、その下のコンテンツメニューエリアと、NEWSエリアのスタイルも整えます。

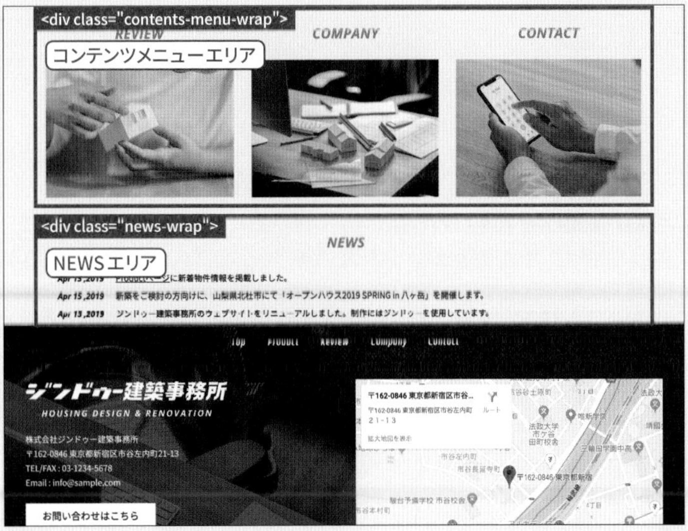

11 コンテンツメニューエリアのCSSをコーディングします。先ほどのコードに続けて、以下のコードを追記します。

追加するコード［CSS］

```
/*----- コンテンツメニューエリア -----*/

/* ［カラム］の外枠を画面幅いっぱいに広げ背景色を白に設定*/
.contents-menu-wrap {
  position: relative;
  left: 50%;
  margin-left: -50vw;
  width: 100vw;
  background: #FFF;
}

/* ［カラム］の最大幅を設定し中央配置、および余白の調整*/
.contents-menu-wrap .j-hgrid {
  margin: 0 auto;
  padding: 30px 20px 0 !important;
  max-width: 1120px;
}
```

12 続いて、NEWSエリアのCSSをコーディングします。先ほどのコードに続けて、以下のコードを追記します。

追加するコード［CSS］

```
/*----- NEWSエリア -----*/

/* ［カラム］の外枠を画面幅いっぱいに広げ背景色を白に設定*/
.news-wrap {
  position: relative;
  left: 50%;
  margin-left: -50vw;
  width: 100vw;
  background: #FFF;
```

```
}

/* [カラム] の最大幅を設定し中央配置、および余白の調整*/
.news-wrap .j-hgrid {
  margin: 0 auto;
  padding: 20px 20px 80px !important;
  max-width: 1120px;
}

/* [表] の背景色の設定と余白調整、およびボーダーラインの調整*/
.news-wrap .j-hgrid table {
  padding: 15px !important;
  width: 100%;
  background: #F5F4F2;
  border-collapse: separate;
}

/* [表] のセルの余白調整とボーダーラインの非表示*/
.news-wrap .j-hgrid table th, .news-wrap .j-hgrid table td {
  padding: 15px !important;
  border: none;
}

@media screen and (max-width: 480px) {
/*ディスプレイ幅 480px以下で [カラム] の余白の調整*/
  .news-wrap .j-hgrid {
    padding: 10px 20px 30px !important;
  }

/*ディスプレイ幅 480px以下で [表] のセルを縦並びにし、余白を調整*/
  .news-wrap .j-hgrid table tr {
    display: flex;
    flex-direction: column;
    margin: 20px 0 0;
    align-items: flex-start;
  }

/*ディスプレイ幅 480px以下で [表] のセルの余白を調整*/
  .news-wrap .j-hgrid table th, .news-wrap .j-hgrid table td {
    padding: 5px !important;
  }
}
```

13 [CSS] 画面の [保存] をクリックし、編集内容を保存します。閲覧画面で確認すると、先ほど調整したコンテンツメニューエリアとNEWSエリアの背景も白に変わり、各コンテンツの余白も整っています。スマートフォンで確認してもデザインが整っています。これで、トップページデザインのCSSコーディングは完了です。
トップページのコンテンツのオリジナルボタンのリンク設定だけはまだですが、その箇所だけは次のProductページを作成してから設定します。

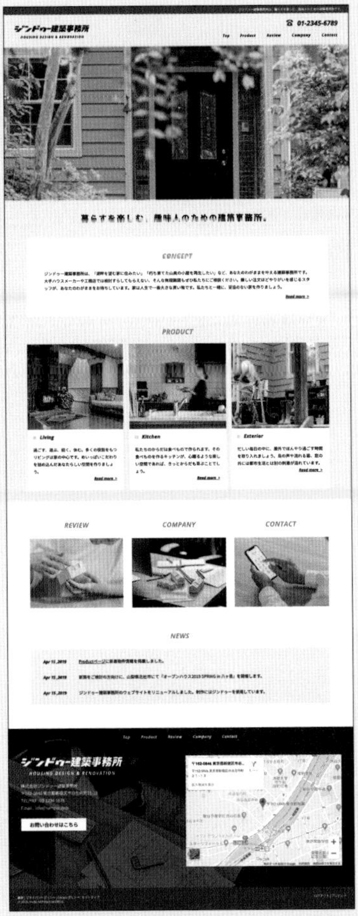

コーディングが完了したトップページ（PC表示）

コーディングが完了したトップページ（スマートフォン表示）

Productページのコンテンツを作成する

トップページに続いて、サブページである「Product」のページも仕上げていきます。まずは、トップページ同様に基本操作でコンテンツを作成し、そのあとCSSでスタイルを整えていきます。

Point

Productページのコンテンツ作成に使用する画像素材は、「JimdoCreator」フォルダ内にある「contents-images」フォルダの画像を使用します。また、このページ制作で使用するテキストデータについては、「JimdoCreator」フォルダの「contents-text」フォルダ内に用意しています。コンテンツのテキストは、フォルダ内のproduct.txtの内容をコピー&ペーストして使用してください。

Productページのサブコンテンツ案内エリアを作成する

まず、Productページ下層（「Living」「Kitchen」「Exterior」）の各ページを案内するエリア（サブコンテンツメニューエリアと呼びます）から作成します。

Point

ここでは[カラム]の中にある[画像]に、「Living」「Kitchen」「Exterior」それぞれの代替テキストと、ページリンクを設定しています。画像の配置は「中央揃え」に設定します。ボタンは[スタイル3]を選び「Living」「Kitchen」「Exterior」それぞれのページにリンクを設定します。[カラム]の各列の最後には、30pxの余白を追加しておきます。

ProductページのCONCEPTエリアのコンテンツを作成する

続いて、「CONCEPT」の中見出しからはじまる「Light」「Wind」「Green」のコンテンツエリアを作成します。ここは、[カラム]を使った似たようなコンテンツを、縦に3つ並べて作成します。まず、1つ目の[カラム]コンテンツを作成したら、そのコンテンツを[カラム]ごとコピーし、残り2つのコンテンツの[カラム]を作成していきます。コピーした[カラム]の内容を、それぞれ別なコンテンツの内容に差し替えていくことで、スムーズなコンテンツ作成ができます。

1 まず、「CONCEPT」の[見出し(中)]コンテンツと、最初の[カラム]コンテンツである「Light」のエリアを作成します。ここでも、それぞれのコンテンツを各自の手順で作成してみてください。

Point

ここでは、[画像] の代替テキストに「Light」と設定し、配置を「中央揃え」に設定しています。[文章] は書式を変えずにテキストを入力しただけで保存しています。

本章の解説では [カラム] の左右幅の調整を61.5%：38.36%の位置で決めていますが、厳密にこのとおりでなくても問題ありません。各自の設定で、このあたりの比率を参考に左右の幅を調整してみてください。[画像] を入れたあとでカラムを変更すると、画像の余白が解消できないなどのバグが起こることがあります。先に [カラム] の幅を設定してから、[画像] [見出し] などのコンテンツを [カラム] に追加する手順をオススメします。

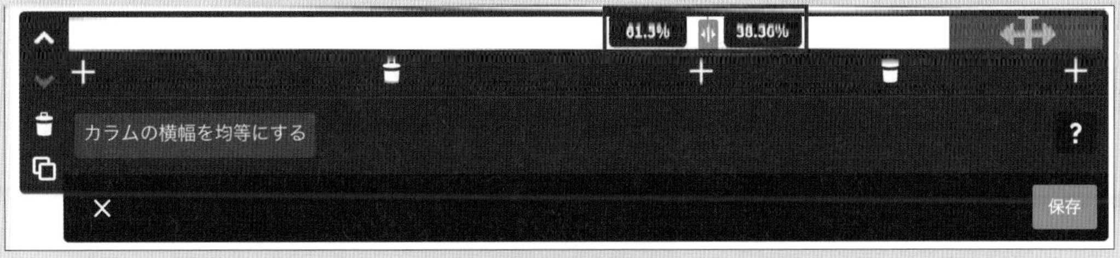

2 「Light」のコンテンツを作成できたら、コンテンツを [カラム] ごと2つ複製します。

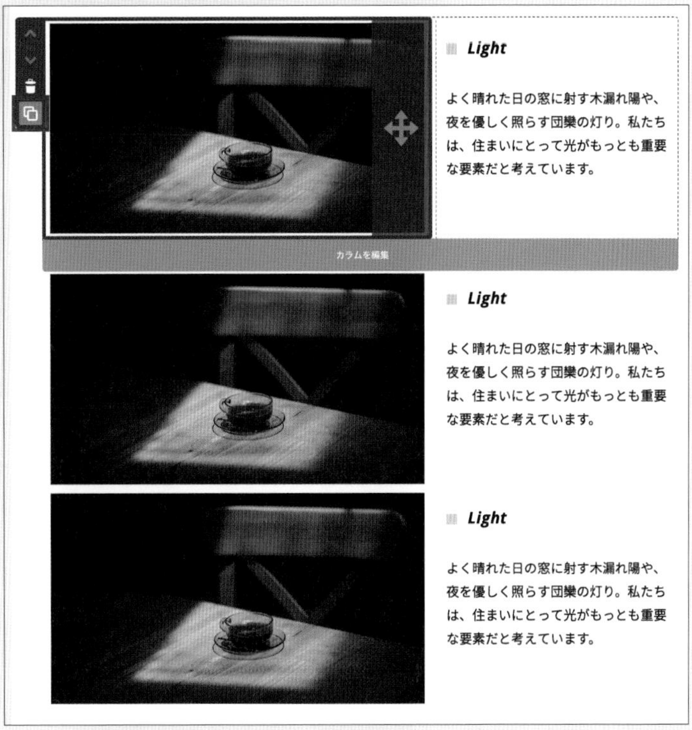

Point

[カラム] コンテンツごとコピーするには、[カラムを編集] をクリックしたときに表示される [コンテンツのコピー] をクリックします。

3 コピーした［カラム］のコンテンツを編集します。［画像］を差し替え、［見出し（小）］［文章］を編集して、「Wind」「Green」のコンテンツを作成しましょう。

CONCEPT
Light
よく晴れた日の窓に射す木漏れ陽や、夜を優しく照らす団欒の灯り。私たちは、住まいにとって光がもっとも重要な要素だと考えています。
Wind
久しぶりの休日は窓辺に寝ころんでうとうと。そんなとき、爽やかな風があると嬉しい。空気の循環は風通しの良い暮らしをつくります。
Green
庭を持つことは、内と外の緩衝地帯を持つということです。緑に囲まれながら、ゆるやかに外とつながっていく。そんな暮らしを提案します。

4 それぞれの［カラム］の下に、50pxの［余白］を追加し、デザインに余裕をもたせます。
さらにページの最後には、［ボタン］を追加します。［ボタン］のスタイルは［スタイル3］を選び、テキストを「Top page >」に編集して「トップページ」にリンクを設定します。

Light
よく晴れた日の窓に射す木漏れ陽や、夜を優しく照らす団欒の灯り。私たちは、住まいにとって光がもっとも重要な要素だと考えています。
余白（50px）
Wind
久しぶりの休日は窓辺に寝ころんでうとうと。そんなとき、爽やかな風があると嬉しい。空気の循環は風通しの良い暮らしをつくります。
余白（50px）
Green
庭を持つことは、内と外の緩衝地帯を持つということです。緑に囲まれながら、ゆるやかに外とつながっていく。そんな暮らしを提案します。
余白（50px）
ボタン
Top page >

Point

解説では、［カラム］と［カラム］の間に［余白］を追加していますが、ジンドゥークリエイターの仕様上、隣接する［カラム］の間では［コンテンツを追加］ボタンを表示しにくいことがあります。そのような場合は、一旦ページの別な箇所で［余白］コンテンツを作成してから、所定の位置まで移動させてください。

Productページのコンテンツスタイルを指定する

Productページでは、[見出し(大)]と2箇所の[カラム]に対してのみ、スタイルを指定します。トップページと同様に、[カラム]コンテンツを新しいclass属性でラップしてから、CSSのコーディングをしていきます。それぞれのコンテンツをラップするタグは、右画像のように指定します。

1 Google Chromeのデベロッパーツールで、[見出し(大)]と2つの[カラム]コンテンツに割り当てられたidをコピーで取得して、テキストエディタにペーストでメモしておきます。コンテンツのidが取得できたら、次に進みます。

本書のサンプルサイトでの環境の場合(環境によってidは違いますので、各自の環境で取得したidを使用してください)

2 ［ヘッダー編集］の画面を開いて、トップページのコンテンツをラップしたソースコードを修正していきます。

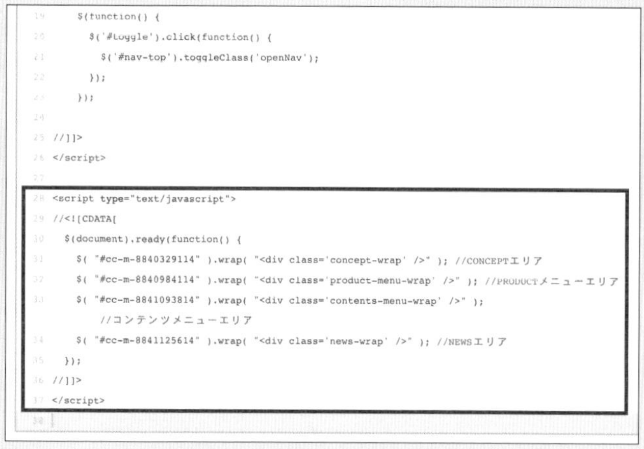

```
    $(function() {
      $('#toggle').click(function() {
        $('#nav-top').toqqleClass('openNav');
      });
    });

//]]>
</script>

<script type="text/javascript">
//<![CDATA[
  $(document).ready(function() {
    $( "#cc-m-8840329114" ).wrap( "<div class='concept-wrap' />" ); //CONCEPTエリア
    $( "#cc-m-8840984114" ).wrap( "<div class='product-menu-wrap' />" ); //PRODUCTメニューエリア
    $( "#cc-m-8841093814" ).wrap( "<div class='contents-menu-wrap' />" );
        //コンテンツメニューエリア
    $( "#cc-m-8841125614" ).wrap( "<div class='news-wrap' />" ); //NEWSエリア
  });
//]]>
</script>
```

3 Productページのコンテンツを、新しいclass属性で包むためのソースコードを、以下のように修正します。編集が終わったら［保存］をクリックして編集内容を保存します。ソースコードにある"#取得した［カラム］のid"の箇所は、各自で取得したid属性に置き換えてください。

変更前コード［JavaScript］

```
<script type="text/javascript">
//<![CDATA[
  $(document).ready(function() {
    $( "#取得した［カラム］のid" ).wrap( "<div class='concept-wrap' />" );
    //CONCEPTのカラム
    $( "#取得した［カラム］のid" ).wrap( "<div class='product-menu-wrap' />" );
    //PRODUCTのカラム
    $( "#取得した［カラム］のid" ).wrap( "<div class='contents-menu-wrap' />" );
    //REVIEW / COMPANY / CONTACTのカラム
    $( "#取得した［カラム］のid" ).wrap( "<div class='news-wrap' />" ); //NEWSのカラム
  });
//]]>
</script>
```

変更後コード［JavaScript］

```
<script type="text/javascript">
//<![CDATA[
  $(document).ready(function() {
    $( "#取得した［カラム］のid" ).wrap( "<div class='concept-wrap' />" );
    //CONCEPTエリア
    $( "#取得した［カラム］のid" ).wrap( "<div class='product-menu-wrap' />" );
    //PRODUCTメニューエリア
    $( "#取得した［カラム］のid" ).wrap( "<div class='contents-menu-wrap' />" );
    //コンテンツメニューエリア
    $( "#取得した［カラム］のid" ).wrap( "<div class='news-wrap' />" ); //NEWSエリア
    $( "#取得した［カラム］のid" ).wrap( "<div class='product-header' />" );
    //Productページの大見出し
    $( "#取得した［カラム］のid" ).wrap( "<div class='product-wrap' />" );
    //Productページのサブコンテンツメニューエリア
    $( "#取得した［カラム］のid" ).wrap( "<div class='concept-reverse' />" );
    //Productページの「Wind」コンテンツ
  });
```

```
//]]>
</script>
```

4 編集が終わったら、[ヘッダー編集]画面の[保存]をクリックし、編集内容を保存します。

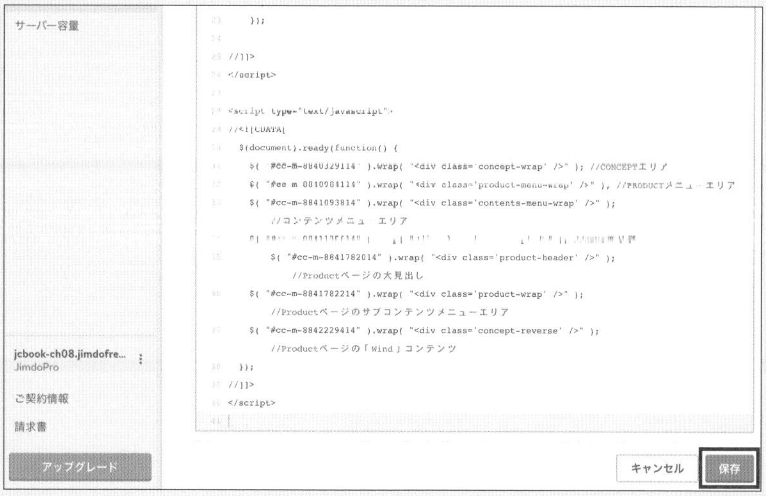

Productページの大見出しのスタイルを指定する

まず、大見出しのコンテンツからCSSを修正していきます。大見出しは、スマートフォン表示にのみ、薄いグレーの背景色をつけます。修正前は、ただの白い背景なので、この箇所を修正していきましょう。

修正前の大見出し（スマートフォン表示）

修正後の大見出し（スマートフォン表示）

1 [独自レイアウト]の[CSS]画面を開きます。トップページコンテンツのCSSコードに続けて、Productページのコードを追加していきます。

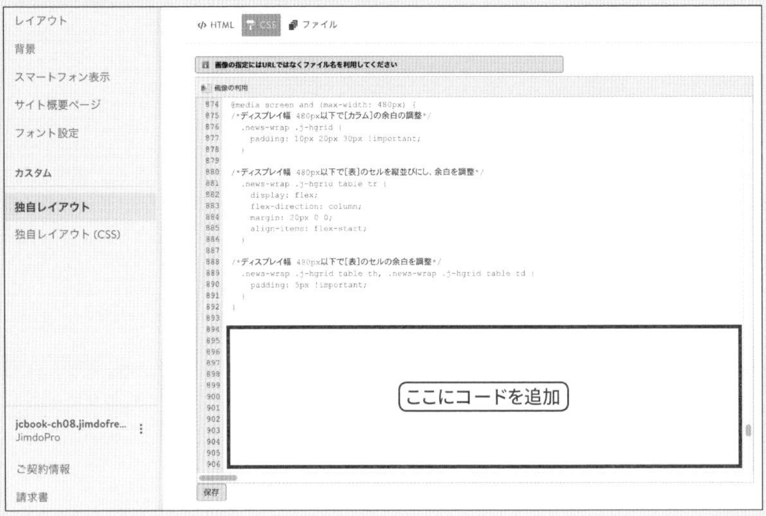

2 スマートフォン表示での大見出しのスタイルを、CSSでコーディングします。以下のコードを追記します。

追加するコード[CSS]

```
/* ========================================
 Productページのコンテンツ
======================================== */

/*------- 大見出し（Product）--------*/

@media screen and (max-width: 480px) {
/*ディスプレイ幅 480px以下で［見出し（大）］の背景色を薄いグレーにして、画面幅いっぱいに*/
  .product-header h1 {
    margin: -25px -25px !important;
    padding: 40px 20px 50px;
    background: #F5F3F2;
  }
}
```

3 [CSS] 画面の [保存] をクリックして、編集内容を保存します。PCとスマートフォンのプレビューでデザインを確認すると、PC表示は白背景のまま、スマートフォン表示のみ大見出しに背景色がつきました。

スマートフォン表示の大見出しに背景色がついた

PC表示は白背景のままになっている

Productページのサブコンテンツメニューエリアのスタイルを指定する

次に、Productページのサブコンテンツメニューエリアの［カラム］スタイルを修正します。ここでは中見出しの余白と、スマートフォン表示時のコンテンツの背景色を、CSSで調整します。

修正前のサブコンテンツメニューエリア

修正後のサブコンテンツメニューエリア

1 先ほどのコードに続けて、以下のCSSコードを追加します。

追加するコード［CSS］

```
/*------- サブコンテンツメニューエリア --------*/

/*［カラム］外枠の余白を調整*/
.product-wrap {
  padding-top: 20px;
}

/*中見出しの余白を調整*/
.product-wrap h2 {
  margin: 10px 0 !important;
}

@media screen and (max-width: 480px) {
/*ディスプレイ幅 480px以下で［カラム］外枠の背景色と余白を調整*/
  .product-wrap {
    margin: 0 -20px;
    padding: 0 20px;
    background: #F5F3F2;
  }
}
```

2 [CSS] エディタの [保存] をクリックして、編集内容を保存します。PCとスマートフォンのプレビューで、デザインを確認してみましょう。Productページのサブコンテンツメニューエリアは、中見出しの余白が整い、スマートフォン表示のみ薄いグレーの背景色がつくようになりました。

Product
LIVING
Read more >

スマートフォン表示に背景色がついた

Product
LIVING
Read more >
KITCHEN
Read more >
EXTERIOR
Read more >
CONCEPT
Living >
Kitchen >
Exterior >
CONTACT US

PC表示は白背景のまま中見出しの余白が調整された

Productページの「Wind」コンテンツのスタイルを調整する

「CONCEPT」の見出しからはじまるエリアにある「Wind」コンテンツだけは、PC表示でのみカラム左とカラム右の配置を入れ替えたいので、この [カラム] をCSSで修正していきます。

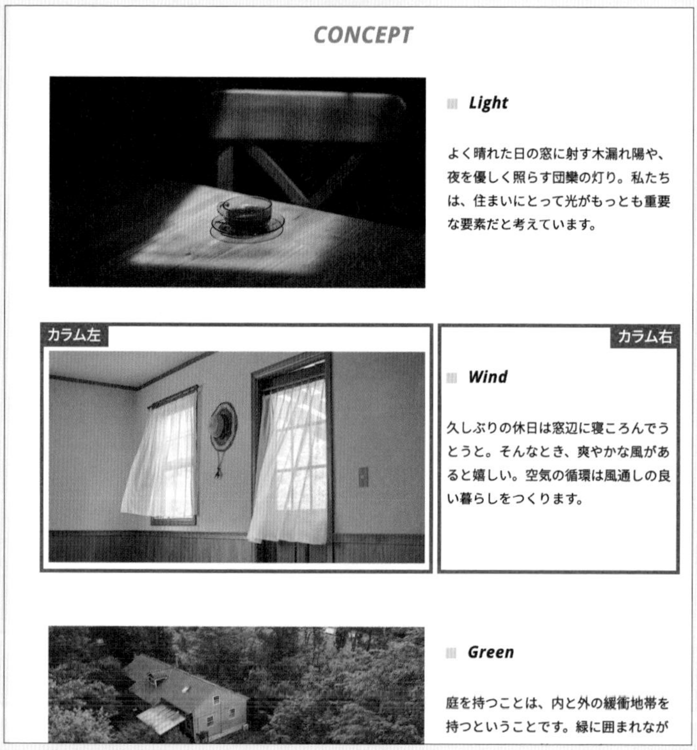
CONCEPT
Light
よく晴れた日の窓に射す木漏れ陽や、夜を優しく照らす団欒の灯り。私たちは、住まいにとって光がもっとも重要な要素だと考えています。
カラム左
カラム右
Wind
久しぶりの休日は窓辺に寝ころんでうとうと。そんなとき、爽やかな風があると嬉しい。空気の循環は風通しの良い暮らしをつくります。
Green
庭を持つことは、内と外の緩衝地帯を持つということです。緑に囲まれなが

1 先ほどのコードに続けて、以下のCSSコードを追加します。

追加するコード [CSS]

```
/*------- 「Wind」コンテンツ --------*/
```

```
/* [カラム] をフレックスボックス化して表示を調整*/
.concept-reverse .j-hgrid {
  display: flex;
  flex-direction: row-reverse;
  justify-content: space-between;
  flex-wrap: wrap;
}

@media screen and (max-width: 480px) {
/*ディスプレイ幅 480px以下で [カラム] 内部の余白をリセット*/
  .concept-reverse .cc-m-hgrid-column {
    padding: 0;
  }
}
```

2 以上でProductページのコーディングは終了です。[CSS] 画面の [保存] をクリックして編集内容を保存します。PCとスマートフォンのプレビューで確認すると、先ほど調整した「Wind」のコンテンツが、PC表示では左右が入れ替わって表示されています。スマートフォン表示のデザインも整いました。これで、Productページのデザインは完成です。

完成したProductページ（PC表示）

完成したProductページ（スマートフォン表示）

トップページのオリジナルボタンにリンクを設定する

トップページ「CONCEPT」のエリアに作成しておいたオリジナルボタンに、リンクを設定します。

トップページのオリジナルボタンのリンクを設定してボタンを完成させる

Productページができたので、トップページに作成しておいたオリジナルボタンにも、リンクの設定をしておきます。トップページのオリジナルボタンは、クリックしたときにProductページ途中の「CONCEPT」の中見出し位置でページが開くようにします。

トップページのオリジナルボタン

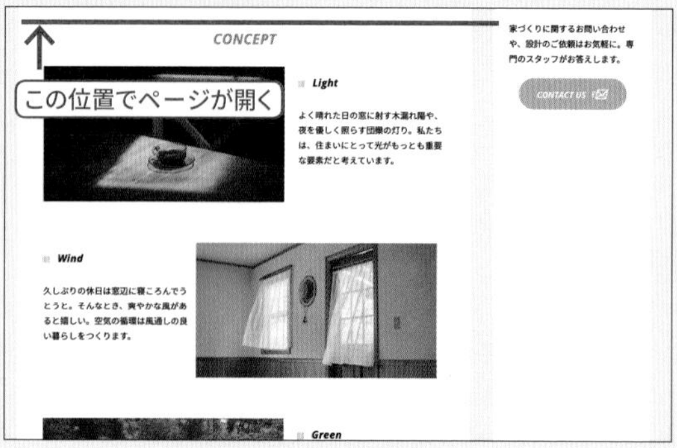

クリックしたらProductページの「CONCEPT」の位置でページが開く

1 まず、編集画面でProductページを開き、Google Chromeのデベロッパーツールで「CONCEPT」の[見出し(中)]のidをコピーします。

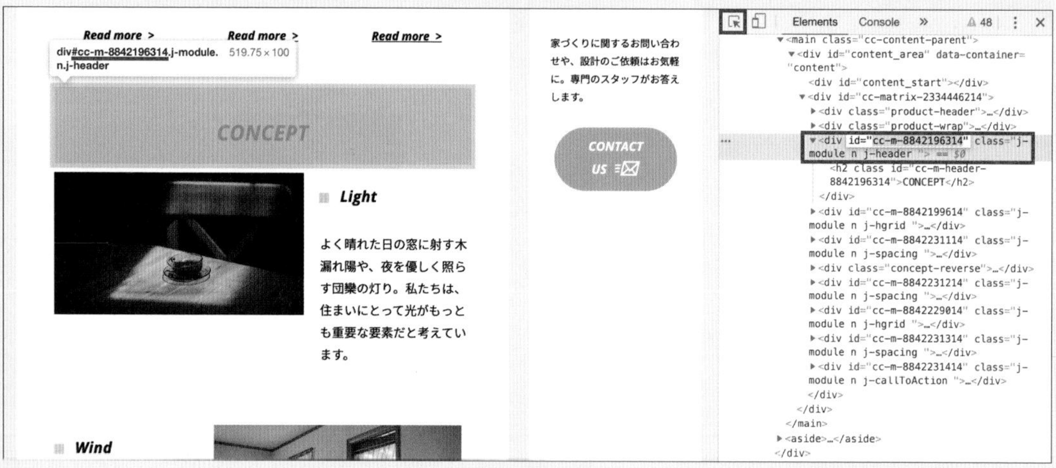

本書のサンプルサイトでの環境の場合（環境によってidは違いますので、各自の環境で取得したidを使用してください）

2 トップページを開き、オリジナルボタンを作成した［文章］コンテンツをクリックします。［文章］の［HTMLを編集］をクリックして、仮のURL#（ハッシュ）の箇所を修正します。ページのURL（ここでは/productと入力）に続けて、先ほどコピーした［見出し（中）］のid（ここでは#cc-m-8842196314）をペーストします。編集ができたら、［保存］をクリックして、編集内容を保存します。

変更前コード [HTML]

```
<p style="text-align: right;"><a class="j-calltoaction-link j-calltoaction-link-style-3" href="#">Read more  &gt;</a></p>
```

変更後コード [HTML]

```
<p style="text-align: right;"><a class="j-calltoaction-link j-calltoaction-link-style-3" href="/product#cc-m-8842196314">Read more  &gt;</a></p>
```

※ idは本章のウェブサイトの場合です。各自取得したidに置き換えてください。

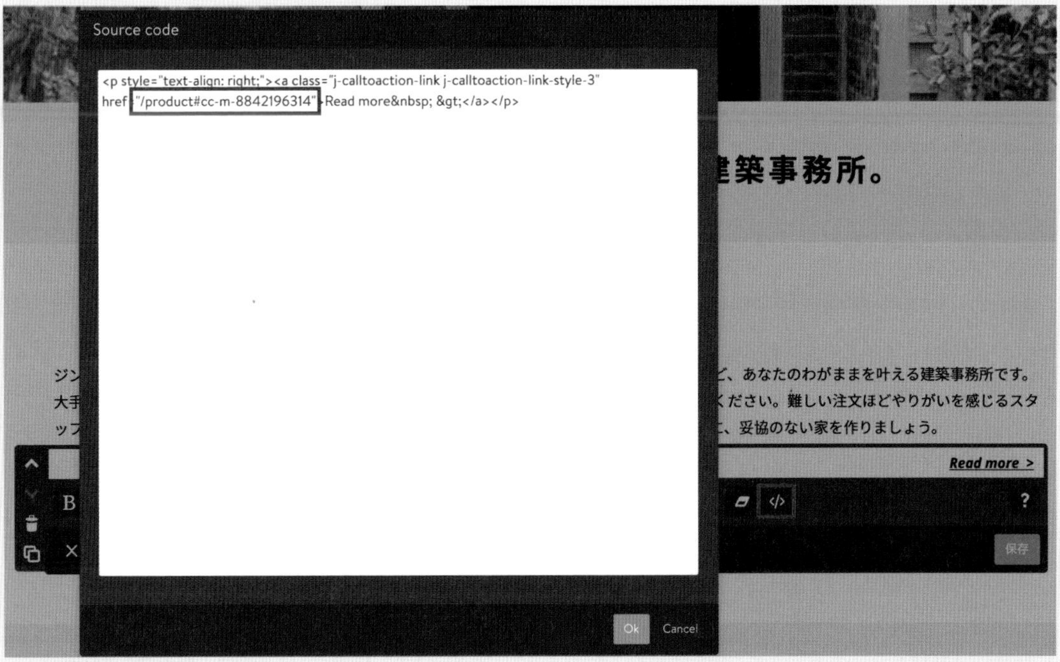

3 これで、オリジナルボタンの「Read more >」をクリックすると、同じ画面のまま「Product」ページの「CONCEPT」の中見出し位置が開くようになりました（閲覧画面で実際にクリックして、正しくリンクが設定できたかを確認しておきます）。以上で、トップページも完成です。

残りのページのコンテンツを作成する

あとは、トップページとProductページ以外のページも仕上げれば、このウェブサイトも完成です。ここから先のページコンテンツ作成においては、各自で自由に作成してみてください。本章の解説では、残りのページに仮のコンテンツだけを入れておきます。

残りのページコンテンツを作成する

本章では、空で作成したページに、シンプルなコンテンツだけを作成しておきます。まず、[見出し(大)]でページ名を入れたら[水平線]を追加し、最後に[文章]を追加して「Coming soon.」と入力します。この内容で残りすべてのページコンテンツを作成します。

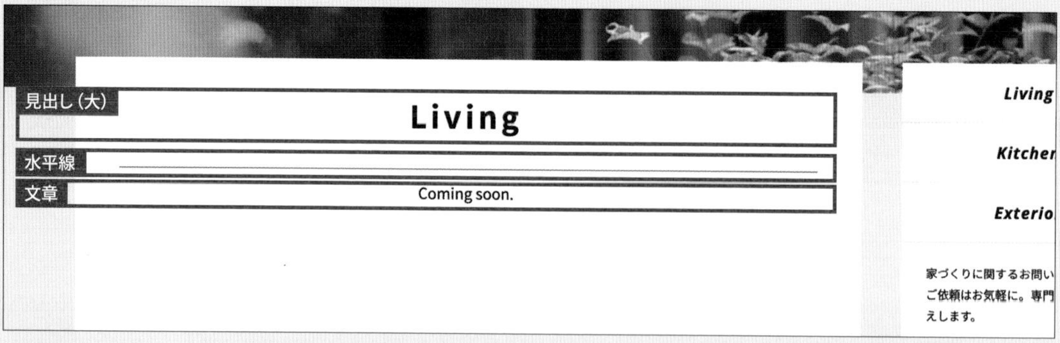

「Living」ページの例

Point

本章の解説で、「お問い合わせ」のページはデフォルトのサンプル状態のままになっています。このページについては、コンテンツをそのままにして、タイトルだけを「Contact」に修正しておきます。

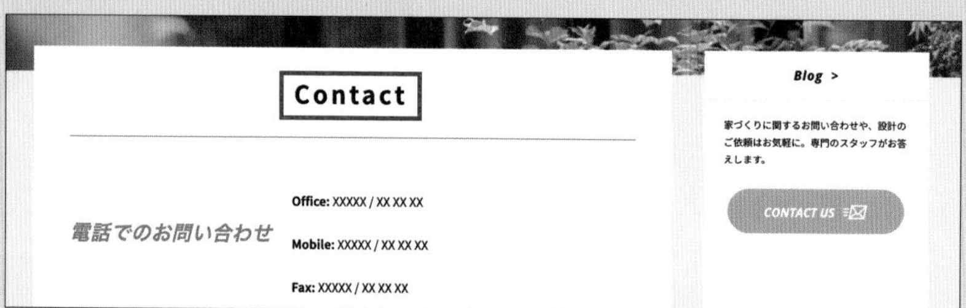

Contactページをシングルカラムレイアウトに変更する

さぁ、いよいよページ制作も最後の仕上げです。ここでは、特定のページだけをシングルカラムにする手順を解説していきます。Contactページを、2カラムからシングルカラムのレイアウトに変更して、このウェブサイトを完成させます。

Contactページをシングルカラムレイアウトに変更する

本章のウェブサイトのサブページは、基本的に2カラムレイアウトですが、Contactページだけはシングルカラムレイアウトに設定します。

1 「Contact」のページを開き、Google Chromeのデベロッパーツールの[Elements]タブで、bodyタグのページidをコピーします。

2 次に［CSS］の画面を開いて、Google Chromeの検索ボックスに「メインエリアレイアウト」と入力します。4件目に該当したコメントアウト（/*メインエリアレイアウト（サブページの1カラム）*/ の箇所）を表示します。

3 セレクタの#subpage-singleを、コピーで取得したContactページのページidに置き換えます（ページidは本章の場合の例です。各自で取得したidに置き換えてください）。

変更前コード［CSS］

```
/*メインエリアレイアウト（サブページの1カラム）*/
#subpage-single main { /*ページIDに置き換える*/
  margin: 0 auto;
  padding: 30px 40px 40px;
  max-width: 100%;
  width: 100%;
  background: #FFF;
}
```

変更後コード[CSS]

```
/*メインエリアレイアウト（サブページの1カラム）*/
#page-1674001414 main { /*ページIDに置き換える*/
  margin: 0 auto;
  padding: 30px 40px 40px;
  max-width: 100%;
  width: 100%;
  background: #FFF;
}
```

4 続いて、サイドエリアのCSSを修正します。Google Chromeの検索ボックスに「サイドエリアレイアウト」と入力し、4件目に該当したコメントアウト（/*サイドエリアレイアウト（サブページの1カラム）*/ の箇所）を表示します。

5 セレクタの#subpage-singleを、先ほどと同じContactページのページidに置き換えます（ページidは本章の場合の例です。各自で取得したidに置き換えてください）。

変更前コード[CSS]

```
/*サイドエリアレイアウト（サブページの1カラム）*/
#subpage-single aside {
  /*ページIDに置き換える*/
  display: none;
}
```

変更後コード[CSS]

```
/*サイドエリアレイアウト（サブページの1カラム）*/
#page-1674001414 aside { /*ページIDに置き換える*/
  display: none;
}
```

6 以上の2箇所のセレクタを修正することで、ページがシングルカラムレイアウトに変わりました。これで、本章で制作するウェブサイトのデザインは、すべて完成です。

いかがでしたでしょうか。本書のCHAPTER6～8章は、独自レイアウトの基礎知識から編集方法、そしてテンプレートを使った制作までを解説してきました。

ジンドゥークリエイターは、本来コーディングをまったくしなくてもウェブサイト制作ができるツールですが、コーディングによって制作した場合には、デザインの幅が格段に広がります。そして、それだけクライアントの多くのニーズにも応えることができます。何よりすごいのは、これだけデザインをカスタマイズしても、このサイトを手にしたクライアント自身がHTMLなどの専用コードを使わずに新しいページの追加や内容の編集ができるという点です。独自レイアウトであっても、ジンドゥークリエイターの仕様をきちんと理解して上手に制作すれば、このようにジンドゥークリエイターならではの良さをそのまま残すことが可能なのです。

ジンドゥーが日本でこれだけ普及した現在においては、「ジンドゥーで制作してほしい」というクライントの要望は、これからも確実にあります。ジンドゥークリエイターでのウェブサイト制作技術を習得することで、制作側としてもこれまで主流であったCMSでの制作だけにこだわらない新しい提案がきっとできるでしょう。

ぜひ、ここからもっとジンドゥークリエイターでのウェブサイト制作の可能性を掘り下げてみてください。そしてできれば、独自レイアウトでの制作にもチャレンジしてみてください。これからも、たくさんの魅力的なジンドゥーサイトが世の中に溢れることを願いつつ、独自レイアウトの解説を終わります。

APPENDIX

付録1ではジンドゥークリエイターの操作に不慣れなユーザーのために、本書の解説内で使用している機能の基本的な操作方法について解説しています。付録2ではサイト制作者からクライアントへ納品する際の管理アカウントの移行（ホームページの移動）方法を案内します。

APPENDIX

01 ジンドゥークリエイターの基本操作

コンテンツの追加・編集の基本操作

「文章」の追加・編集方法

ウェブサイトのもっとも基本的な構成要素である「文章」を挿入したり編集する方法です。

1 ジンドゥークリエイターの編集画面で［コンテンツを追加］をクリックします。

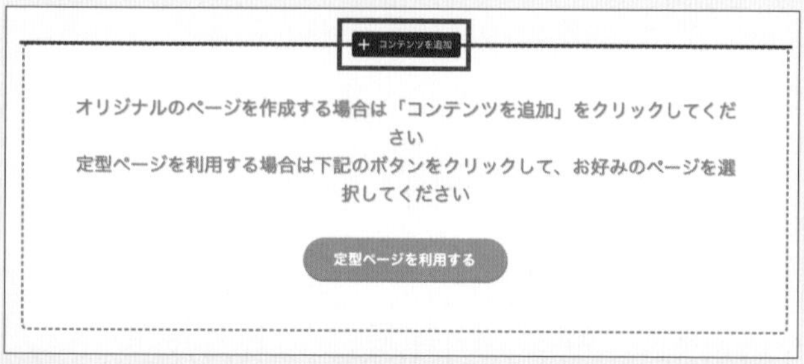

2 見出し、文章、画像などいろいろなコンテンツが並んでいます。この中から［文章］を選択します。

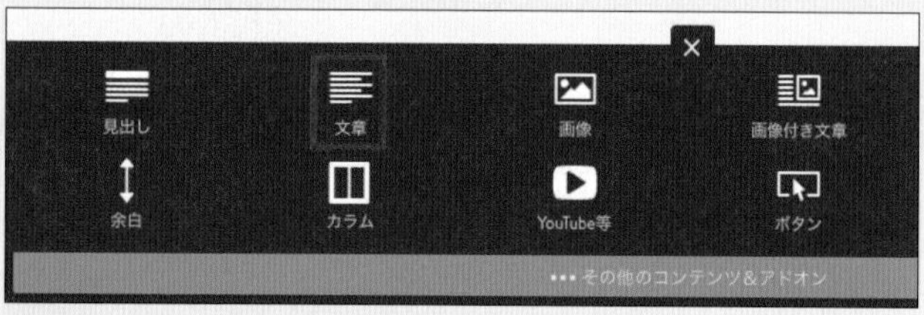

3 テキストの入力画面になるので、文章を打ち込んでいきます。ここに入力した文章がそのまま実際のウェブサイト上に公開されます。

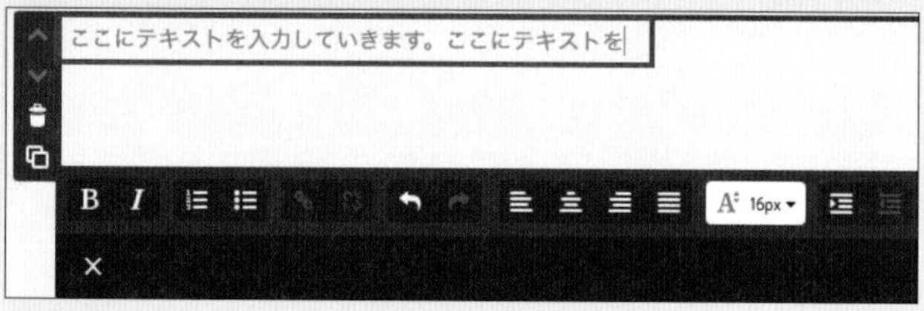

4 太字や斜体、リスト化、リンク、左右中央の文字揃え、文字サイズ、文字色など、ひととおりの装飾や設定が可能です。

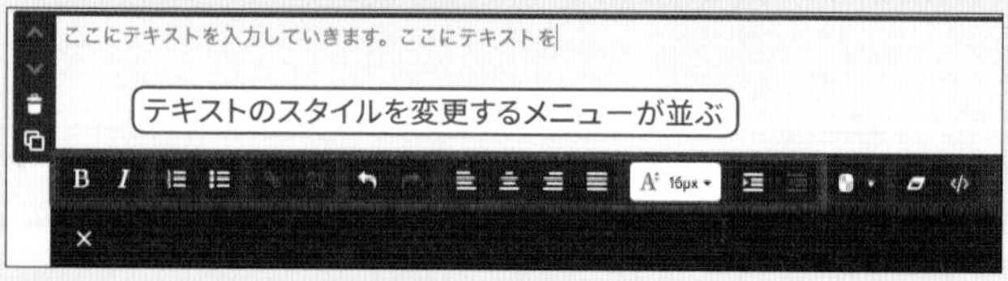

5 便利な機能のひとつに［設定解除］があります。このボタンをクリックすると、テキストのスタイルやHTML構造などの各種設定をすべてクリアして、プレーンテキストに変換してくれます。

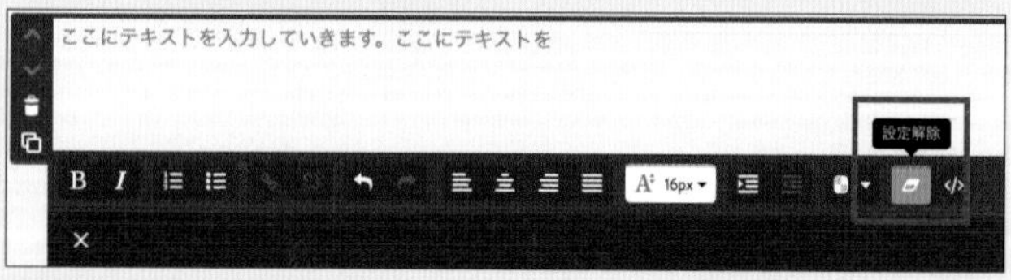

Point

ウェブサイトの制作時に、クライアントから支給されたWord文書などの原稿をコピー＆ペーストするというシーンがよくありますが、その際に、フォントや文字色などのスタイル情報も一緒にコピーしてしまい、意図しない表示になってしまうことがあります。また、ウェブサイトのリニューアルなどで、旧サイトのコンテンツをそのままコピーすると、そのサイトのHTML構造ごと複製してしまうこともあります。こういったときに、[設定解除] ボタンはワンクリックでプレーンテキストに変換してくれるので、重宝します。

6 [HTMLを編集] を使えばHTMLでのマークアップも可能です。ジンドゥークリエイターでは、文章は<p>要素でマークアップされますが、このメニューから<h1>などの見出しにマークアップを変更したり、<div>要素で囲ってclassをつけるなど、カスタマイズに活用することもできます。

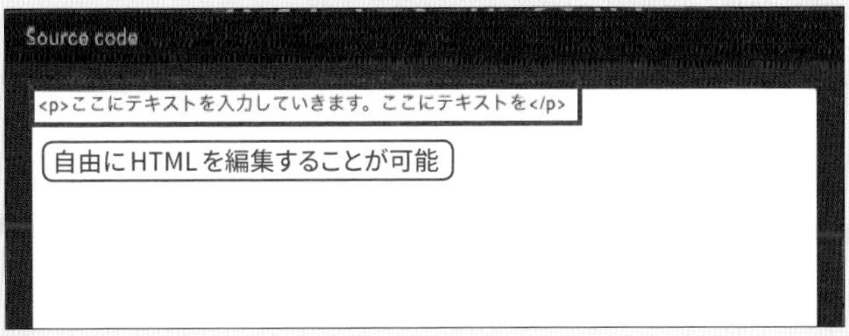

「見出し」の追加・編集方法

見出しは大・中・小の3種類が用意されており、それぞれ<h1>・<h2>・<h3>要素でマークアップされます。<h4>など、さらに深い階層の見出しを使いたい場合は、[文章] コンテンツで [HTMLを編集] からマークアップします。

1 [コンテンツを追加] から [見出し] を選択します。

2 挿入したい見出しの大きさを選んで保存します。見出しの文字サイズや色、文字揃えなどについては「スタイル」機能での設定方法で解説しています(P.62)。

「画像」の追加・編集方法

ドラッグ＆ドロップで簡単に画像を追加でき、サイズの調整やリンクを張ることも可能です。

1 [コンテンツを追加] から [画像] を選択します。

2 ドラッグ＆ドロップ、もしくはアップロードアイコンをクリックして、ファイルの選択メニューから画像ファイルをアップロードします。

3 ［＋］［－］ボタンで画像のサイズを調整したり、［ページに合わせる］ボタンでコンテンツエリアいっぱいに広げることもできます。

4 アップロードされた画像の隅にある●をドラッグしても、画像の大きさを調整できます。

5 左右中央の配置や、画像の回転、クリックして拡大表示する機能などもあります。

6 ［画面にリンク］ボタンを使えば画像にリンクを張ることもできます。

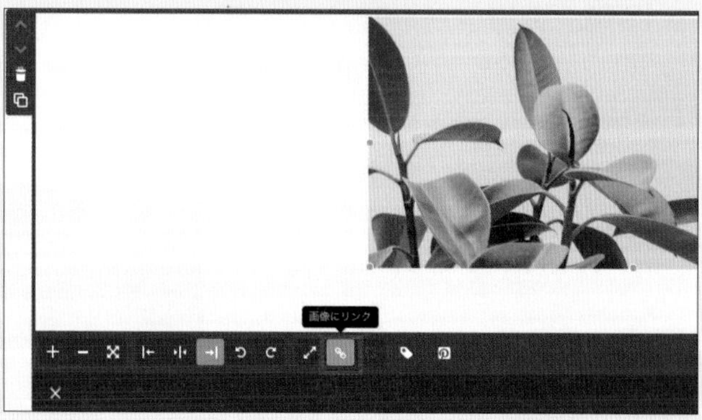

7 リンク先は表示されるパネルの設定項目から選択します。同サイト内のページはもちろん、外部リンクやメールリンクなども可能です。

8 重要な機能として[キャプションと代替テキスト]があります。画像のキャプションもそうですが、ウェブアクセシビリティやSEOの観点から代替テキストを入力したいシーンは多々あるので、有効に活用しましょう。代替テキスト欄に入力したテキストは<img>要素のalt属性に記載されます。

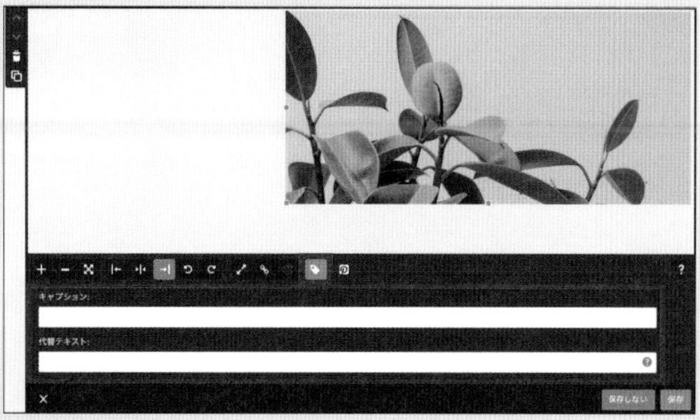

「フォトギャラリー」の追加・編集方法

複数の画像をギャラリーとして見せたい場合は「フォトギャラリー」を使用します。横並び、縦並びなどの見せ方を選べるだけでなく、スライダー形式の表示にも対応しています。

1 [コンテンツを追加]から[フォトギャラリー]を選択し、画像コンテンツと同じように、ドラッグ&ドロップかファイルの選択メニューで画像ファイルをアップロードします。このとき、複数の画像を一度にアップロードできます。

2 アップロードされた画像の表示方式を選択できます。それぞれの方式ごとに、画像の大きさや余白などの細かい設定が可能です。

3 [リスト表示]をクリックすれば、各画像に対して個別にリンクを張ったり、キャプションを入力することができます。

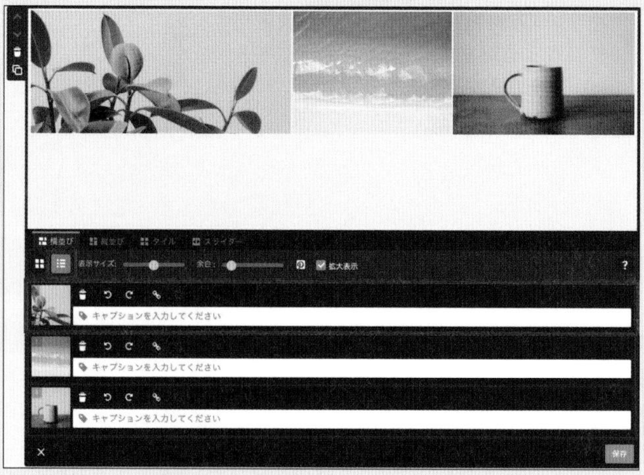

「水平線」の追加方法

「水平線」コンテンツを使って区切り線を入れることができます。

1 [コンテンツを追加]から[水平線]を選択します。

2 区切り線は<hr>要素でマークアップされます。「スタイル」機能(P.62)を使えば、線のスタイルや色、太さなどを調整できます。

「余白」の追加・編集方法

最小5pxから最大500pxまでの余白を挿入できます。500px以上の余白を作りたい場合には、複数の[余白]コンテンツを挿入するとよいでしょう。

Point

一般的にウェブサイト上で余白を作りたいときは、CSSのmarginやpaddingなどを使用しますが、ジンドゥークリエイターでは余白そのものをひとつの独立したコンテンツとして挿入します。ソースコード上では、指定した高さを持った<div>要素でマークアップされます。

1 [コンテンツを追加]から[余白]を選択します。

2 初期値は50pxです。挿入したい余白のサイズを入力します。

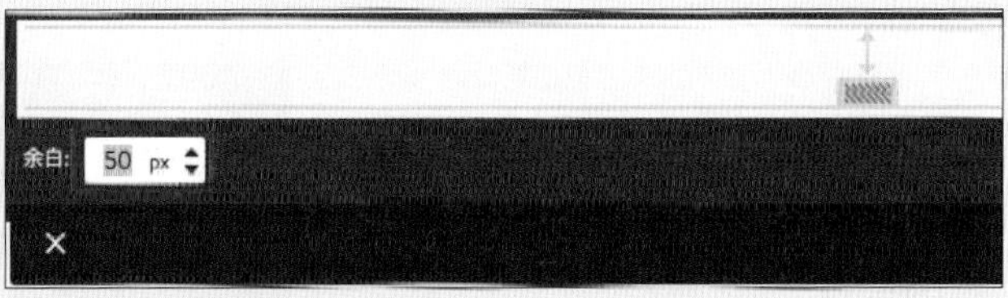

「ボタン」の追加・編集方法

ジンドゥークリエイターでは、3種類のデザインのボタンがあらかじめ用意されています。それぞれのデザインは「スタイル」機能から変更が可能（P.67参照）ですが、ここでは挿入方法のみ解説します。

1 ［コンテンツを追加］から［ボタン］を選択します。

2 ［リンク］ボタンでリンク先を設定します。

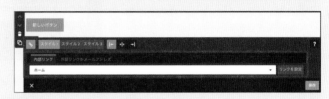

3 ［スタイル1~3］の3種類のプリセットから好きなデザインを選びます。

4 左右中央の配置も設定できます。

「表」の追加・編集方法

料金表や年表など、ウェブサイト上で表を作りたいときには「表」コンテンツを使用します。<table>要素でマークアップされた表を、インターフェイス上から簡単に作成することができます。

1 ［コンテンツを追加］から［その他のコンテンツ&アドオン］をクリックします。

2 格納されていたたくさんのコンテンツ項目が表示されました。ここではすべて紹介しきれないほど多くのコンテンツやアドオンが追加できます。表示されたパネルの中から［表］を選択します。

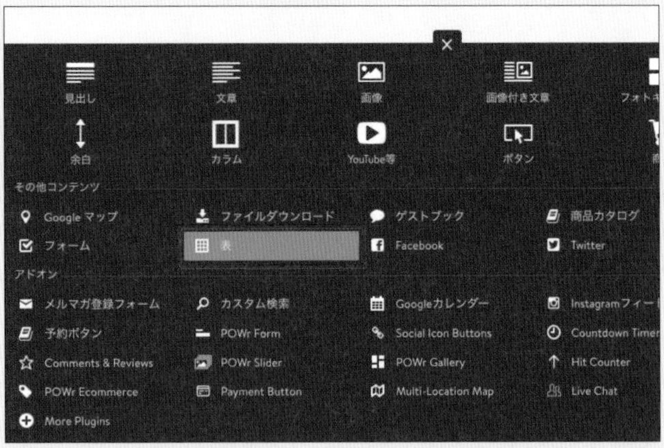

3 初期状態では2列2行の表が生成されます。パネル下部の項目から行や列の追加・削除が可能です。

4 「セル1」「セル2」と書かれている箇所をクリックすると、セル内の内容を直接編集できます。

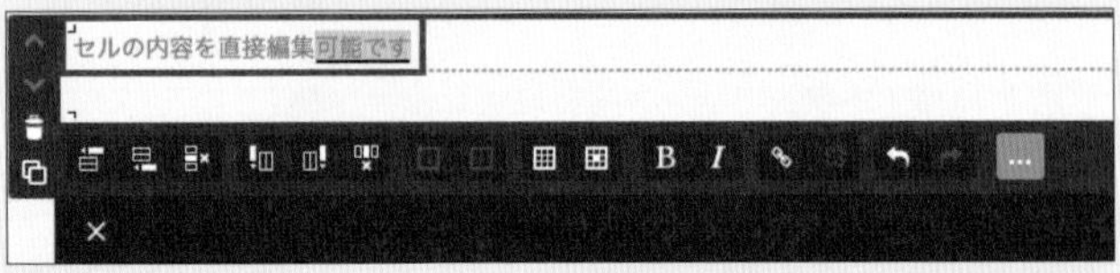

5 ［表のプロパティ］ボタンで余白や背景色など、表全体のスタイルを設定できます。

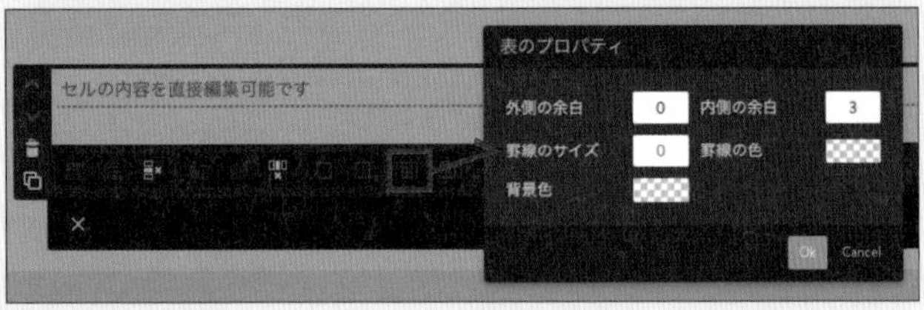

6 セルを選択した状態で［セルのプロパティ］ボタンをクリックすると、各セルのサイズや背景色、罫線の色などが設定できます。

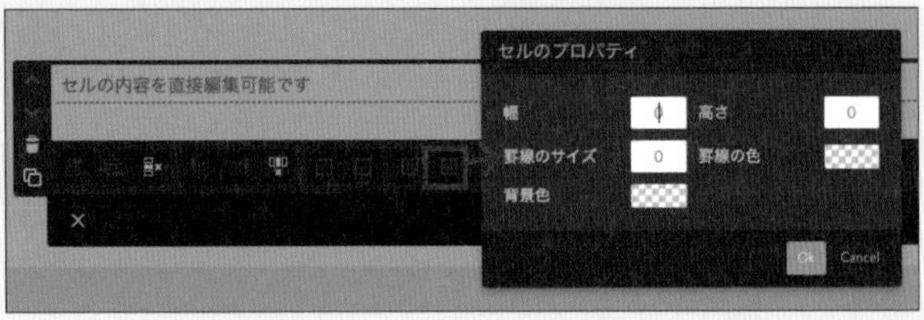

「Google マップ」の追加・編集方法

ジンドゥークリエイターではGoogleマップを簡単に埋め込むことができます。通常Googleマップの埋め込みは、Googleマップ側で取得したコードを記述して実装しますが、ジンドゥークリエイターでは［コンテンツを追加］から手軽に埋め込むことが可能です。

1 ［コンテンツを追加］から［その他のコンテンツ&アドオン］をクリックします。

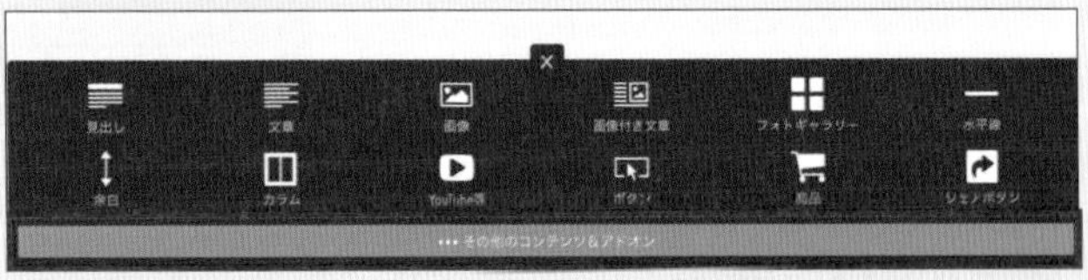

2 表示されたパネルの中から［Googleマップ］を選択します。

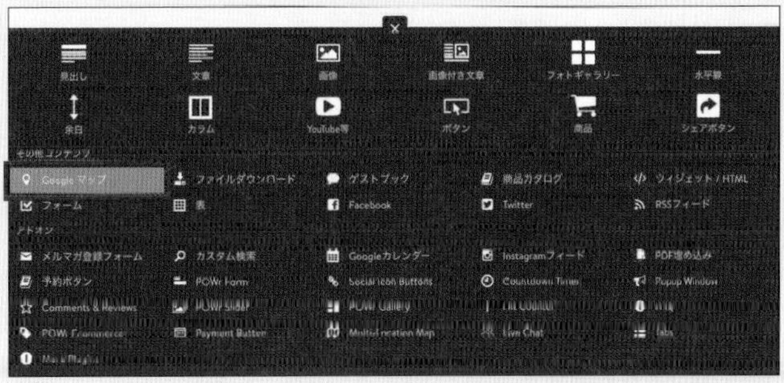

3 世界地図が表示されるので、下部にある［所在地］欄に住所や建物名を入力します。ここでは「東京駅」と入力してみます。入力が完了したら［検索］をクリックします。

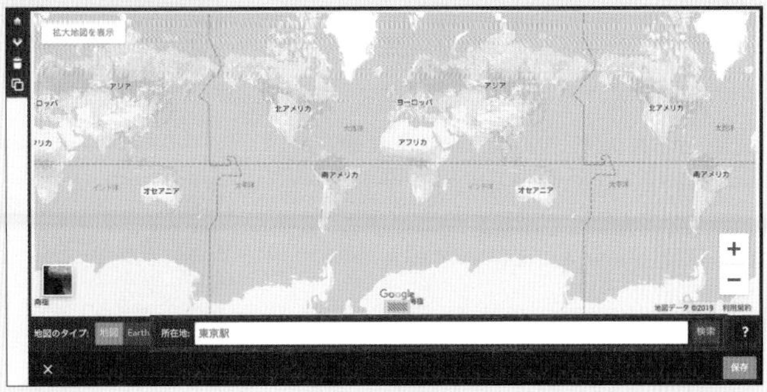

4 東京駅の地図が表示されました。地図の縮尺は右下の［＋］［－］ボタンで変更可能です。

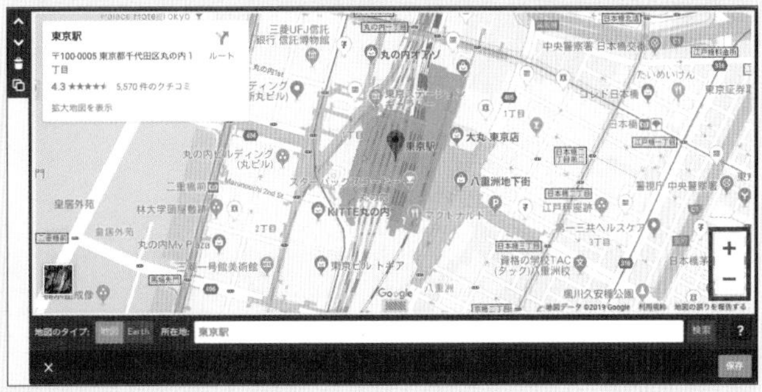

5 地図そのものの高さを変更したい場合は、下部にある アイコンをドラッグして調整します。幅はコンテンツ幅いっぱいに表示されるため、幅を調整したい場合は、このあとに紹介する［カラム］を使用するとよいでしょう。

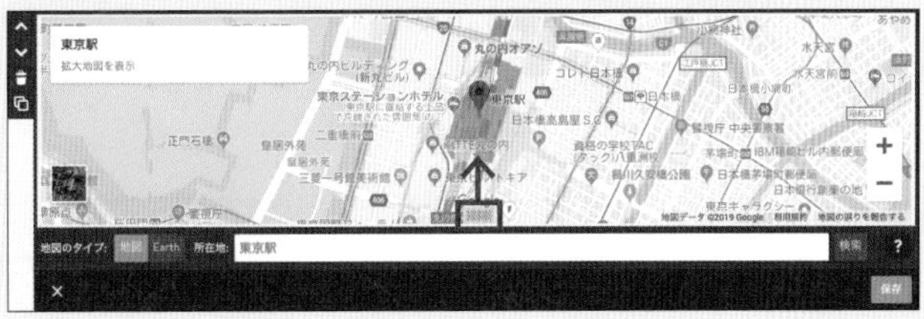

「カラム」の追加・編集方法

ジンドゥークリエイターによるウェブサイト制作で、非常に便利だと感じるのが「カラム」機能です。コンテンツエリアを左右に分割する機能で、2カラム・3カラムなど、最大で6カラムまでの段組みレイアウトを簡単に実装できます。

1 ［コンテンツを追加］から［カラム］を選択します。

2 コンテンツエリアが2つに分割され、それぞれに［コンテンツを追加］が表示されます。ここに、各カラムに追加したいコンテンツを追加していくことができます。

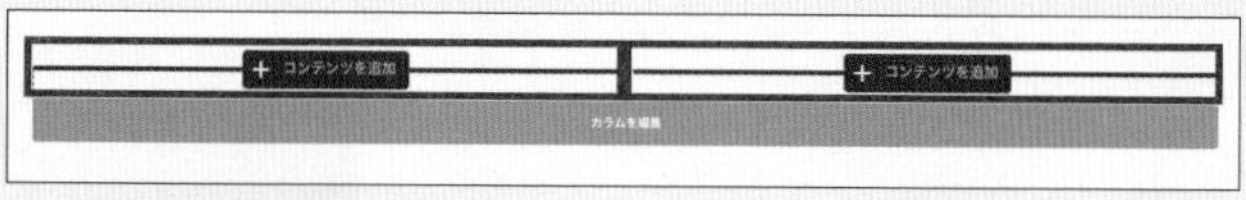

3 カラムの数を編集するには［カラムを編集］をクリックします。

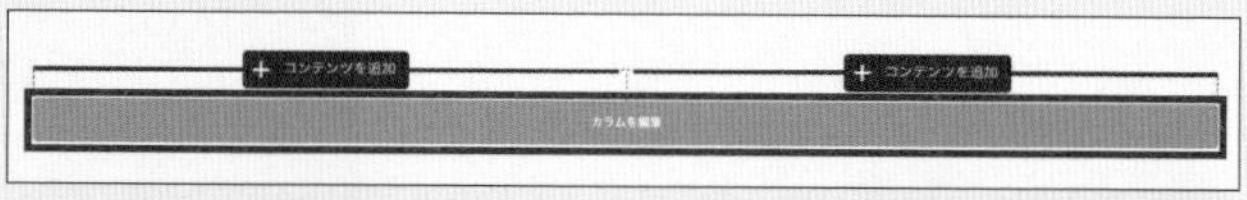

4 ［+］ボタンで列を追加、［ゴミ箱］ボタンで列の削除ができます。

5 カラムの間にある ボタンを使って、各カラムの幅を設定することができます。［カラムの横幅を均等にする］をクリックすれば均等に戻ります。

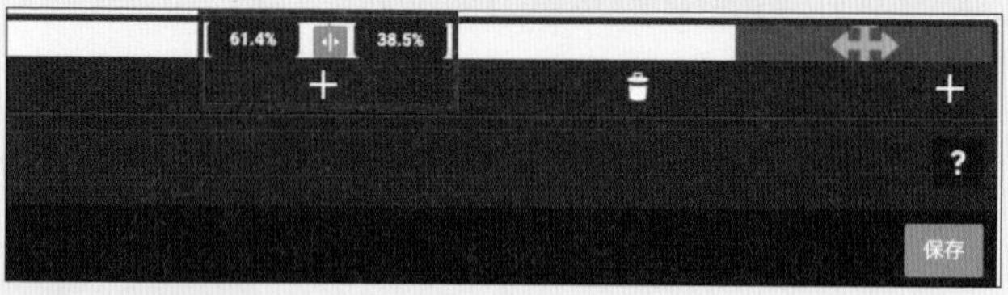

本書で登場したコンテンツの追加・編集は以上となりますが、ここで紹介した以外にも、YouTubeなどの外部サービスの埋め込み機能や、フォームの作成、各種SNSとの連携など、豊富なコンテンツが用意されています。ぜひ活用してみてください。

コンテンツの移動・削除・複製方法

コンテンツの移動は上下移動かドラッグ＆ドロップ

ジンドゥークリエイターでは、コンテンツの掲載位置を簡単に移動することが可能です。移動方法は上下移動で掲載順を変更する方法と、ドラッグ&ドロップの2種類があります。

1 コンテンツの上部にマウスポインターを置くと、左上（ブラウザのサイズによっては右上）にボタンが表示されます。［∧］［∨］ボタンをクリックすれば、コンテンツを上下に移動することができます。

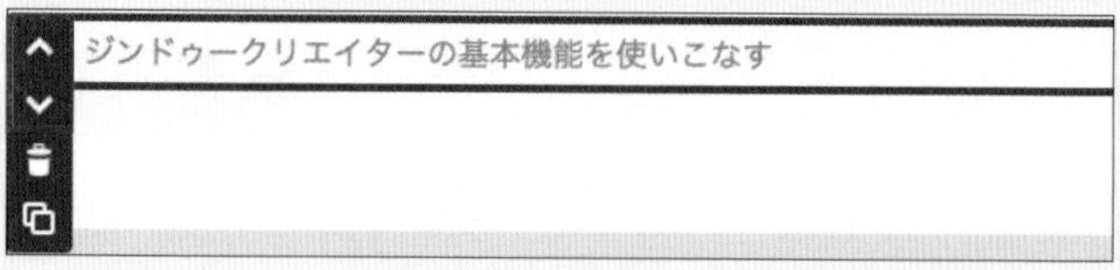

2 また、別の方法としてドラッグ&ドロップで移動する方法もあります。コンテンツの上部にマウスポインターを置いて表示される［+］ボタンをドラッグして、好きな位置でドロップすれば自由にコンテンツを移動することが可能です。

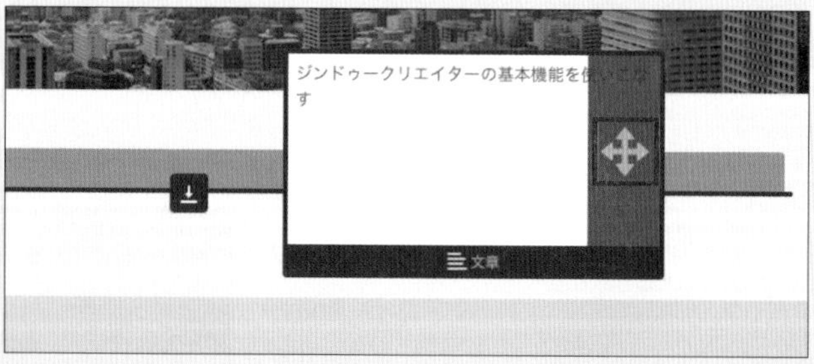

3 コンテンツを一時的に非表示にしたい場合は、上部に表示される黒い帯が一時保存エリアとなっているので、ここに保管しておくことも可能です。

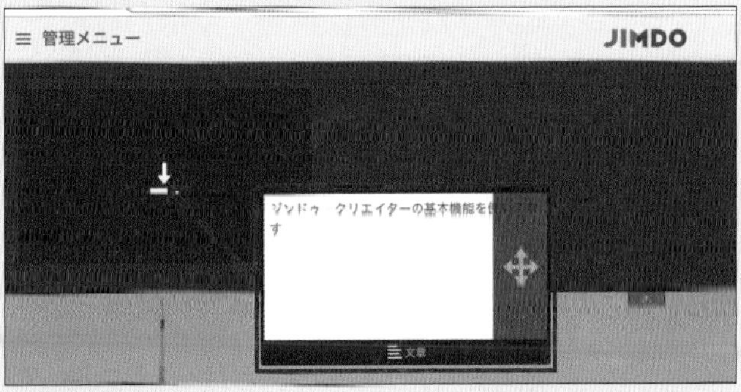

Point

一時保存エリアを活用すれば、同一ページ内の移動だけでなく、ページをまたいで別のページにコンテンツを移動することも可能です。移動したいコンテンツを一時保存エリアに置き、目的のページに遷移したあと、一時保存エリアからコンテンツを取り出して好きな位置へ移動できます。

コンテンツの削除もクリック操作だけで可能

コンテンツの削除も簡単です。移動と同じく左上に表示されるボタンから、クリック操作だけでコンテンツを削除できます。

1 左上のボタンから［ゴミ箱］ボタンをクリックします。

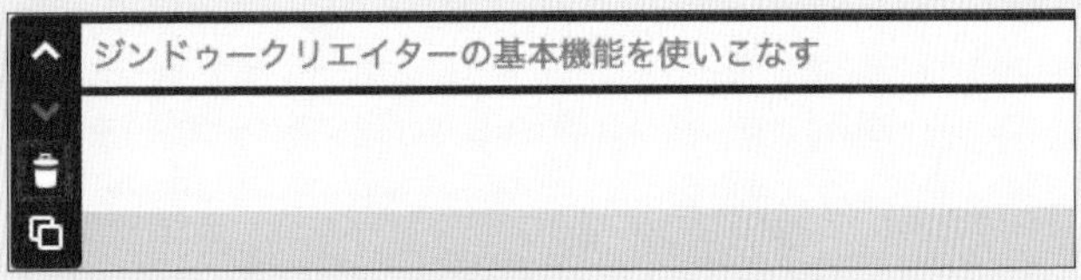

2 「このコンテンツを削除してもよろしいですか？」というアラートが表示されるので、［はい、削除します］をクリックすれば削除完了です。なお、一旦削除したコンテンツを復活させる機能は今のところありませんので、誤って削除しないようご注意ください。

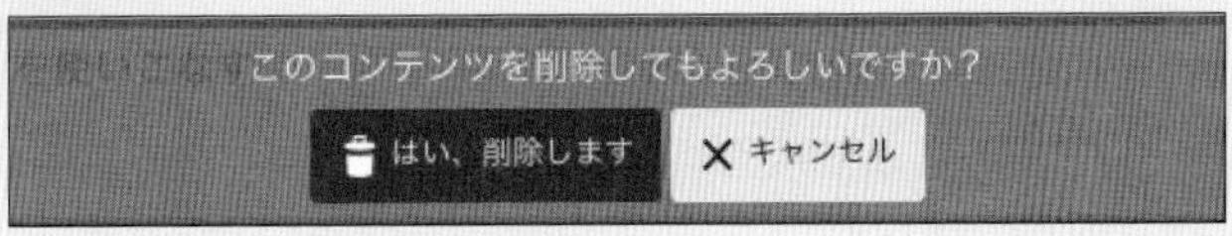

ワンクリックでコンテンツを複製

ジンドゥークリエイターでは、ワンクリックでコンテンツが複製できます。繰り返し同じ要素を配置する際などに非常に便利な機能です。

1 左上のボタンから［コンテンツをコピー］ボタンをクリックします。

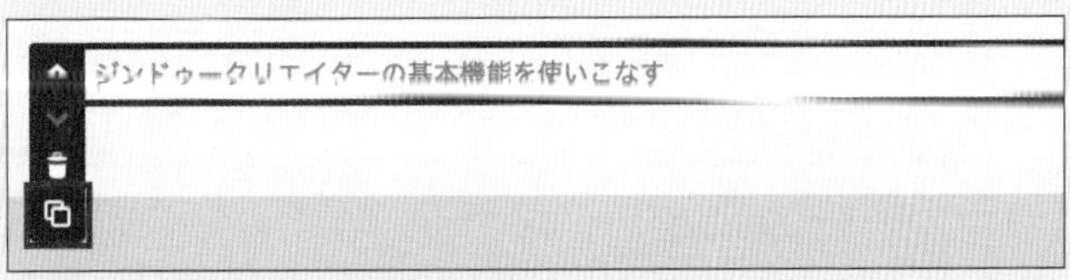

2 複製元と同じコンテンツが作成されます。

「カラム」はカラム全体の移動、削除、複製が可能

移動、削除、複製は、基本的にはコンテンツひとつずつに対して操作を行う必要があります。しかし、カラムだけはカラム全体で1つのコンテンツとして認識されるため、中身も含めてまるごとカラムを複製したり、移動・削除することができます。

1 ［カラムを編集］をクリックすると左上にボタンが表示されます。

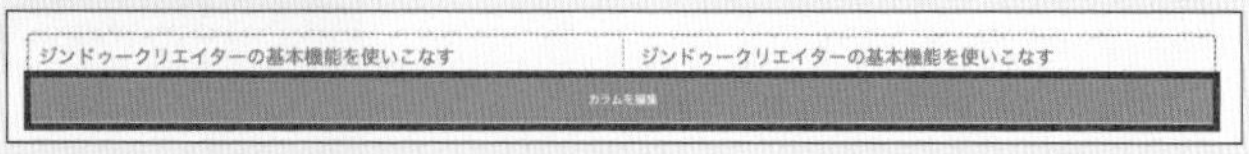

2 通常のコンテンツと同じ操作で、カラム全体の移動・削除・複製が行えます。

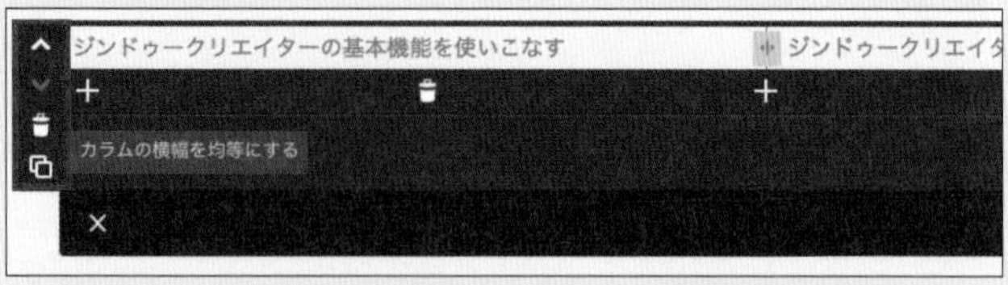

3 カラム内のコンテンツを個別に編集したい場合は、各コンテンツを1つずつクリックして編集することも可能です。

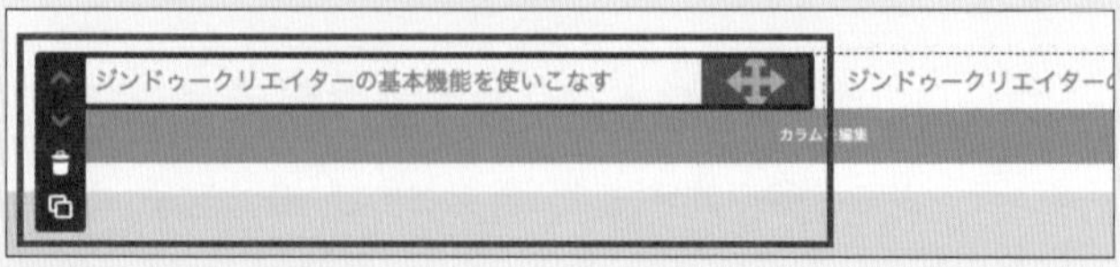

Point

カラムのこの特徴をうまく利用すれば、複数の要素を一度に複製できます。たとえば、3カラムが連続するようなレイアウトを作りたいときなど、先に3カラムのコンテンツを作成し、カラムごと複製すれば、効率よくページを作成することができます。

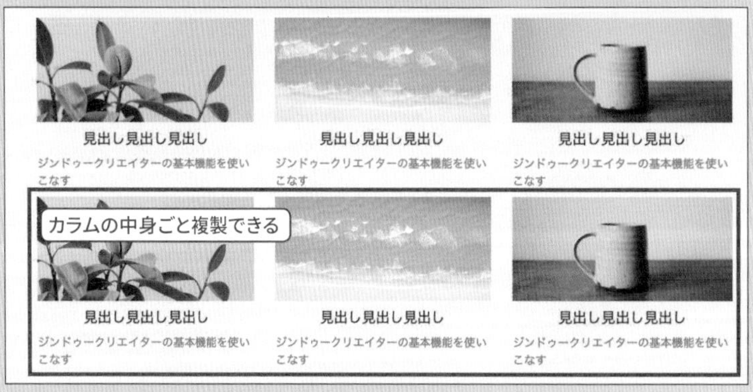

背景の編集方法

背景画像はコンテンツ編集画面からは変更できない

ジンドゥークリエイターでは、ほぼすべてのコンテンツを［コンテンツを追加］機能から追加・編集できますが、背景は別のメニューから変更する必要があります。ここでいう「背景」とはいわゆるメインビジュアルのことで、TOKYOレイアウトであれば、トップページ上部の東京タワーの画像が表示されているエリアのことです。

この画像を変更する際、画像をクリックしても別のコンテンツが選択されてしまうため、変更方法がわからず戸惑うことがあります。

背景は管理メニュー内の［背景］メニューから設定する

背景を編集するには、専用のメニューを使用します。専用パネルでは画像だけでなく、スライドや動画なども設定することができます。

1 ［管理メニュー］→［デザイン］内にある［背景］をクリックします。

2 背景は［画像］［スライド表示］［動画］［カラー］の4種類から選ぶことができます。［画像］は1枚の画像のみを表示し、［スライド表示］は複数の画像をスライドショーで表示させることができます。［動画］はYouTubeもしくはVimeoの動画URLを入力するだけで、手軽に背景動画を設定できます。

3 ［カラー］を選ぶと単色の背景になります。カラーパレットが表示され、パレット内から手動で色を選択するか、rgb値で指定することができます。ちなみに、「#FFFFFF」など16進数のカラーコードで指定することも可能です。

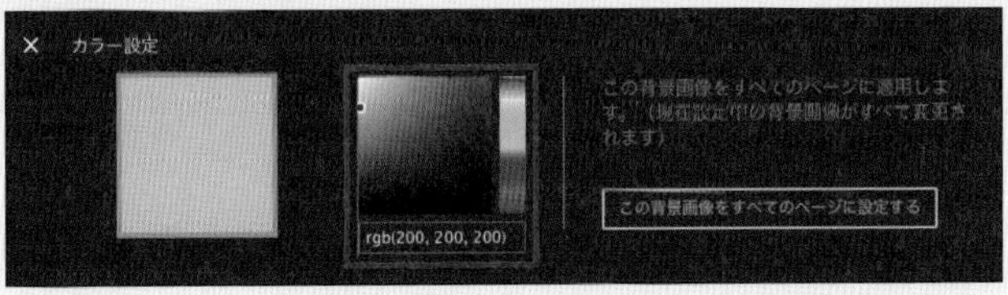

4 また、4つのうちどの背景を選んでも［この背景画像をすべてのページに設定する］というボタンが表示されます。ジンドゥークリエイターでは、ページごとに異なる背景を個別に設定できますが、このボタンをクリックすると全ページで同じ背景になります。

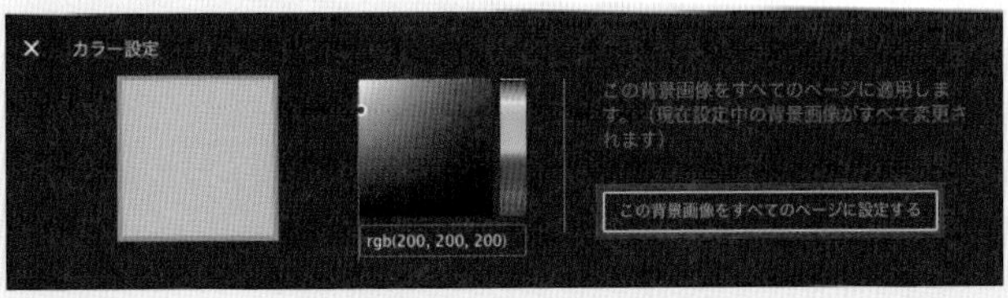

ページの追加・削除などページ構成の編集方法

ページ構成の編集は「ナビゲーションの編集」から

ページを新しく作ったり、作ったページを削除・移動するなど、ページの構成を編集する際に使用するのが「ナビゲーションの編集」です。

1 グローバルナビゲーション付近にマウスポインターを置くと表示される［ナビゲーションの編集］をクリックします。

Point

ここではTOKYOレイアウトの場合で解説していますが、選択したレイアウトによって［ナビゲーションの編集］が表示される位置が異なります。基本的にはグローバルナビゲーション付近に表示され、ハンバーガーメニューを採用しているレイアウトならハンバーガーアイコンの付近にマウスポインターを移動すると表示されます。

2 ここに表示されるパネルからページの構成を変更できます。

ページの追加方法

新しくページを作るのは簡単です。

1 ［新規ページを追加］をクリックすると「新規ページ」と書かれた項目が追加されます。

2 任意の名称に変更して保存すれば、この操作だけでページが追加されます。

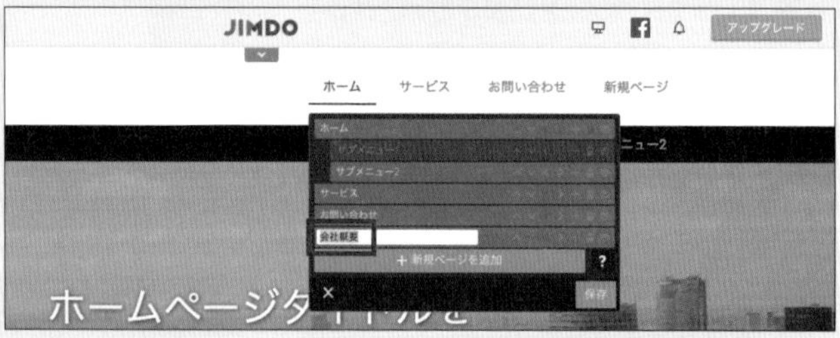

Point

注意したいポイントとして、ここで設定したページ名がそのままURLになる、という点があります。たとえば「会社概要」というページ名にすると「https://○○.com/会社概要」がそのページのURLになります。

日本語URLを避けたい場合は「カスタムURL」という機能で任意のURLに変更することも可能です（有料プランのみ）。

ページの移動、階層の変更

「ナビゲーションの編集」では、ページの表示順を変更したり、階層を移動することもできます。階層は3階層まで設定できます。

1 [ナビゲーションの編集] の [∧] [∨] ボタンで、表示順を変更できます。

2 [<] [>] ボタンを使えば、階層を移動することが可能です。最大で3階層まで設定できます。

ページの削除、非表示

作ったページを削除したい場合や、ページを一時的に非表示にしたいときにも「ナビゲーションの編集」で設定できます。

1 ページを削除する場合は、[ナビゲーションの編集] パネルの [ゴミ箱] アイコンをクリックします。

2 非表示にしたい場合は [このページを非表示にする] ボタンをクリックします。ボタンアイコンに斜線が入っているページはナビゲーションから非表示になります。

Point

ここで非表示にしたページは消えてしまうわけではなく、あくまでナビゲーション上で非表示になるだけで、ページとしては存在しています。そのため、ページのURLを知っている人は自由に閲覧することが可能です。完全に非表示にしたい場合は、ページを削除するか、[管理メニュー] → [基本設定] → [パスワード保護領域] から、ページをパスワードで保護する機能もあります。会員向けのページや終了したキャンペーンページなど見られては困るページでは、万全を期してパスワード保護機能も併用するとよいでしょう。

APPENDIX

02 ホームページの移動手続き

サイト管理・運営のアカウント制限について

ジンドゥークリエイターでサイトの制作を行う際に気をつけておくべきことがあります。それは、「1つのアカウントで複数のサイトを管理・運営することはできる」が、「1つのサイトを複数のアカウントで管理・運営することはできない」という点です。

したがって、ジンドゥークリエイターでサイト制作を行う際には、サイトをどのアカウントで管理するべきかを事前にクライアントと調整する必要があります。多くの場合、クライアントが更新することを前提で受注するため、サイトの制作作業が完了した際にはサイトの管理権限をクライアントへ引き継ぐ必要があります。

ここでは、アカウントの移行方法について解説します。

Point

ホームページの移動手続きの前に、クライアントのジンドゥーアカウントを作成しておくことを忘れないようにしましょう。手続きの際に移行後のアカウントが登録されていないと、ホームページの移動はできません。

管理アカウントの移行方法

1 管理しているサイトを一覧できるダッシュボード画面で、アカウントを移行したいサイトの「ダッシュボードをみる」をクリックします。

2 サイトのダッシュボード画面に遷移したら、画面左にある［設定］をクリックします。

3 「移動先のジンドゥーアカウントのメールアドレス」欄に、ジンドゥーアカウントに紐付いているクライアントのメールアドレスを入力し確認事項のチェックを入れたら、［ホームページの移動手続きを行う］をクリックします。

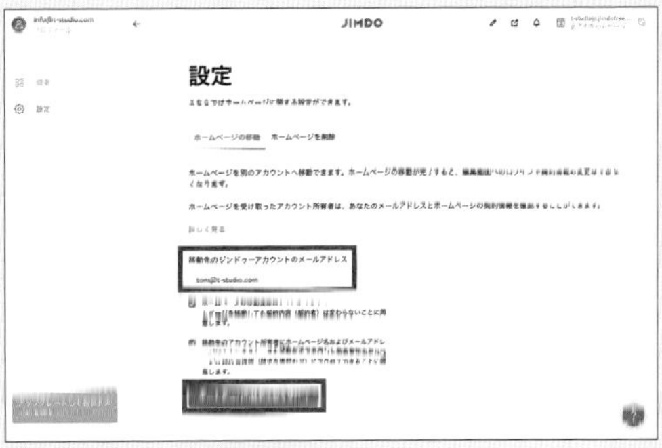

4 管理画面上には移動の手続き中である旨が表示され、移動したサイトのダッシュボードを見ることはできなくなります。このとき、クライアント側のメールに、アカウントの移行に関するメールが届きます。

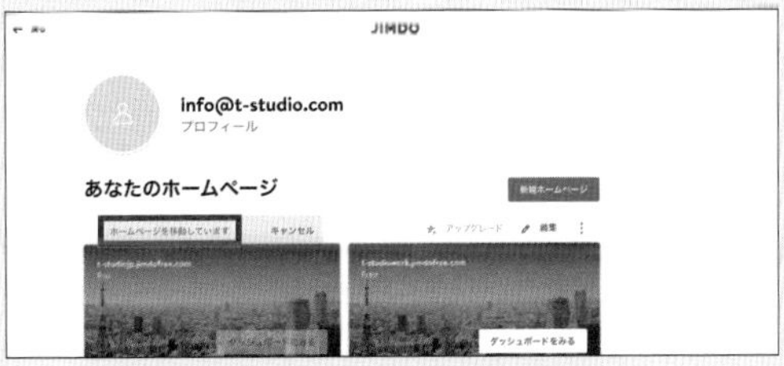

5 メールを受信したクライアント側で、メールに記載のリンクをクリックしてもらいます。

アカウント移動先のメールアドレスに届く確認画面

Point

ホームページの移動を行うと、問い合わせがあったときの通知先もアカウントに紐付いているメールアドレスへ移行されますが、契約情報に関してはサイト開設時に登録した情報がそのまま引き継がれます。したがって、契約者情報とサイトのアカウント情報が異なる場合は、契約情報の変更が必要ですのでご注意ください。

6 クライアントのダッシュボードにサイトが追加されます。これでクライアントによるサイトの更新が可能になります。

INDEX　索引

た行

な行

は行

ま行

や行

ら行

staff credit

カバーデザイン	菊池 祐(株式会社ライラック)
本文デザイン&レイアウト	SeaGrape
イラスト	服部制作室
素材写真撮影	野村 優(野村優写真事務所)
	古川実佐紀(撮影アシスタント)
編集担当	橘 浩之(技術評論社)

special thanks	神森英樹
	浅木裕子
	服部靖子(撮影モデル)
	服部知左

Webデザイナー養成講座

ジンドゥークリエイター 仕事の現場で使える! カスタマイズとデザイン教科書

2020年 2月 1日 初版 第1刷発行

[著 者] 服部 雄樹、浅木 輝美、神森 勉

[監 修] KDDIウェブコミュニケーションズ

[発行者] 片岡 巌

[発行所] 株式会社技術評論社
東京都新宿区市谷左内町21-13
電話 03-3513-6150 販売促進部
03-3513-6160 書籍編集部

[印刷・製本] 株式会社加藤文明社

ISBN978-4-297-11001-7 C3055 Printed in Japan

著者略歴

服部 雄樹(はっとり ゆうき)

(株)服部制作室 代表取締役/Jimdo Expert

愛知県名古屋市出身。2014年までインドネシア・バリ島で活動し、世界各国のクリエイターと交流。多くの海外案件に携わる。帰国後、服部制作室を設立。Jimdoドイツ本社のレイアウト「Tokyo」の作成に日本人デザイナーとして唯一参加するなど精力的に活動し、2018年に開催されたJimdo Best Pagesでは、制作に携わったウェブサイトがグランプリにあたるJimdo Best Pageを含む4部門で受賞。
著書に「HTML&CSSとWebデザインが 1冊できちんと身につく本」技術評論社刊 など

浅木輝美(あさき てるみ)

WEBデザイン研究所BEE代表/Jimdo Expert

北海道生まれ札幌市在住。2011年よりフリーランスとして、アメブロカスタマイズに限定した制作を開始。その後、WEBデザイン研究所BEEを設立し、ジンドゥーカスタマイズを中心としたサービスにシフトしてゆく。常に「ジンドゥーとしてできること」を追い求めつつ、全国各地からの依頼を受け、制作実績を増やす。2015年には、JimdoExpertに認定。現在は、各地でのセミナー講師や大学講義などの活動も行っている。
著書に「いちばんやさしいJimdoの教本 人気講師が教える本格ホームページの作り方」(共著)インプレス刊

神森 勉(かみもり つとむ)

(株)KDDIウェブコミュニケーションズ/Jimdo Expert

千葉県生まれ、東京都在住。新卒入社の商社営業マンから1996年に静岡県内の印刷会社のDTPオペレーターへ転身。1997年よりウェブ制作に携わり、自社サイトだけでなく顧客のサイト制作を行う。2004年より東京へ戻り、マークアップエンジニア、ディレクター、プロデューサーを経験。その間、HTML/CSSや制作ツールの書籍の執筆やセミナーなどでテクニカル講師も行う。KDDIウェブコミュニケーションズへ転職後、インハウスデザイン室の責任者を経て、広報室の室長を務める。また、エバンジェリストとして各地でサービスの紹介や活用方法を伝えている。

お問い合わせに関しまして

本書に関するご質問については、FAXもしくは書面にて、必ず該当ページを明記のうえ、右記にお送りください。電話によるご質問および本書の内容と関係のないご質問につきましては、お答えできかねます。あらかじめ以上のことをご了承のうえ、お問い合わせください。
なお、ご質問の際に記載いただいた個人情報は質問の返答以外の目的には使用いたしません。また、質問の返答後は速やかに削除させていただきます。

宛先
〒162-0846
東京都新宿区市谷左内町21-13
株式会社技術評論社 書籍編集部
「ジンドゥークリエイター 仕事の現場で使える!
カスタマイズとデザイン教科書」係
FAX:03-3513-6167
URL:https://book.gihyo.jp/116